U0073813

絕美海中浮游生物圖鑑

若林香織・田中祐志 著
阿部秀樹 攝影

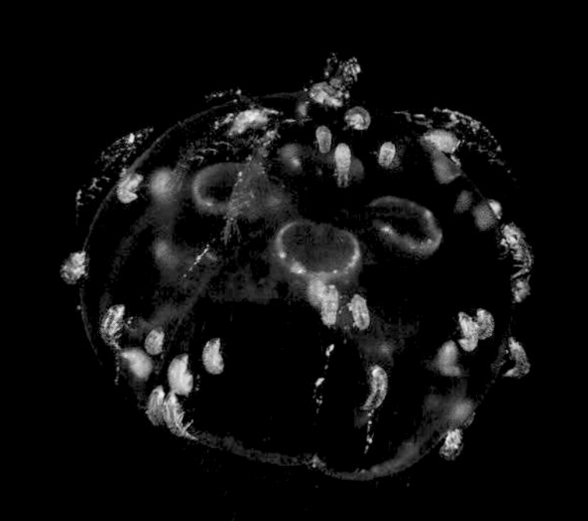

大自然造物之美　浮游生物

外形如長角的恐龍般神奇的甲殼類幼生，身著遠比自己身體長好幾倍的羽衣並在水中漂浮的仔稚魚，到現在我還是忘不了初次見到這些可愛生物時的震撼。幾乎沒什麼自主游動能力的牠們演化成可適應海中浮游生活的樣貌，像是擁有透明的身軀、會用長長的棘刺避開掠食者的攻擊，或是長出擬態成水母觸手般的絲狀長鰭等等。

儘管是一些連該歸類在哪種屬別都不知道的存在，我也依然被牠們的美麗造形和生存策略給深深吸引。這個領域可用來當教科書的書籍很少，就算有也幾乎都是一堆字的外文書。此外，那些價格昂貴的書我也買不下手，所以幾乎都是隻手拿著素描本就跑去泡在國家圖書館。

感覺到海中浮游的小小生物所具備的創造性與靈感，並潛心投入這塊的不只我一人。由法國建築師勒內·比奈（Ren

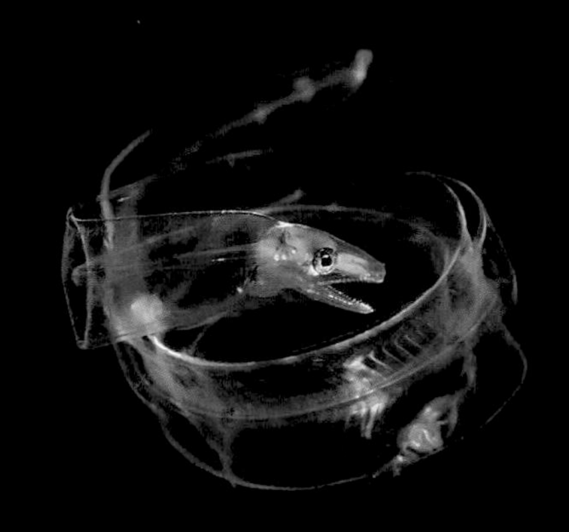

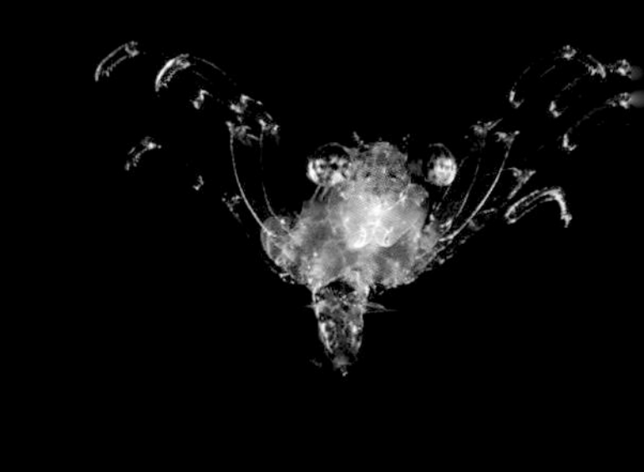

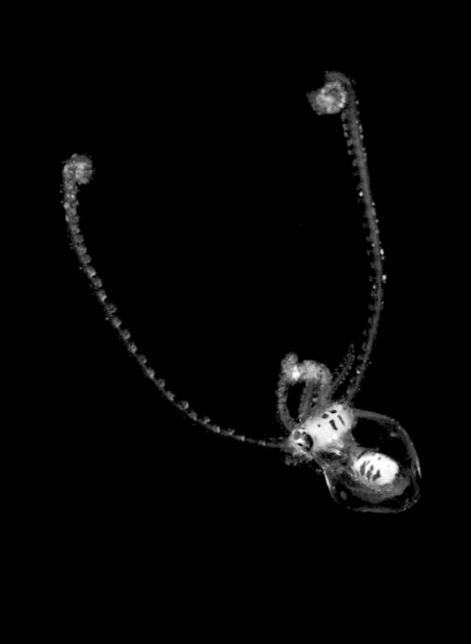

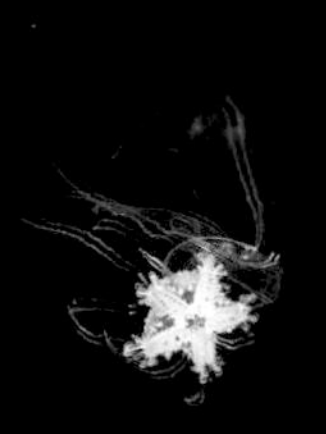

inet）設計的1900年巴黎世界博覽會入口，據說其靈感便是來自於同時代的德國生物學家恩斯特・海克爾（Ernst Heinrich Philipp August Haeckel）所記錄下來的放射蟲圖畫。放射蟲大多都是小於一公釐以下的微型生物，不過海克爾在《自然界的藝術形態》（Kunstformen der Natur）書中畫的放射蟲，都呈現玻璃質感的外殼，大多充滿令人驚豔的造形之美。他所流傳下來的那些連同放射蟲在內的無數浮游生物素描畫，已成為我拍攝熱情的巨大原動力。

了解的愈多，看到的愈多，就愈覺得被浮游生物的魅力所俘虜的不該僅只我一人。那出現在取景器裡的美麗與神秘，總是令人驚異又感動。這就是「浮游生物」的魅力

（阿部秀樹）

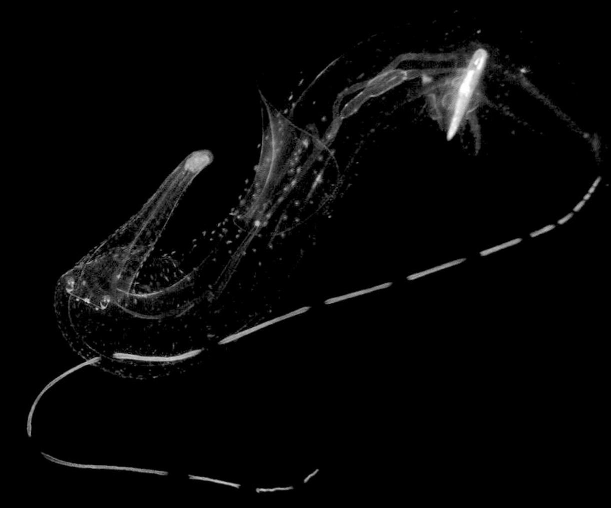

※本書所刊載的照片拍攝地點皆為日本國內。

目錄

水中浮游生物的真面目是？

在水中浮游（漂浮）的生物，就稱為「浮游生物」。
所謂的浮游生物到底是什麼呢？

（田中祐志）

浮游生物

無論是在海洋還是湖泊沼澤當中，只要是在水裡浮游的生物就叫作「浮游生物（Plankton）」。這是一種在水中漂流生存的生物總稱，這種生物並不會固定依附在某樣東西（底積物或其他生物）上。浮游生物幾乎含括所有分類階層的物種，無法斷言哪個分類就全都屬於浮游生物，或哪個分類則都不是浮游生物。

自游生物

與漂流維生的生物相反，游動力強的生物稱作「自游生物」或「游泳生物」（Nekton）。一般會想到的是魚類、烏賊或鯨魚之類的。

底棲生物

不同於浮游生物或自游生物，附著在泥沙、岩地、人工造物上的生物，以及生活在底部或泥沙之間，通常不會離開地面的生物，人稱「底棲生物」（Benthos）。後文將會提到，像那種過著「階段浮游生物」生活的無脊椎動物，牠們的成體多半是這種「底棲生物」。「底棲生物」一詞跟「浮游生物」一樣，都是指該生物的生存方式，而不是代表牠的分類階層。

在多樣化的生物之中，也有一些生物可同時兼任浮游生物、自游生物和底棲生物的身分。例如比目魚的幼生是在水裡漂浮的浮游生物，成體則既是觸底生活的底棲生物，同時也是一種具游泳能力的自游生物。

v」也有「不得不違反自身意志，進行漂泊之人」的意思。

浮　游　生　物　的　分　類

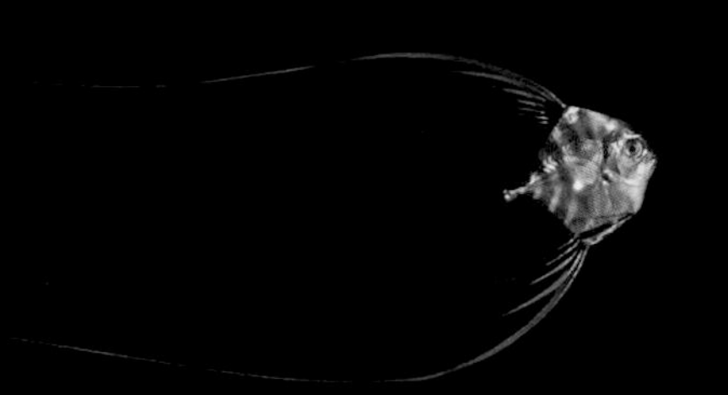

浮游植物與浮游動物

浮游生物大略可分成浮游植物跟浮游動物兩種。前者是「利用光能將無機物製成有機物（也就是進行光合作用）」的生物，後者則是「不具光合作用的能力，靠飲食獲取營養來源」的生物；並不是單純「只要有移動能力就是浮游動物」。舉例來說，既有光合作用的能力，同時也有用纖毛或鞭毛游動（移動）的能力——這種浮游生物是存在的。另外，雖然細菌被歸類在「浮游細菌」裡頭，但「藍菌（又名藍綠藻）」也具有光合作用的能力，因此也可以說它是一種浮游植物。

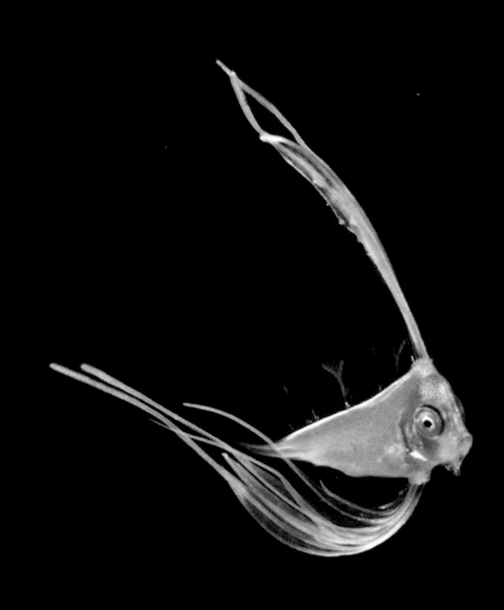

終生浮游生物與階段浮游生物

大多數的海洋生物是一生的某段時期，或是大部分的時間在水中漂流（浮游）生存。終其一生都屬於漂流生存的是「終生浮游生物」，而只有某段時期是浮游生活的就稱為「階段浮游生物」。像箭蟲跟浮蠶這類的軟體生物，或是橈足類和端足類這些甲殼類的夥伴等各式各樣的無脊椎動物，全都屬於「終生浮游生物」的範疇。

沙蠶、海膽、海星、海參、貝類、烏賊、章魚、蝦……這些無脊椎動物的「幼生※」很多都是「階段浮游生物」。沙丁魚、鯖魚和鮪魚，還有鯛魚及鮟鱇魚等魚類（脊椎動物），大多數都是從卵中孵化出來以後，到可以正常游泳為止的期間——以人類來說就是小嬰兒到幼童之間，即「幼生（魚的話稱為仔魚）」時期——為「階段浮游生物」。有些海洋生物的幼體外形跟成體完全不一樣。幼體不久後會「變態」，就會開始跟成體長得愈來愈像。因為是從小小的卵（從幾分之一公釐到好幾公釐左右的大小）中孵化出來的，所以當然是作為小小的「浮游幼生」在水中漂流生活。

微小的浮游生物遍布水中各處，存在

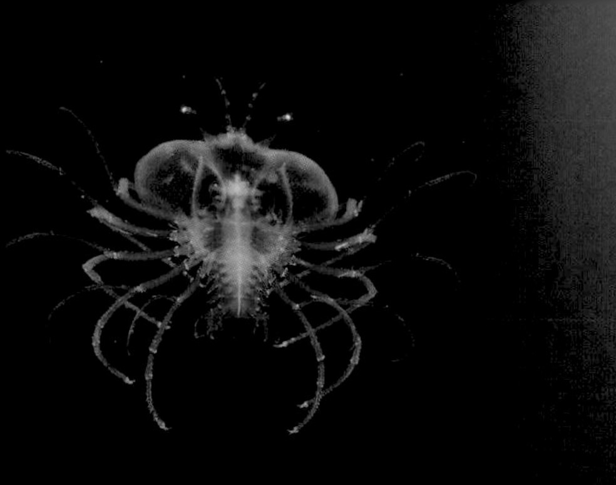

數量龐大。如果仔細看看海星或蝦子等無脊椎動物的幼生，還有那些長相奇特的魚類幼體，就會覺得牠們看起來彷彿「外星生物」似的。本書中收錄的浮游生物，不管哪種都像是一件藝術品。牠們的形態和生活方式豐富多樣，而且必定會在進化的過程中變得更加絕妙洗練。只是，牠們各自的絕妙之處在哪，如今的我們對這些還只有一點淺薄的認知而已。

※幼生：不僅無脊椎動物，很多脊椎動物在一生的開頭也是以浮游生物的身分生存的。像是前面舉例的那些魚類，都是產小型卵的魚種。跟成體的大小無關，魚卵的尺寸很小，直徑約為0.6公釐到2～3公釐（極少數可達5公釐）左右。從這些卵中孵化出來的寶寶魚也很小，只有2到數公釐而已。在這些寶寶魚長大的過程中，外形跟成體一點都不像的物種也很多。有些嘴巴特別大，也有鰭條像新體操的彩帶般又長又美的仔魚。像鰈魚和比目魚這類魚種就很難從幼體的長相去想像成體的模樣，畢竟牠們成體時長在身體同一側的雙眼，在幼生時期是長在身體兩邊的。牠們的眼睛在幼體變態後，會偏移至單側。

浮游生物的大小

浮游生物的大小（尺寸）區分如下。小的有不到1微米（μm）的病毒或細菌（超微型浮游生物跟微微型浮游生物），大的有超過一公尺（m）的越前水母（巨型浮游生物）。在管水母一類中，還有可以長到身長超過40公尺的群體。

大小	分類
0.02 ~ 0.2 μm	超微型浮游生物
0.2 ~ 2 μm	微微型浮游生物
2 ~ 20 μm	微型浮游生物
20 ~ 200 μm	小型浮游生物
0.2 ~ 20 mm	中型浮游生物
20 ~ 200 mm	大型浮游生物
200 mm以上	巨型浮游生物

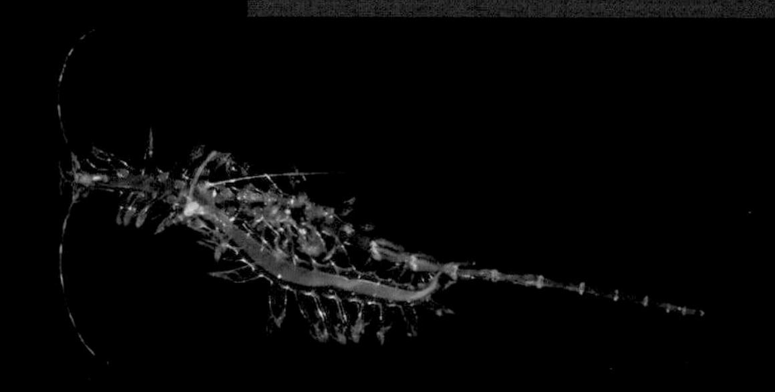

洋流與潮流的差異為何？

浮游生物會受到大海的洋流影響，在此說明關於「洋流」、「潮流」以及波浪和水流的內容。

（田中祐志）

洋流

不斷在海上進行幾百到幾千公里遠的長距離流動的水流，叫作「洋流」。日本人較耳熟能詳的「洋流」是黑潮。黑潮是北太平洋環流順時針循環的一部分洋流，其循環規模甚大：①「北赤道洋流」在太平洋赤道以北，由東向西流動，在菲律賓附近北轉進入東海，成為「黑潮」；②黑潮抵達日本九州南部近海的吐噶喇海峽後彎向東北，像是在沖刷本州南岸般流動；之後③在房總半島附近流向東方，形成「黑潮延伸流」，並在東經160度左右更名為「北太平洋洋流」；接著④到北美附近南下形成「加州涼流」，隨後⑤在北緯25度周邊西行，再度變成「北赤道洋流」（請參照下圖）。南太平洋跟南北大西洋也有同樣的循環存在。

這種大規模的環流在低緯度海區會隨著信風由東向西流動，在高緯度區則是受西風帶由西向東的吹拂影響而連動。再加上地球自轉產生的「科氏力※」，亦有改變洋流方向的作用。

黑潮有時時速可達每小時7～8公里。但即使海流「不斷流動」，也並非隨時隨地都是以相同的速度跟方向移動，而是「在平均一段時間（某段漫長的時間）內」以一定的方向流動。課本上的洋流概念圖所顯示的方向和流速是一段時間的平均值，這點必須多加注意。例如在某地乘船出海或潛水時，可能就會遭遇到跟課本上的洋流不同的海流。

北太平洋整體依順時針循環的洋流概念圖

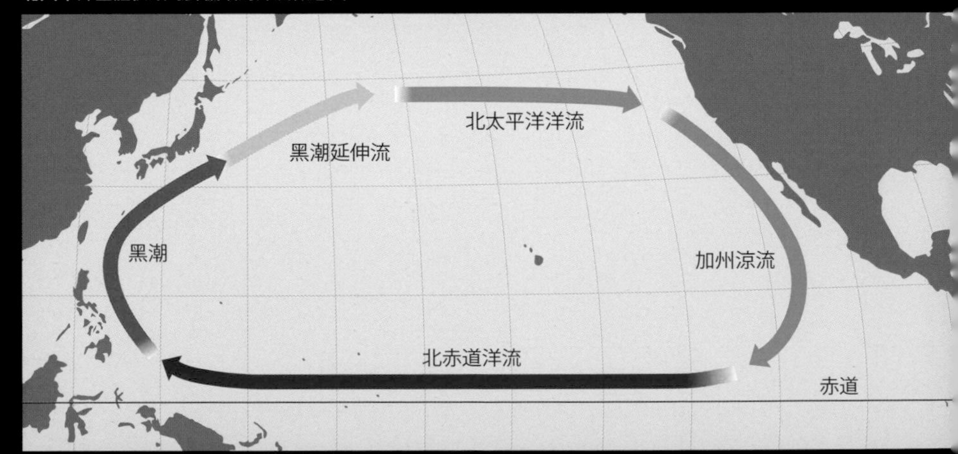

潮流

意指伴隨潮起潮落（潮汐）出現的水流現象。潮汐大概一天內（更準確的說，是指位於中天位置的月亮隔天再次過中天的這24小時50分鐘之間）會發生兩次，潮流也會以一天約兩次的週期變換。潮流的成因主要是月亮和太陽的引力，以及地球公轉產生的離心力。滿月和新月的時候，由於月球來到地球和太陽的連接線上，所以潮差變大，潮流變強；反之，弦月時分的潮流就很微弱。另外，潮流也會受到地形影響。舉個例子，日本的有明海地形特殊，因此潮汐大、潮流強；與太平洋沿岸相比，本州的日本海沿岸潮差明顯更小，潮流也較弱。

洋流與潮流以外的海流

除了由地球規模的風力或潮汐引起的洋流和潮流以外，還有其他的海流。像「密度流」就是一種當密度不同的水接觸時，因密度差距所引發的海水流動。密度小（較輕）的水會壓在密度大（較重）的水上，較重的水則是流入較輕的水底下。另外，由各種成因產生的水流在碰撞島嶼和海底火山時，或是穿越狹窄海峽之際，也會引發二次渦旋或垂直流動的水流。

波浪與水流

海面的「波浪」並非水流，而是水面的垂直運動。波浪垂直運動的規模大小和週期各不相同，有些會在一秒內上下波動，像是微風吹在平靜海面上所引起的漣漪（在海面上形成）；也有在幾秒至數十秒間動盪幾十公分、甚至好幾公尺的風浪或長浪，亦或是規模龐大的海嘯，就連大約一天兩次隨著潮汐出現的水面升降也都是波浪的一種。一旦有浪，水就會在一定的範圍中往復流動，因此若在某個地點短暫觀察時會覺得水在流動；不過長時間平均來看，水流則是駐留在一定的區域內。但是就算長期平均測算因浪而起的水流流向，水流也會依地形作用而具備一定的方向和規模。

※科氏力：即當物體在旋轉座標系上移動時，在與其移動方向垂直的方向上作用的一種慣性力，這種慣性力的力度大小跟移動速度成正比。又稱科里奧利力或偏轉力。

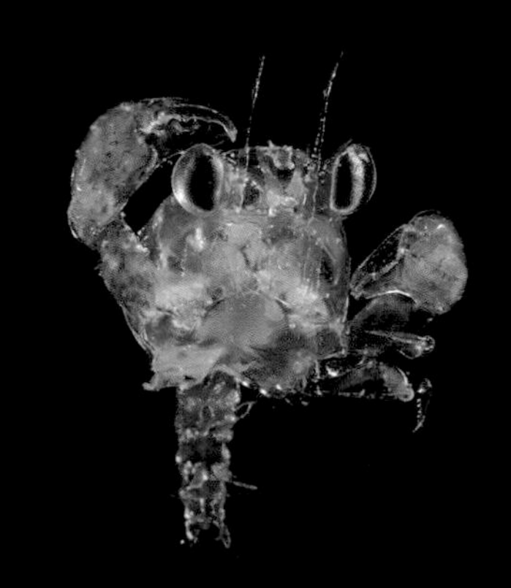

一起來觀察浮游生物吧！

浮游生物意外貼近我們的生活，只要稍微抓到一些訣竅，就可以輕易觀察到牠們的存在。

（阿部秀樹）

最佳觀測季節

如果氣候暖和就找暖水性的生物，天氣變冷就換冷水性的生物……浮游生物一直都在我們的身邊。有些生物在春天產卵，度過夏天至初冬的浮游幼生期；有些則是夏天生產，經歷秋冬時段的浮游幼生期。可說不管哪個季節都很適合觀察浮游生物，不過最推薦的觀測時間是春秋之際，潮汐大漲的季節。

用地形和潮流決定觀測點

在找尋浮游生物上地形頗為重要，畢竟海流會因海岸或地形而出現大幅的變化。雖然不能期待在縱深較深的海灣看到外洋種，但卻能找到許多喜好平靜內灣的生物。要是有河川流進來，還能發現在那條河川裡溯流而上的物種。另外，在突出外海的岬角地區，岬角內外出現的生物也經常會大相徑庭。一般來說，水流很少來回流動的海灣深處的物種複雜度低，通常一次都只會聚集一些固定的品種，所以能看到的物種數量也比較少。

另一方面，在面向外海的地方就常常有各式各樣的生物現身。生物種類的多寡會依當時的洋流而定。順帶一提，假使水流湍急，那麼就算有找到生物，有時牠也會很快遠行而去。

潮汐對浮游生物的觀察也有很大的影響。撇除向來直面海潮衝擊的地區，大多時段都接近滿潮的地點也很不錯。以我的經驗而言，海流從岸邊退去的乾潮時段生物較為稀少。

沼津市大瀨崎

粉色：洋流流向
黃色：陸上採集點
綠色：潛水觀察點
紫色：水流停滯區

陸上觀察

最適合陸上觀察的是立足點平緩，浪小平靜的漁港等海堤區。或許有人會認為堤防外側面海的區域比較好，但其實面海一側經常有浪打在上面，因此很多堤防的外圍會放消波塊。像這樣難有立足點的地方，出現摔落等意外的危險性高，所以不太適合進行觀察。海堤內側（即港口內）也有很多生物聚集的地點。從外面流入港口的浮游物囤積處，像是漂在港口深處海面上的漂浮藻，其底下多半會有浮游生物潛藏其中。

水下觀察

浮游生物的水下觀察，普遍會以潛水的方式進行。只是觀察對象通常都很小，所以必定少不了「即使在中層區域也能確實掌握中性浮力的技巧和練習」。水面正下方、順流漂浮的浮游物下方、潮流聚集處和潮目（潮水交界處）都是可行的觀察點。不論在哪，只要有大量水母聚集的區域就是最佳觀察點。不過這些觀察點裡頭，也有一些只要稍微移動一下，海流就變得湍急，或是會遭遇離岸海流的地點。最低限度的觀察準則是，在熟悉那片海域的潛水導遊帶領之下，進行潛水活動。

白天與夜晚的觀察

浮游生物很多都是體型微小、身體透明的物種。牠們透明的身體在白天容易融入背景之中，很難發現，所以尋找這種生物也要有一定的經驗。晚上會點亮集魚燈，可以在那裡觀察聚集而來的生物。就算是小而透明的物種，在光線照射下也會身體發白，因此比白天更容易找到牠們的蹤跡。但是因為腳邊很暗，所以要充分注意自身安全。陸上觀察時一定要穿著救生衣。為了避免一不小心跌入大海的狀況，希望各位在天還亮著的時候先確認好上岸位置，再去決定觀測地點。

長門市青海島的船越灣
從春季到晚秋，水流流速都不會因為一整天的時段差異而出現太大的變化。

由於浮游生物很小、很難發現，所以陸上觀察要找風平浪靜的時候進行。這一點，即使是不像陸地那樣容易受風向影響的水下觀察也一樣。在觀察浮游生物時，一般都會去找接近海面表層的漂浮物。而在水中，即使是很小的風浪也會使身體隨之擺動，所以浪大的時候會很難仔細觀察。

因風而生的海流，在浮游生物的觀測上至關重要。如下圖所示，當風從陸地一側吹來時，表層海水將會流向外海。為了遞補流失的海水，外海深處的海水便會從下方湧入。尤其如果靠近岸邊的地方有溝谷的話，深海的水就會在沿岸附近上湧，這種現象稱作「上升流」。在日本富山灣有個著名的「藍甕」地區，當地有著只要岸邊的風一吹來，就能看見碧藍圓形海水的觀測點。人們認為該地的正藍色海水，就是因上升流將海洋深處的海水打上海面所形成的。我想，「藍甕」這個名稱或許源自於「裝在甕中的美麗清水」。在富山當地，聽說它也代表從深海貫通富山灣的海底峽谷地形之意。作為富山灣春季風物詩的螢烏賊，牠們投身岸邊的行為最容易發生在這塊「藍甕」水域產生「藍甕」現象的日子裡。像日本沼津市的大瀨崎，它是本書曾拍攝大量照片的地點之一，也是保有駿河灣及其向內延伸的內浦灣所產生的上升流恩惠的地區。以我長年的觀察來看，從沼津到獅子濱一帶都是深海湧上表層的海水，然後這些海水會打上大瀨岬再流入海灣裡。假如能夠像這樣事先預測出這種有上升流的生物多樣性熱點，再下水觀察的話，遇到浮游生物的機會將會比莽撞下水大上許多。順便一提，日本小笠原群島也存在這種海底地形與洋流互相影響，促使深海海水湧上沿岸的地區。

從沿岸吹向海洋的風所帶來的局部上升流

上升流的原理

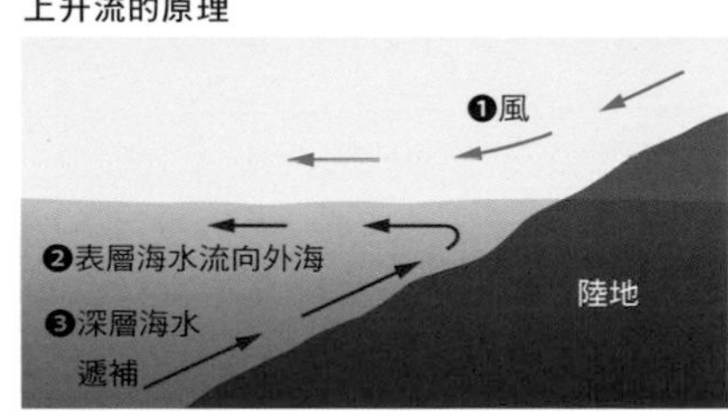

因為岸邊吹來的風而產生上升流

以大瀨崎為例

將海洋深場的海水帶上沿岸淺場，是我們可以期待有極高機率遇到深場生物的地點

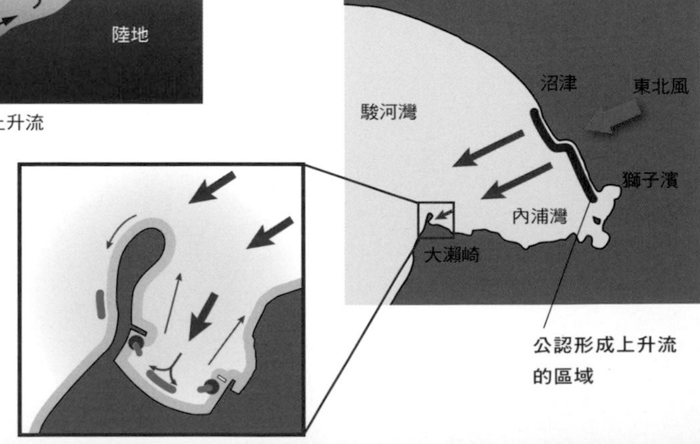

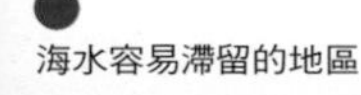

海水容易滯留的地區

海港內的「漂流藻」
周遭也有很多浮游生物。因為有不錯的立足點，所以是一個很適合觀察的地方。

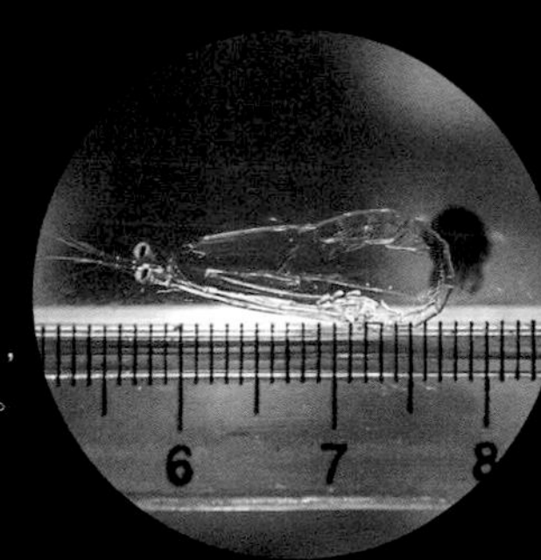

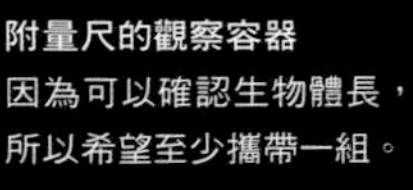

附量尺的觀察容器
因為可以確認生物體長，所以希望至少攜帶一組。

夜間堤防上的觀察景象
燈光照入水中，吸引浮游生物聚集。救生衣一定要事先穿好。

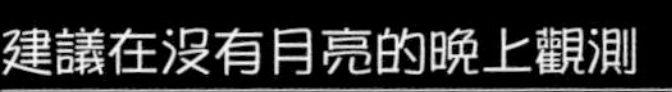

建議在沒有月亮的晚上觀測

「月夜下釣不到烏賊」，這句話是我從捕魚業者口中聽來的。從某種意義上來說，這同樣適用於浮游生物的觀察。說「從某種意義上」是有原因的，在滿月之夜，因燈光聚集而來的生物確實會明顯變少。常有人說，月夜之下，生物會為了躲避掠食者的眼睛而移動到更深的地方。不過事實真的是這樣嗎？我並不認為，不具游泳能力的浮游生物會從水面下游到最危險的掠食者所在之處躲藏。

滿月的夜晚比我們想像的還要明亮。地面上出現清晰的影子，光線亮得幾乎能閱讀報紙。跟在陸地上一樣，淺淺的水面下也會被月光照亮。因此集魚燈燈光的效力將會大幅下降，因光線而聚集的生物便減少很多。這種影響愈靠近海面，或是水質透明度愈高，就愈加明顯。

成效絕佳的燈光誘捕器

夜間觀察或攝影時會用到燈光。白天融入水中看不清的生物，在燈光的照射下也會清晰得令人驚異，甚至能輕易找到只有幾公釐長的小生物。而且，燈光還有引誘生物的效果。因為大多數的幼生生物都有趨光性（生物回應光的刺激並接近光線的性質），所以人們才會想出利用集魚燈（燈光誘捕器）吸引魚群的辦法。那這種方法是不是對有背光性的生物完全無效呢？答案是否定的。自游能力較弱的浮游幼生雖然不會自己主動接近集魚燈，但牠們會順著水流橫越燈光前，再消失於黑暗之中。正因為有光，才有辦法照到牠們的身影。

色溫

光線中有紅色或藍色等顏色。表現光源顏色的詞彙是「色溫」。表示色溫的世界標準單位為K，取自過去投入熱力學基礎研究的英國物理學家，克耳文男爵（William Thomson, 1st Baron Kelvin）之名。由篝火等低溫光源所發出的光是紅色的，「色溫」很低；另一方面，像瓦斯噴槍那種高溫光源所發出的光是藍白色的，「色溫」較高。

每種生物都有各自喜歡的色光，所以色溫在燈光誘捕器的運用上相當重要。大致上來說，以橈足類為首的甲殼類和沙蠶類生物喜歡色溫較低的4,500～5,500K，淺海魚的話是5,000～6,500K，烏賊跟深海魚類則是要用6,000K才能吸引到大群。

光源的種類

燈光的照明燈泡種類繁多，有氪氣燈泡、鹵素燈泡、亮度大幅提升的高亮度氙氣大燈（HID），以及現在的主流燈泡發光二極體（LED）等等。雖然亮度高的燈的確有很明顯的集魚效益，但調節色溫也是很重要的事情，這樣才能將目標種類的生物吸引過來。

從結論上來說，性能最優秀的是HID

潛水燈
各式各樣光量跟色溫都不等的燈。

色溫的差異
左邊是色溫較低的光源，右邊則是色溫較高的光源。兩者聚集的浮游生物也各不相同。

燈，他的光波耗損最少，集魚成效很高。不過這種燈泡的單價高，壽命又短，只要遇到碰撞就很容易破，是一種較難運用的工具。

光源的照射方法（在陸地上時）

隨著光的照射方向和角度不同，生物聚集的方式也會出現巨大的差異。在堤防之類的陸地上觀察時，最有效的是把水底燈直接放在水面正下方照射水平方向。只要看到流經燈光前的小型浮游物，就能明白任何浮游物都會朝著同一個方向漂流。光源如果照向浮游生物流動的方向，將有更好的觀察效果。

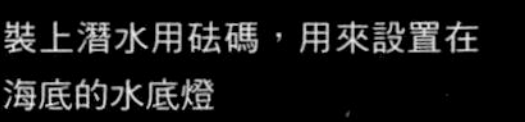

裝上潛水用砝碼，用來設置在海底的水底燈

陸上觀察的注意要點與訣竅

- 一旦靠近外燈，集魚燈的效果就會降低，難以期望成果。
- 要在白天時確認場地，並穿著救生衣。
- 考慮到可能跌落水中的問題，事先垂掛救生繩是不錯的方式。
- 要是有水底燈，就將它裝在燈架（一種穩定吊掛燈具的器具）上，從水下照射。
- 水底燈要垂掛在水面正下方，以水平的方向照射。
- 沒有準備水底燈時，可以用一般的照明燈從堤防上照射水面。
- 在堤防上照明時，光源照在腳邊會比照射遠方效果更好。
- 建議選擇離水面高度不到1公尺的低矮堤防當觀察點。
- 堤防太高會很難找到小型生物。而且摔下去也不容易爬上來，比較危險。
- 當觀察點附近有養殖場時，因為可能是在飼養龍蝦之類的重要水產，所以務必要先取得養殖業者的同意再進行觀測。

水中光源的位置和數量的配置相當困難，會依水深、地形、水流、預計出現的生物的不同而有所差異。基本上角度要向上5～30度左右，並朝外海的方向照射。此外，如果稍微把角度往上調一點，還能吸引到漂浮在表層海水的生物。只不過，如果設置地點小於水面下5公尺的話，生物有時只會聚集在貼近水面下方的區塊。若是比較深的地點，而且緊鄰岩石平台的話，只要水平照射光源，便能收集到隨著上升流升上來的生物。

假使在間隔幾十公尺的地點設置同樣類型的光源，根據光的位置、方向和角度的差距，收集到的生物種類或許也將截然不同。嘗試各種燈具的種類和光源設置的方式，也是觀察浮游生物的樂趣之一。

水底打燈法

要考量地形、水流及想引誘的生物物種來設置光源。

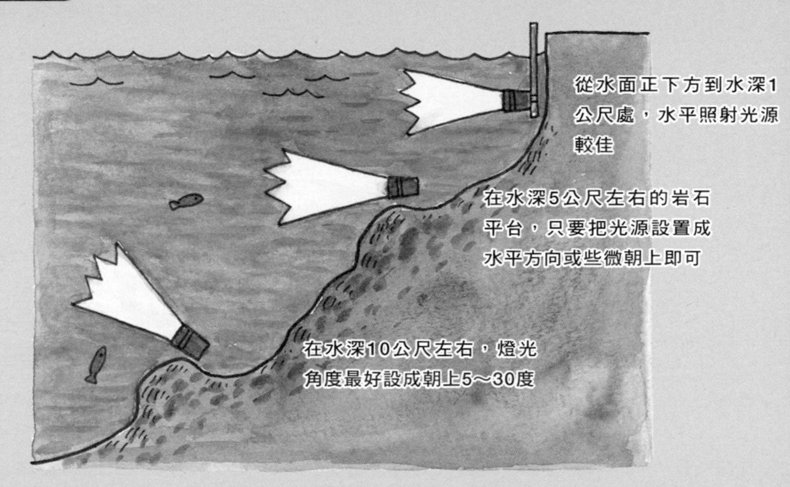

光源設置法1

水平照射

將水平照射的燈具排成一直線，設置在岩石平台上

垂直的石壁、斜面或平坦的底部，只要順著水流的方向平行設置光源就會有所成效。在水流停滯處安裝強光照明燈的效果很好，不僅能吸引有趨光性的生物，具背光性的生物也會經過燈光面前，因此很容易發現觀察目標。

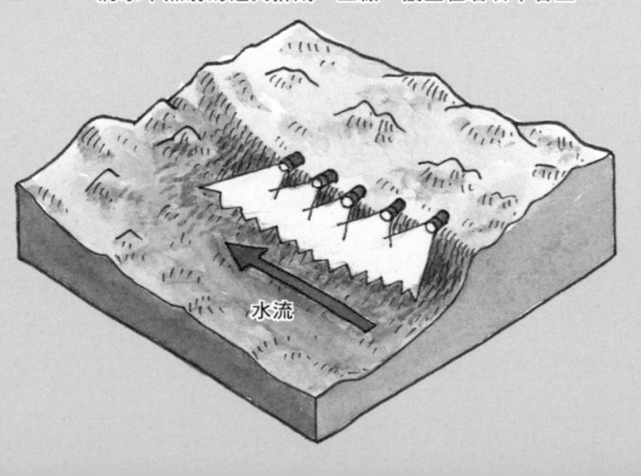

光源設置法2

V字照射

在縱切山谷型的地方特別有效，可以收集進入深谷水流淤塞處的生物。

光源設置法3

改變色溫照射

以差不多5公尺的距離設置不同色溫的光源。不同族群的生物會聚集在不同的燈光下。如果加以應用，也許還能將妨礙拍攝的橈足類或小型生物收攏在其中一盞燈的範圍內。

光源設置法4

上方同時照射

在觀察及拍攝像飛魚這種生活於水面正下方的生物時，這個方法頗為有效。若設置在水深10公尺左右，便能有效誘導生物前往中層海域。

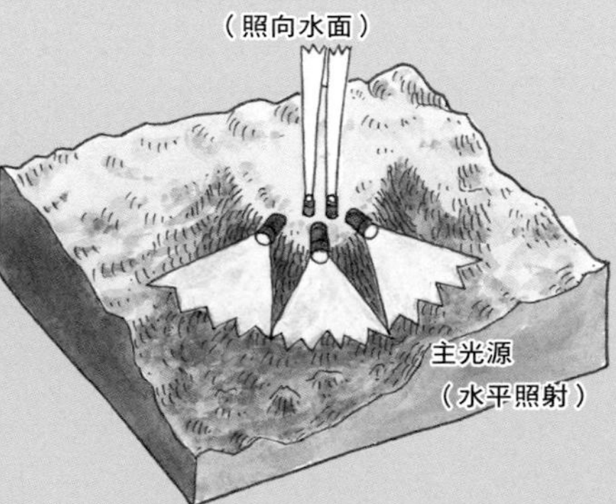

光源設置法5

沿斜度照射

在有上升流，而且水流會順著V型谷流向海水表層的區域，可在較淺的地點設置強烈光源，將位於較深海域的浮游生物引誘到淺水區。

挑　戰　拍　攝　浮　游　生　物　！

外形奇特，與「稀奇古怪」這個詞十分相稱的浮游生物，很多人都想將牠們的姿態保留在照片上。現在就來簡單介紹一下浮游生物的攝影技巧。　（阿部秀樹）

陸上拍攝時

採集好的生物盡量放到空間比較大的水桶等容器裡。一方面擔心牠們會缺氧，不過更要注意的是水溫的變化。尤其是水溫跟氣溫差距大的季節，水溫容易產生劇烈變化，若是在這種狀態下把浮游生物放在小容器裡，就有可能使牠們衰弱致死。當然，要是一旦缺氧便會馬上死亡了。

只要將裝在水桶裡的浮游生物，連同水也一起放進壓克力容器中，就能簡單地觀察到牠們的樣貌。這幾年，輕便型數位相機也備有微距拍照功能，或是可以放大攝影的顯微鏡模式，所以建議可善加利用這些功能。現場拍攝時，請將容器放在某個平台上再拍。雖然晚上可以以暗處為背景直接拍攝，但如果希望拍出更漂亮的照片，就要事先準備好紙或布，像是經常拿來當拍照背景，那種不太會反光的絨布就很不錯。

照明的部分，假使用的是相機內建的閃光燈，壓克力容器正對光線那一面就會反光，因此很難清楚拍出攝影對象。只要用燈從容器的斜後方打光，不僅可以讓光線勾勒出透明生物的輪廓，也能展現透明感。另外，如果有可加裝相機的攜帶型低倍率顯微鏡的話，便能盡情欣賞放射蟲等生物的造形美了。

採集浮游生物的裝備和道具

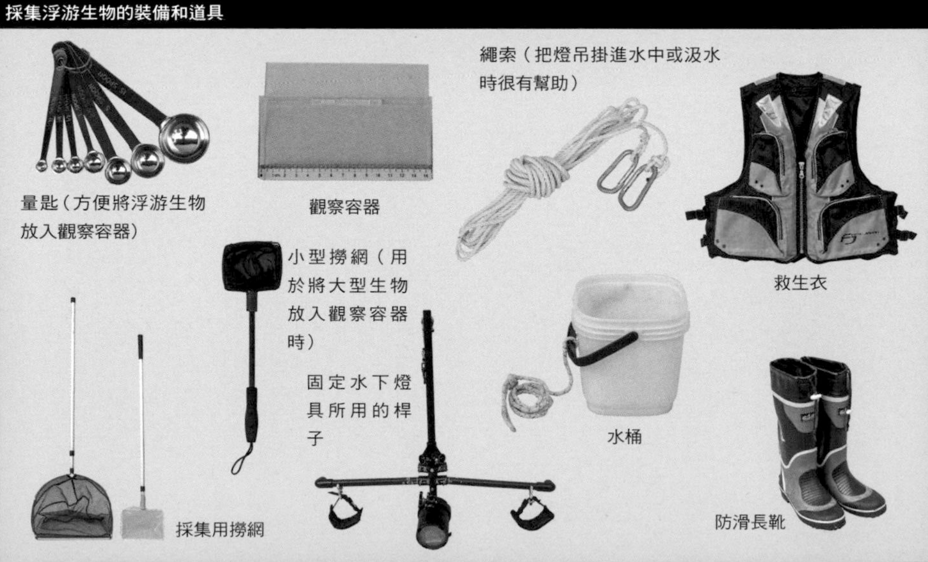

水下拍攝時

本書裡頭刊登的照片大多都是在水底用相機拍攝的，不過相機本身是不防水的單眼相機。雖然用輕便型數位相機也能拍，但要想不錯過按快門時機的話，單眼相機會更占優勢。這種單眼相機要放進防水殼才能使用。

因為主要是拍攝微小的生物，所以要用到微距鏡頭。由於要自己潛入水中拍攝浮游生物，因此也必須練好潛水技巧。在水中拍攝沒有任何支撐，故而不適宜用淺景深、也就是對焦範圍小及焦距長的鏡頭。以我來說，我常用的是60mm的微距鏡頭。因為是在小生物的附近拍攝，所以我都將光圈調到f11至f16來拍，好讓景深更深。

攝影器材的水中重量跟平衡也是很重要的因素，因為相機如果稍有動到，就會讓拍攝對象跑出取景器外，有時甚至會失去牠的蹤跡。透過浮力燈臂或浮球等器具，將水中重量調整到100公克左右，這樣一來，即使一整天單手拍攝也比較不會累，還能防手震。

在水下攝影時，要是不用照明，色彩就無法顯現出來。水中閃燈或攝影用的水底燈便是為此而用。水中閃燈會瞬間發出強烈閃光，故能清楚拍到生物的姿態。不過另一方面，也會因此拍到除目標攝影對象外的些許水中懸浮物。仔細看就會發現，就連沖繩一帶那樣清澈美麗的海洋，也一樣會有細小的懸浮物存在。由於用水中閃燈會不小心拍到這些小小懸浮物，所以拍攝時必須留意閃光燈的方向。用一種叫作束光罩的漏斗形配件包住閃光燈，就可以讓光只打在拍攝對象上，這也是效果不錯的辦法。假如在懸浮物太多的時候用閃光燈拍照，照在懸浮物上的光就會產生漫射現象，使得整個畫面都變成一片白。這種時候就該用水底燈來拍，效果才會好。水底燈的光亮比閃光燈還小，所以懸浮物拍起來就不會那麼有存在感。只不過，跟瞬間發光的閃光燈不同，這種打燈方式很容易拍出手震照片，所以要增加ISO感光度，並盡可能採用最快的快門速度——理想狀況是1/250秒以上。然後還要收緊兩臂再按快門，避免手震。

水中攝影器材

對拍攝透明生物來說，能夠清晰照出拍攝對象的對焦燈是一項必需品。閃光燈也是多燈比較有利。

自製的打洞遮光罩

在遮光罩上打洞好讓水流通過，這樣才不會因相機引起的水流而使拍攝對象移動。

試著測量浮游生物！

體型大小對浮游生物的生理與生態來說，是一項具有決定性的因素，並且在判斷浮游生物的種類上，也是非常重要的資訊。如果將已知長度的物體跟要拍的對象一起拍攝，就能夠知道牠的正確尺寸。最好把計測部位正對鏡頭拍攝。（若林香織）

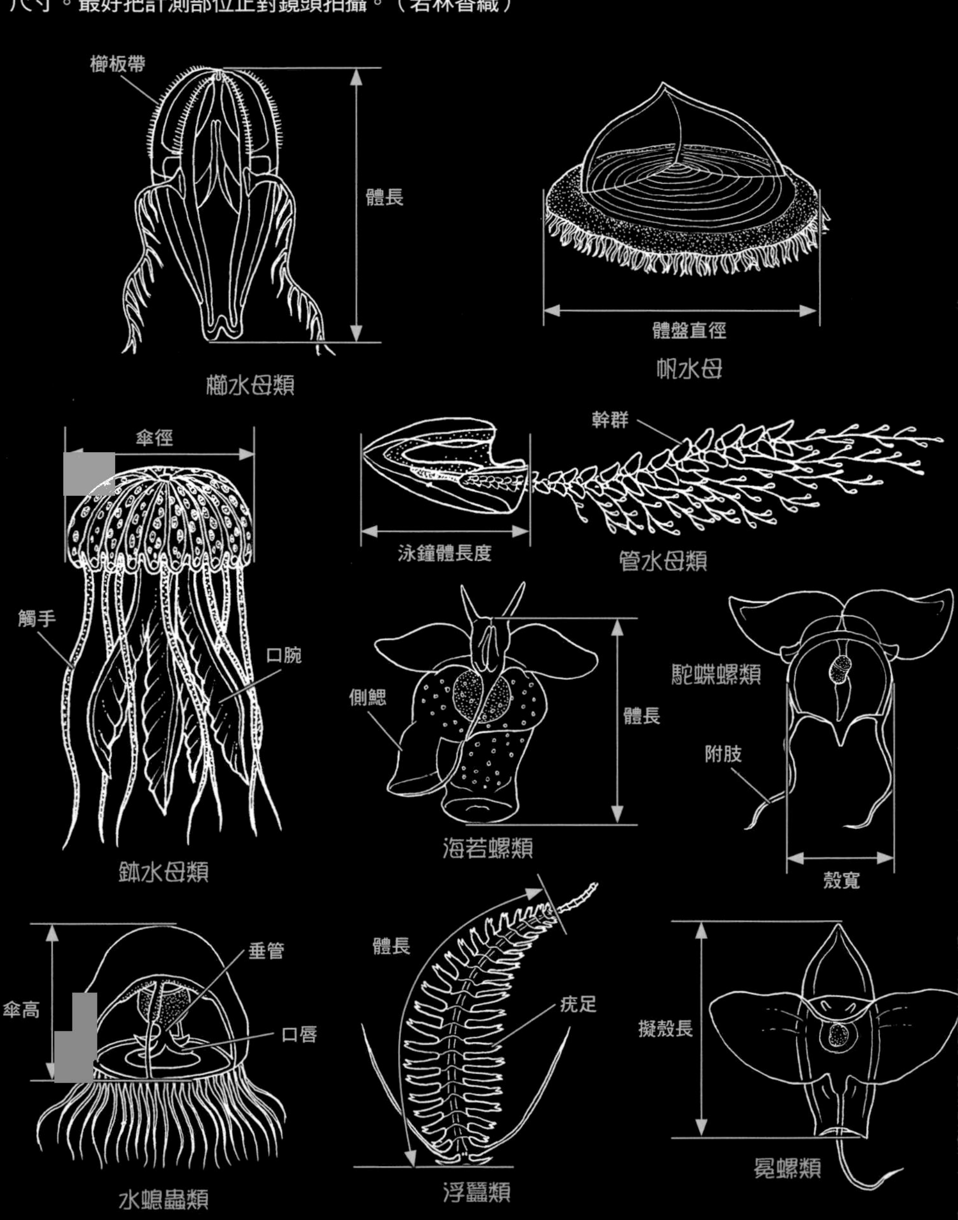

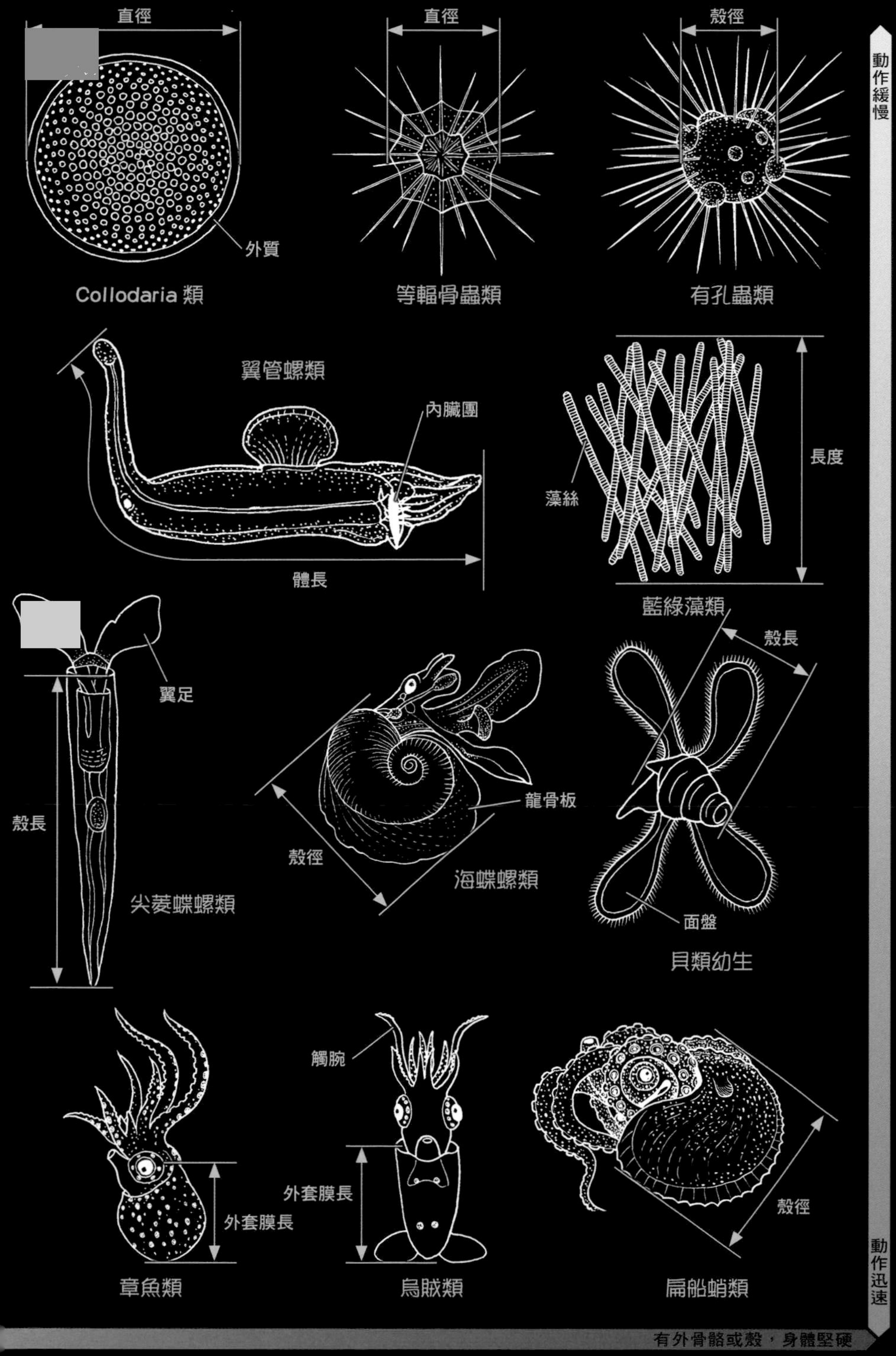

直徑
外質
Collodaria 類

直徑
等輻骨蟲類

殼徑
有孔蟲類

動作緩慢

翼管螺類
內臟團
體長

長度
藻絲
藍綠藻類

翼足
殼長
尖菱蝶螺類

龍骨板
殼徑
海蝶螺類

殼長
面盤
貝類幼生

外套膜長
章魚類

觸腕
外套膜長
烏賊類

殼徑
扁船蛸類

動作迅速

有外骨骼或殼，身體堅硬

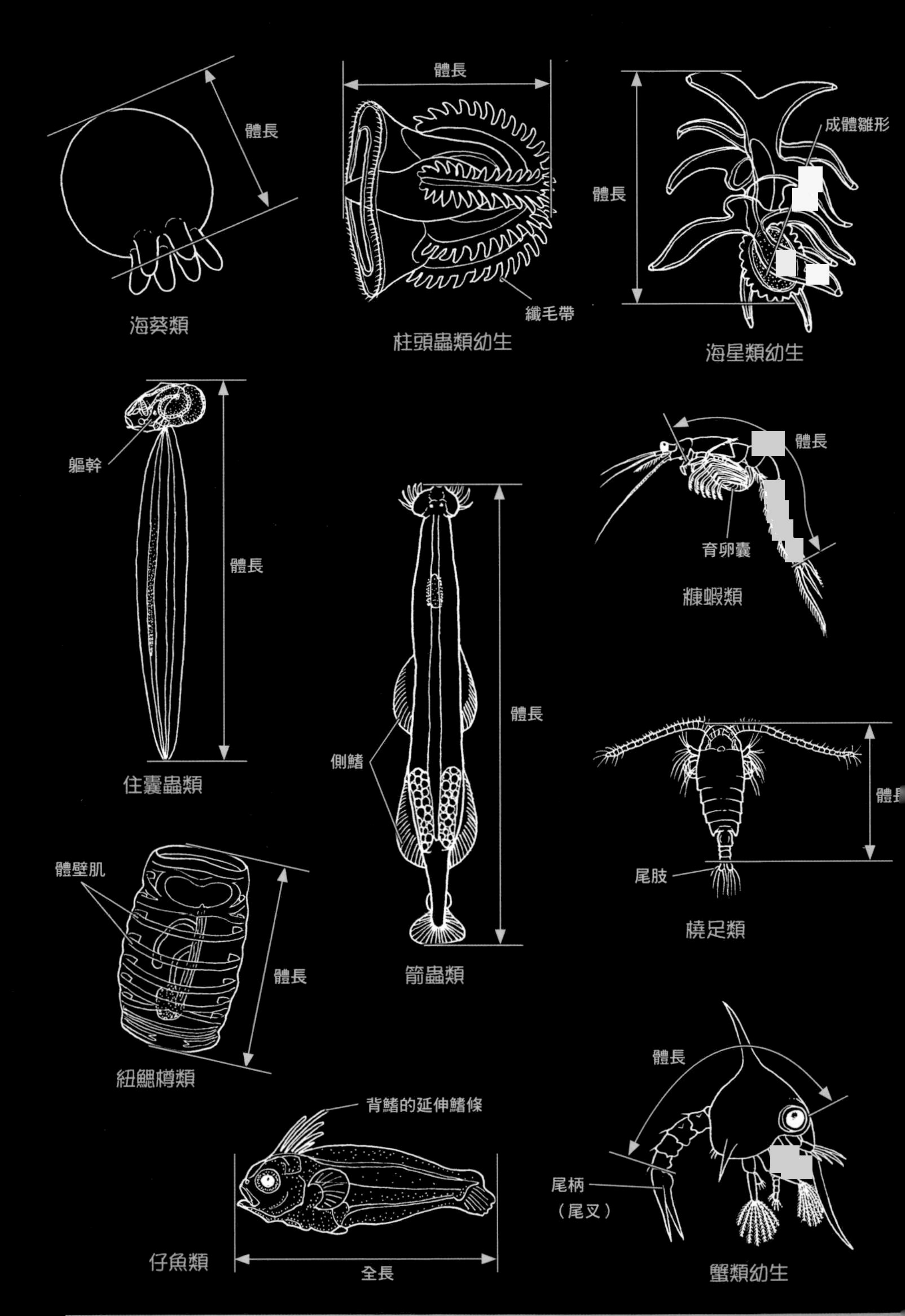
體長
海葵類
體長
纖毛帶
柱頭蟲類幼生
成體雛形
體長
海星類幼生
軀幹
體長
住囊蟲類
側鰭
體長
箭蟲類
體長
育卵囊
糠蝦類
尾肢
橈足類
體壁肌
體長
紐鰓樽類
背鰭的延伸鰭條
全長
仔魚類
體長
尾柄
（尾叉）
蟹類幼生

由膠質組成，身體柔軟

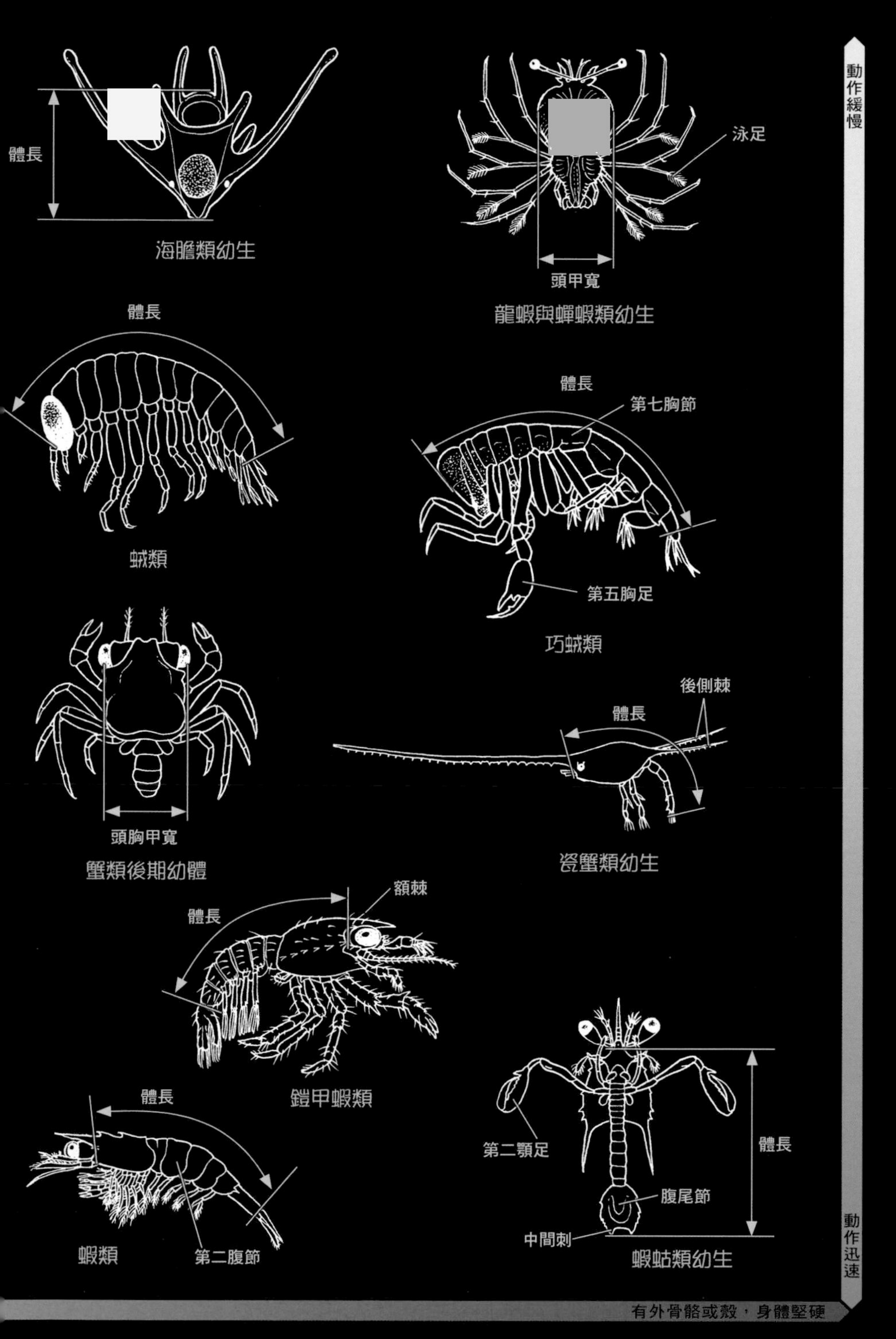
體長
海膽類幼生
泳足
頭甲寬
龍蝦與蟬蝦類幼生
體長
蛾類
體長
第七胸節
第五胸足
巧蛾類
頭胸甲寬
蟹類後期幼體
後側棘
體長
瓷蟹類幼生
額棘
體長
鎧甲蝦類
體長
蝦類
第二腹節
第二顎足
體長
腹尾節
中間刺
蝦蛄類幼生
動作緩慢
動作迅速
有外骨骼或殼，身體堅硬

用 詞 解 說

育體（phorozooid）：在海樽類生物的生命週期裡面，接在成熟無性個體階段後的第二無性生殖世代。會在成熟無性個體的背芽莖上生產、脫離。其上有名為腹芽莖的突起，會從中無性繁殖有性生殖的個體。

胃盲囊（gastric caecum）：胃（胃腔）中隆起的盲囊。

泳鐘（nectocalyx、swimming bell）：管水母群體中一些游泳能力特化的個蟲。基本組成構造與其他水螅蟲類相同，但沒有垂管。

外套膜（mantle）：軟體動物的一種肌肉膜，它從背部延伸，包裹住整個內臟。會分泌物質形成貝殼。

幹群（cormidium）：由管水母中具有生殖體或營養體的個蟲所組成的一個群體。牠們在帶狀枝幹上會以一定的間距排列。

眼柄（eyestalk）：一種棒狀支持器官，用以支撐與頭部分離的眼睛。可在蝦蟹類身上看到這種器官。

軀幹（trunk）：動物的身體軀幹。

群體（colony）：因分裂或發芽而形成的個體彼此連結構成的集合體。營養或外界訊息等資訊會在個體之間交換傳遞。有時會將個體稱為「個蟲」。

前觸手（oral tentacle）：長在嘴巴旁邊的觸手。主要在獵捕食物上很有幫助。

口前葉（preoral lobe）：長在海星或海參類等生物幼體口前的額狀部位。四周圍繞著纖毛帶。

垂管（manubrium）：懸垂在水母類生物傘內側的消化器官。前端有開口，基底附近則有胃腔。

胃柄（peduncle）：在垂管基底形成的垂管支援器官。

黏胞（colloblast）：櫛水母類生物的一種細胞，會分泌黏性分泌物。

個蟲（zooid）：構成群體的個體。有進食取得營養的個體，也有負責有性生殖的個體等，各自具備特定的功能。

鰓蓋（branchial mantle）：包覆在硬骨魚類鰓裂外側的保護用器官。亦稱「鰓甲」。

腕膜（interbrachial membrane）：位於烏賊和章魚類生物兩條觸腕之間的膜狀肌肉。亦稱傘膜（umbrella）。

色素細胞（chromatophore）：生產及保存色素的細胞或細胞群。除了掌管體色變化外，還能發揮感覺器官的功用。

子午管（meridional canal）：直直貫通櫛水母體表上櫛板帶內側的管狀器官。子午管上有分歧的支管，會作為循環系統來運作。

櫛毛板（comb plate、ctene）：由好幾根纖毛合在一起後，其底部黏合形成的板狀纖毛束。可作為游泳器官來使用。有時也稱為「櫛板」。

刺胞（nematocyst、cnida）：埋在刺胞動物體表或觸手的外胚層中，備有刺絲的一種胞器。有各種不同功能的刺胞，像是貫通刺胞（penetrant）或黏性刺胞（glutinant）等等。

口瓣（oral lobe）：兜水母類生物身上與觸手面平行展開的口緣器官。它會如羽毛般開闔，有助於獲得巨大的推進力。

觸手（tentacle）：負責接收觸覺和化學感覺，可自由伸長、彎曲的突出物。通常長在動物的身體前方或嘴巴附近。

棲管（tube）：在體外分泌形成的護身構造。雖不會與身體密合，卻也不像一般巢穴那樣可自由出入。經常可於環節動物身上看到這種構造，也有些棲管的底質構造是以果凍般的物質或黏液來固定沙子和貝殼片。

纖毛（cilia）：位於生物體表的纖維狀運動器官。貝類或棘皮動物的幼體會利用體表上生長的纖毛來游泳和攝食。

纖毛帶（ciliary band）：以帶狀（或環狀）環繞體表的纖毛密集生長區。也有人稱之為「纖毛環」。嘴巴前方的纖毛帶是「口前纖毛帶」，位在後方的則為「口後纖毛帶」。

側扁（laterally flattened）：意指扁平方向像是往左右壓扁似的。與之相對，彷彿是朝背腹方向壓扁的模樣則稱為「縱扁」（dorsoventrally flattened）。

內骨骼（endoskeleton）：在具有支撐或保護身體作用的骨骼之中，位於體內的便稱為內骨骼。與內骨骼相對，像貝類或甲殼類的殼一樣包覆在體外的，就叫作外骨骼（exoskeleton）。

成熟無性個體（nurse）：海樽類生命週期裡的第一無性生殖世代。從受精卵中誕生的個體會形成背芽莖，並無性繁殖出育體。背芽莖中排列著負責生產營養跟負責呼吸的個蟲。母體（樽的部分）本身沒有消化及呼吸器官，而是專門做為游泳器官運作。

背芽莖（dorsal stolon）：由海樽類的成熟無性個體所形成的群體。背芽莖裡排列著與產生能源及與呼吸相關的個蟲，以及第二無性生殖世代的育體雛形（芽體）。

羽腕（bipinnaria arm）：長在海星類羽腕幼蟲身體左右兩側的5對突起。羽腕四周有纖毛帶圍繞。

平衡胞（statocyst）：無脊椎動物的平衡器官。可感知個體的位置或姿勢。內部生有感覺毛，胞內有一個或一整塊的平衡石。

變態（metamorphosis）：在幼體發育過程中，一個朝向幾乎等同成體的外形、生理和生態轉換的過程。

葉狀體（bract）：組成管水母群體的其中一種個蟲，牠們會覆蓋並保護其他個蟲。兩端有很多感覺細胞和刺胞。有的像軟骨一樣硬，有的則呈囊狀且很柔軟。

擬寄生生物（parasitoid）：在攝取完完整發育所需的必備營養後，會殺死宿主的寄生生物。

後期幼體（postlarva）：蝦類或蝦蛄類在從幼體變態後，到成為稚蝦或稚蝦蛄前度過的短暫階段。這個階段的外形、生理和生態都與幼體或成體不同，有時會依分類階層賦予一個專有名稱，也有一些研究者認為它是幼生期的一部分。

盲囊（caecum）：一端封閉的消化道。位置在胃的話就叫胃盲囊，在腸則稱為腸盲囊。

有性世代（eudoxid）：在管水母類中，連同泳鐘在內的一部分幹群脫離主幹，試圖獨立生活所形成的世代。有性世代因無性繁殖而生，其本身會進行有性生殖。

幼體（幼生、幼蟲）（larva）：一般來說，指的是作為受精卵出生的個體在發育過程中的一個階段，在這個階段，牠們有著與成體截然不同的外形、生理及生態，並且獨立生活。也有一些例外，像水母類的碟狀幼體那樣因無性繁殖而生。

本書的使用方法

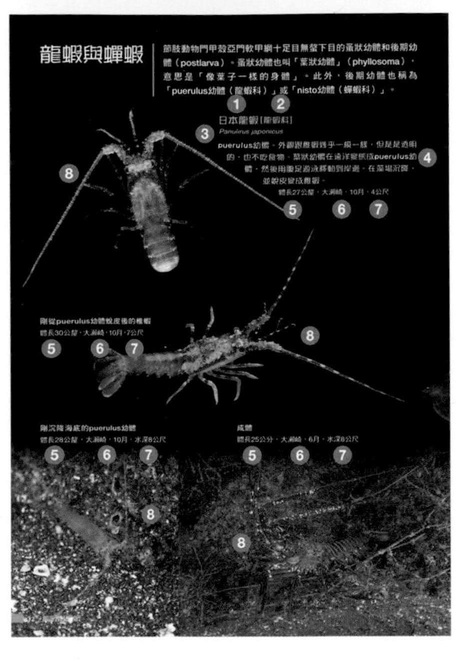

❶**中文俗名**　對應該物種學名的中文名稱。不確定生物品種時，以「龍蝦屬未知種」的方式表示。

❷**分類劃分**　該物種所屬分類階層的名稱。

❸**學名**　全世界共通的生物分類群名。以拉丁文或希臘文撰寫而成。物種學名由「屬名」與「種小名」組成，並以斜體或底線表現。學術上會在學名後方綴有命名者和命名發表的年份，不過本書省略不記。若有無法確定種別的生物，則標示成「屬名＋sp.（複數spp.）」或「科名＋gen. et sp.（複數genn. et spp.）」；假使連科別都不明，就用可辨認的最低分類階層來表示。「gen.」即「genus」，「sp.」是「species」的簡稱（分別指稱「屬」跟「種」），「et」則是英文「and」的意思。

❹**解說**　說明拍攝對象的發育階段、身體構造、海中生態及該物種與其他品種的區別方式等等。

❺**拍攝對象的大小**　全身或身體一部分的大小。表示浮游生物大小的單位基本上是「公釐」（超過1公尺以上時為「公尺」），在海底生活的成體則是用「公分」作為尺寸單位。測量部位的差異取決於該生物（詳見p.22）。

❻**拍攝地點與時間**　攝影地點的名稱（參見下圖）和季節時期。

❼**深度**　拍到浮游生物的深度以「深度」來表示，僅顯示數字。在海底拍攝的照片，則在數字前加上「水深」二字。

❽**照片**　在野外拍攝的生態寫真。沒標示圖片來源的照片都是由阿部秀樹所拍。

攝影地點

❶伊豆大島（東京都大島町）
❷八丈島（東京都八丈町）
❸父島（東京都小笠原村）
❹兄島（東京都小笠原村）
❺南島（東京都小笠原村）
❻江之島（神奈川縣藤澤市）
❼滑川（富山縣滑川市）
❽八重津濱（富山縣富山市）
❾能登島（石川縣七尾市）
❿千本濱（靜岡縣沼津市）
⓫獅子濱（靜岡縣沼津市）
⓬大瀨崎（靜岡縣沼津市）
⓭平澤（靜岡縣沼津市）
⓮竹野（兵庫縣豐岡市竹野町）
⓯須江（和歌山縣東牟婁郡串本町）
⓰潮岬海面（和歌山縣東牟婁郡串本町）
⓱隱岐島都萬（島根縣隱岐郡隱岐之島町）
⓲島根沖泊（島根縣松江市島根町）
⓳青海島（山口縣長門市）
⓴周防大島*（山口縣大島郡周防大島町）
㉑柏島（高知縣幡多郡大月町）
㉒屋久島（鹿兒島縣熊毛郡屋久島町）
㉓沖永良部島（鹿兒島縣大島郡）
㉔真榮田岬（沖繩縣國頭郡恩納村）
㉕久米島（沖繩縣島尻郡久米島町）

* 周防大島在日本政府機構國土地理院的正式名稱為「屋代島」，本書則以俗名標示。

可於潛水時觀察到的浮游幼生

■典型幼生生物名單

無脊椎動物或魚類幼生常因分類群的不同而被賦予不同的名稱。從前作為一種「物種」被記錄下來的痕跡，或是身體特徵、知名生物學家的姓名等，其命名由來五花八門。大部分的幼生生物都是小到難以用肉眼看見。此處介紹的只有體型較大，體長可能達到1公釐以上的幼生生物。所有隸屬於各分類階層的物種不一定都要經歷這些幼生階段。另外，在名稱尚無中文翻譯時，會在原文後加上「幼體」或「幼蟲」以區分。

分類階層	幼生
海綿動物門	
尋常海綿類	實囊幼蟲
刺胞動物門	
缽水母類	碟狀幼體*
水螅蟲類	輻射幼蟲
角海葵類	cerinula幼體*
六放珊瑚類	直纖毛帶幼蟲*、橫纖毛帶幼蟲
櫛板動物門	
有觸手類	球櫛水母幼蟲
扁形動物門	
多歧腸類	牟勒氏幼蟲
紐形動物門	
紐蟲類	帽狀幼蟲
環節動物門	
沙蠶類	疣足幼蟲
囊鬚蟲類	羅文氏幼蟲*
星蟲動物類	浮球幼蟲*
軟體動物門	
雙殼貝類	面盤幼蟲
腹足類	面盤幼蟲*
頭足類	擬浮游幼生*
箒虫動物門	輻輪幼蟲*
節肢動物門	
藤壺類	無節幼蟲*、介形幼蟲
對蝦類	前眼幼體*、糠蝦幼體*、（decapodite幼體）*
真蝦、猬蝦類	蚤狀幼體*、（decapodite幼體）*
龍蝦類	葉狀幼體、（puerulus幼體）*
蟬蝦類	葉狀幼體*、（nisto幼體）*
寄居蟹類	蚤狀幼體*、（寄居蟹後期幼體）*
鎧甲蝦、瓷蟹類	蚤狀幼體*、（大眼幼體）*
蟹類	蚤狀幼體*、（大眼幼體）*
蝦蛄類	蝦蛄幼體*、（後期幼體）*
棘皮動物門	
海百合類	樽形幼蟲
海星類	羽腕幼蟲*、短腕幼蟲
陽燧足類	蛇尾長腕幼蟲、vitellaria幼蟲
海膽類	海膽長腕幼蟲*
海參類	耳狀幼蟲*、樽形幼蟲
半索動物門	
腸鰓類	柱頭幼體*
脊索動物門	
海鞘類	蝌蚪幼體
魚類	柳葉鰻*、羽狀浮游幼體*等等

本書所收錄的幼生，會在名稱後打上「＊」字。後期幼體則記於括號內。

■典型的動物初期生活史

動物的受精卵在經過名為「胚胎」的反覆細胞分裂階段後來到幼生期，並在這段期間發育出各種器官。從受精卵或卵囊孵化出來的時間，以及沉降到海底轉換生活區域的時間，會按照物種差異和幼生生物的生活方式而有所不同。在潛水時能觀察到的浮游幼生，通常位於發育後到沉降海底前的階段。

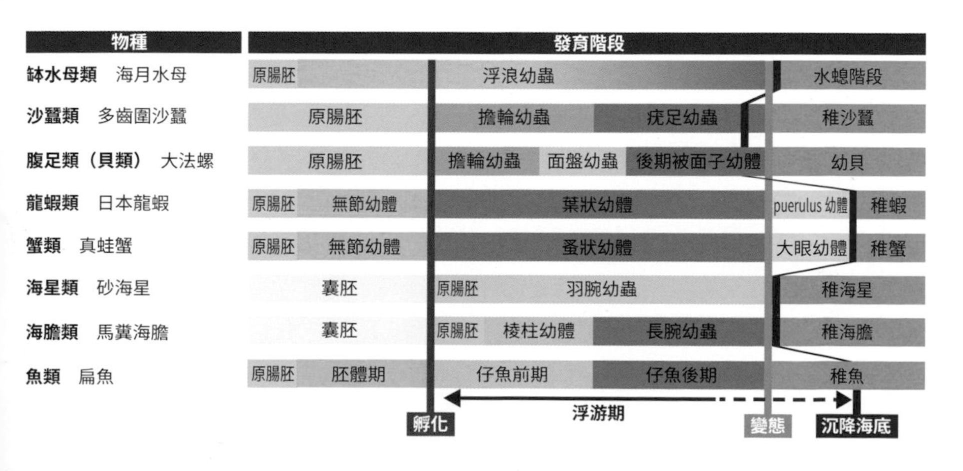

本書出現的浮游生物一覽表（實物大小）

水母（p.38）

櫛水母（p.50）

10mm

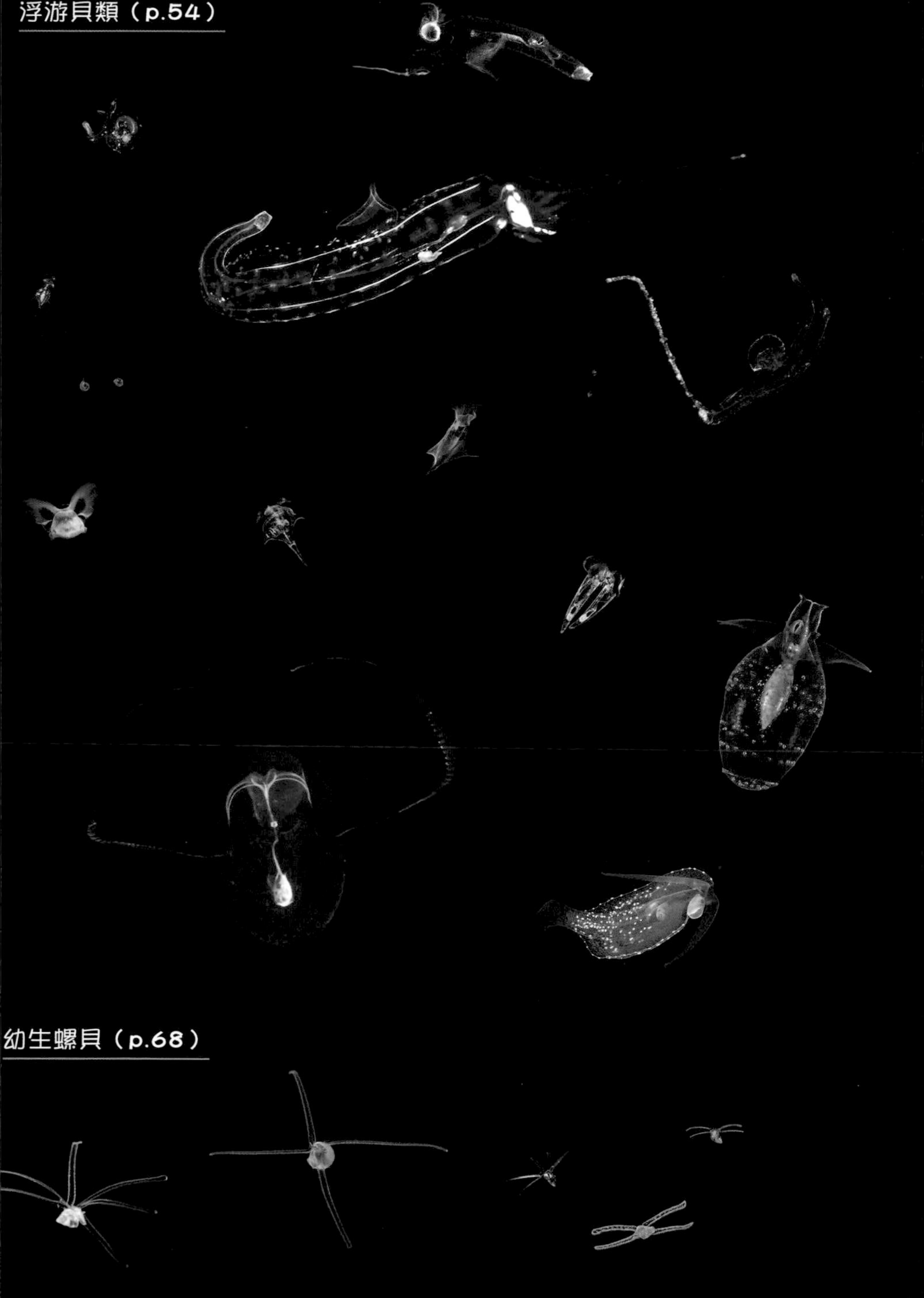
浮游貝類（p.54）
幼生螺貝（p.68）

烏賊與章魚（p.70）

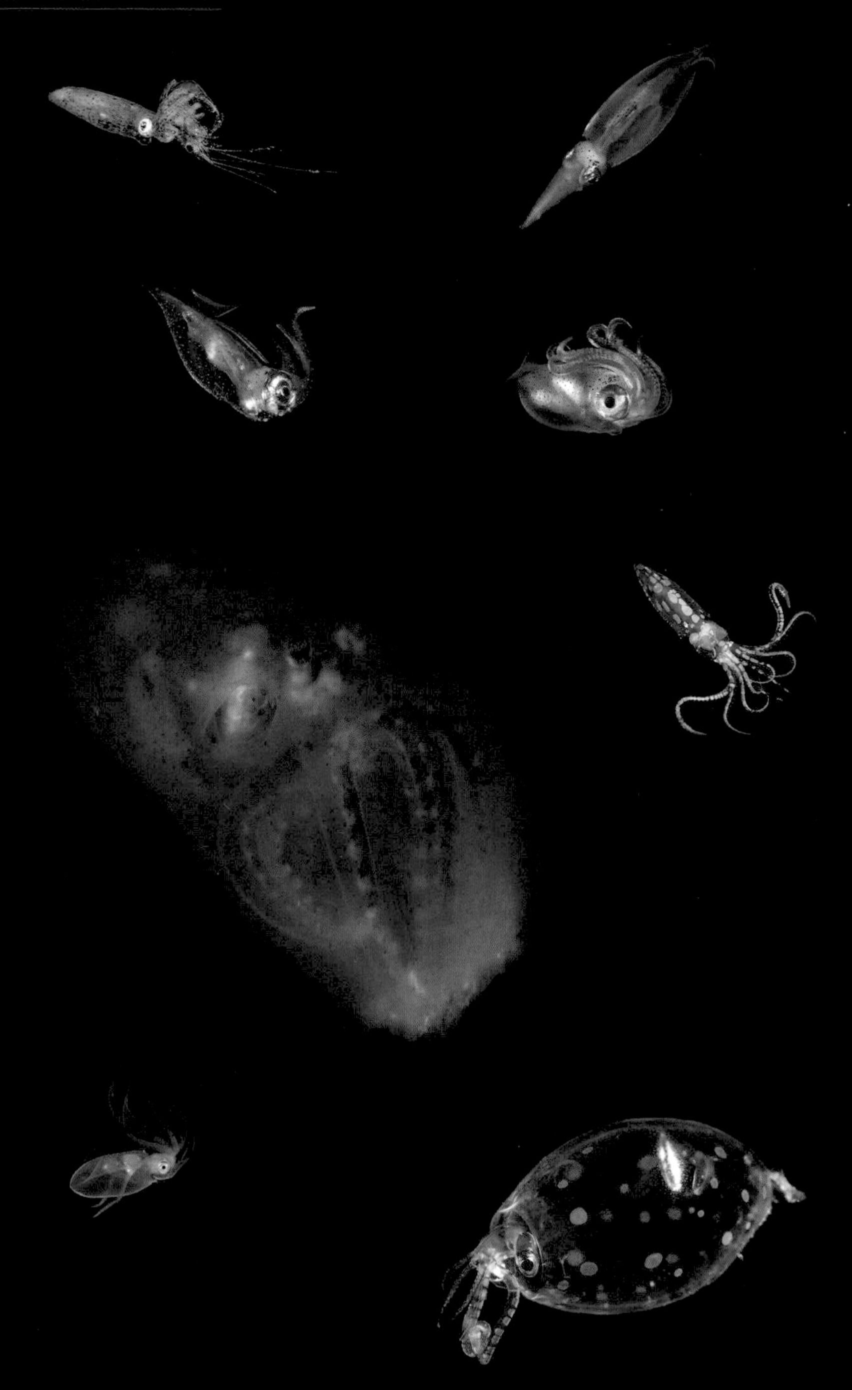

10mm

沙蠶與星蟲動物（p.82）
蝦（p.86）

龍蝦與蟬蝦（p.92）

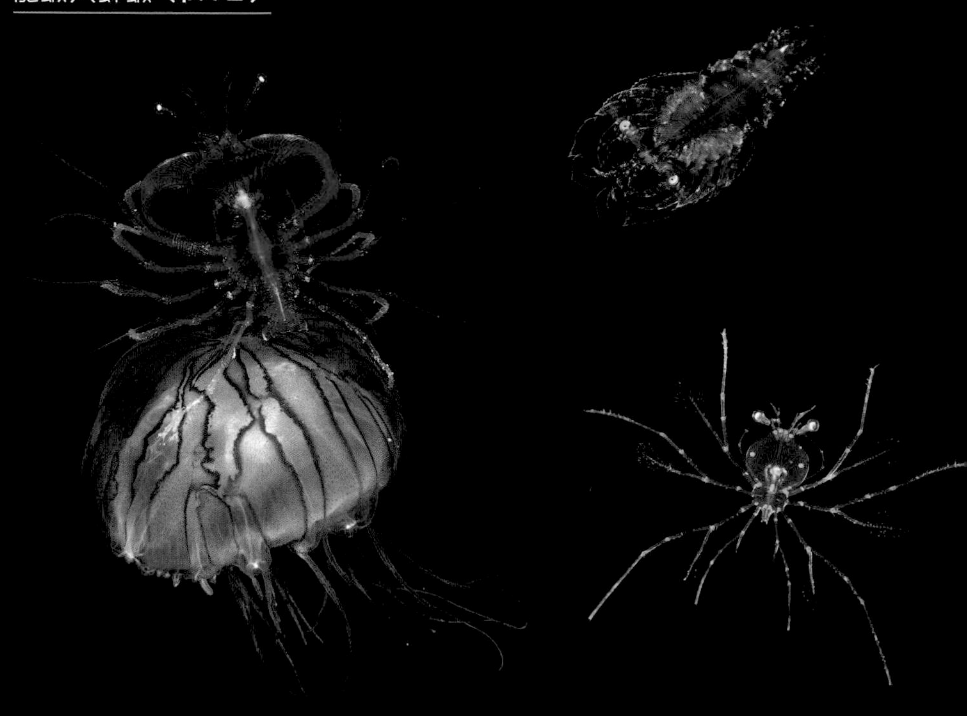

寄居蟹與鎧甲蝦（p.98）

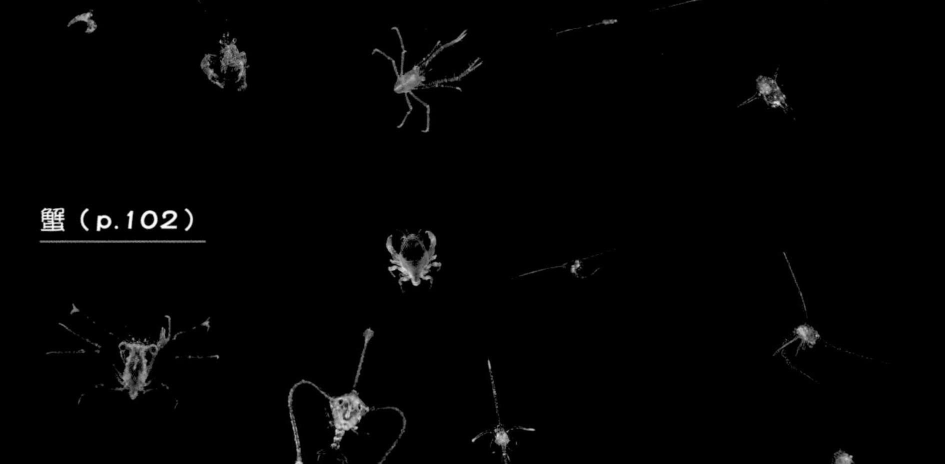

蟹（p.102）

10mm

蝦蛄（p.110）

蝛類（p.112）

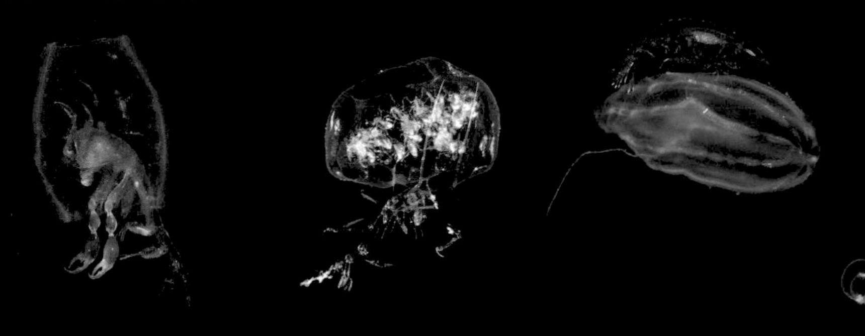

其他無脊椎動物（p.118）

仔魚與稚魚（p.132）

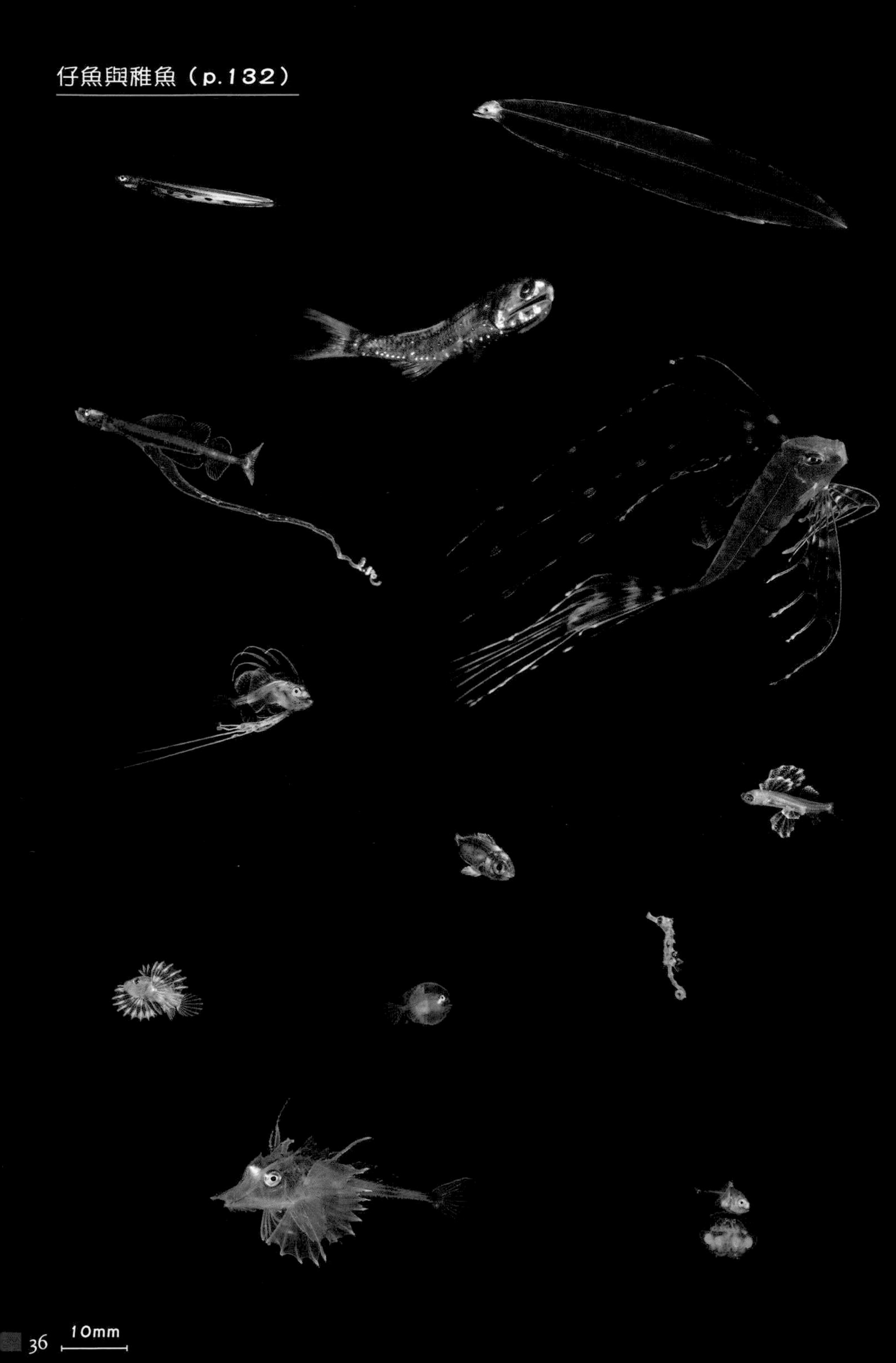

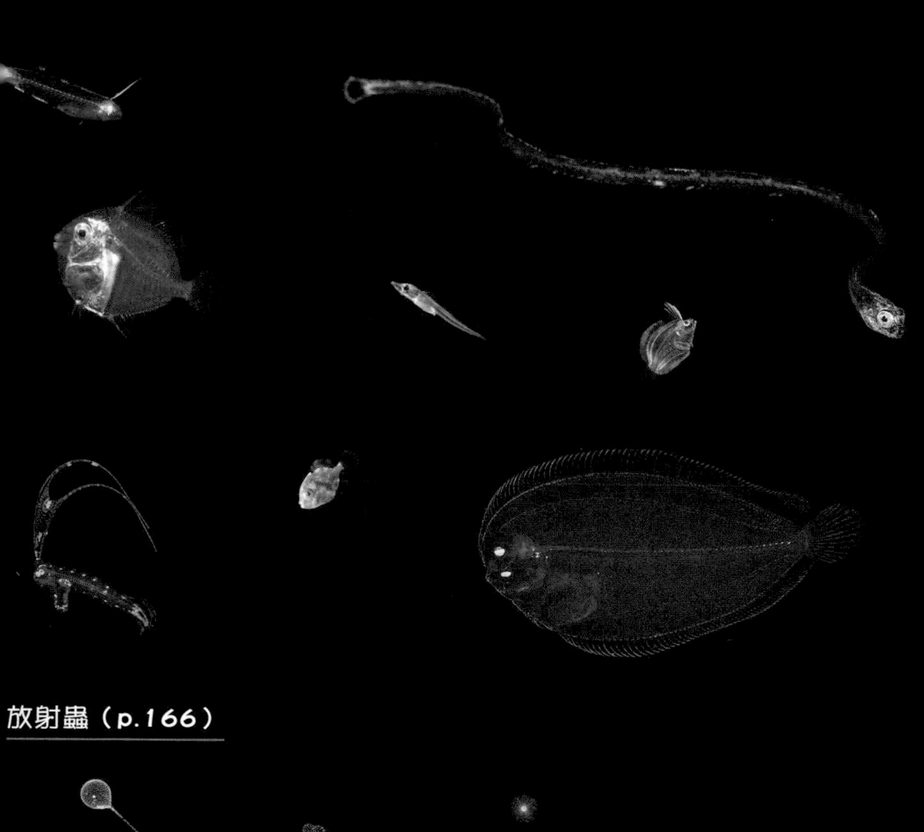

放射蟲（p.166）

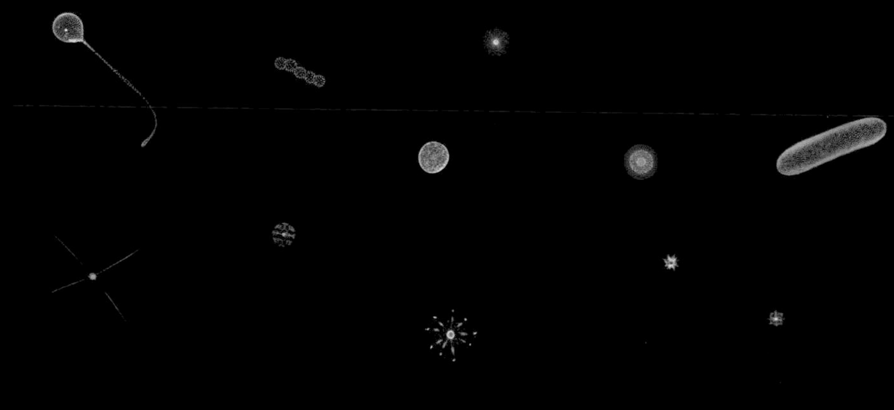

有孔蟲（p.172）

藍綠藻（p.173）

水母

在隸屬刺胞動物門的動物中，正處於浮游生活發育階段的生物之總稱（不含珊瑚綱）。水母身軀富含膠質，體態柔軟。會用毒刺（刺胞）襲擊並捕食浮游動物或魚。另一方面，牠們也是蝦和稚魚類生物的藏身處。

日本海蕁麻

[缽水母綱旗口水母目游水母科]

Chrysaora pacifica

成體傘部會有從傘中央直直延伸到傘緣的放射狀紅色條紋，但幼體沒有。日本各地隨處可見的一種水母。在日本西部，小型個體從3月下旬開始現身，到了5月左右時，傘部的直徑（傘徑）會長到150～200公釐左右。

稍大一些的幼體

傘徑25公釐，青海島，5月，5公尺

傘上附著寬腿蛾總科的短角蛾類（p.117）的成體

傘徑100公釐，青海島，5月，5公尺

海月水母

[缽水母綱旗口水母目羊鬚水母科]

Aurelia aurita sensu lato

從北海道到沖繩，全日本處處都可以輕易看見牠白色半透明的身體與優雅的泳姿。初夏到夏季的這段期間有時會大規模地成群出現。如右側照片所示的幼年水母名為「碟狀幼體」（ephyra），等牠長到開始定居生活的水螅階段時，季節便已遠離冬天，來到春季。

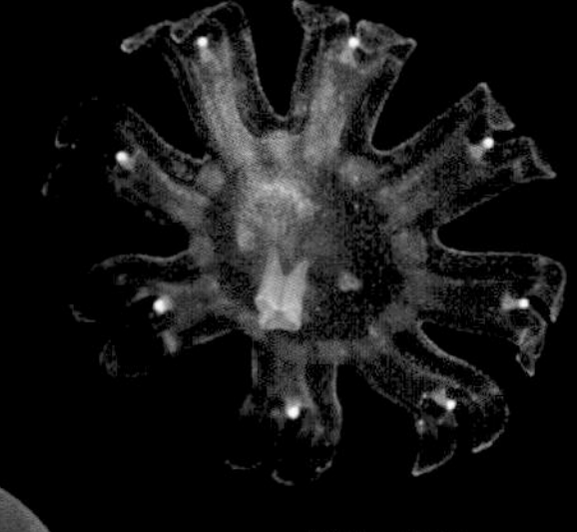

碟狀幼體

傘徑4公釐，青海島，3月，5公尺（真木久美子）

成體

傘徑100公釐，青海島，5月，6公尺

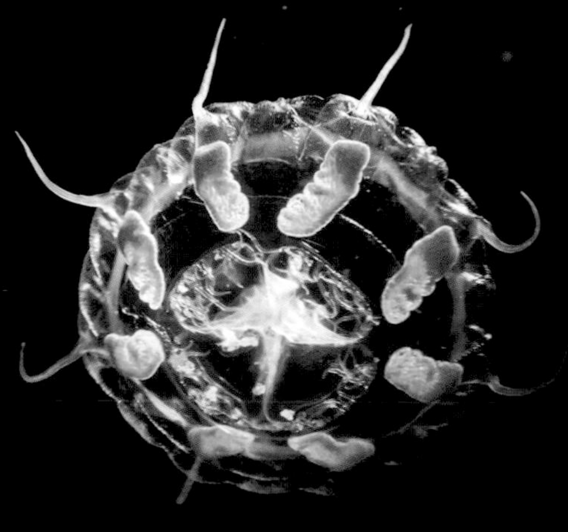

游船水母屬未知種

[缽水母綱冠水母目游船水母科]

Nausithoe sp.

圓盤狀身軀的邊緣並列著許多瓣膜，瓣膜之間有觸手或感覺器。黃緞帶形狀的器官是牠的生殖腺，其顏色和形態似乎會因品種而有所差異。然而，如果要正確區分游船水母屬的種類，就必須得觀察牠在水螅階段的形態才行。

傘徑20公釐，青海島，5月，4公尺

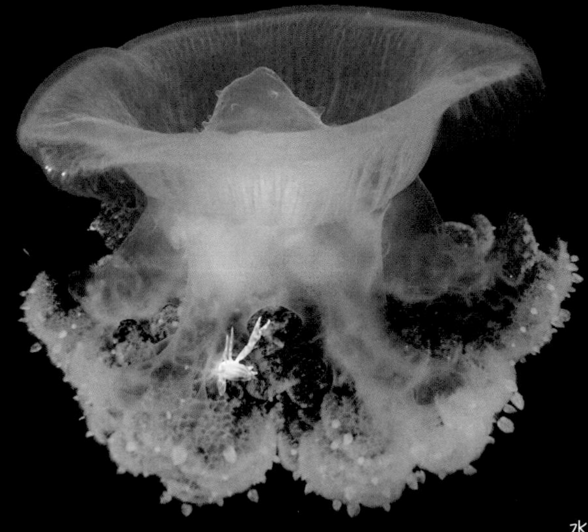

蝶形棱口水母

[缽水母綱根口水母目皇冠水母科]

Netrostoma setouchianum

傘部中央有一個巨大的突起，口腕上有著筆尖形的附屬器。蝦蟹類等十足目生物會在本種的口腕中共生。

傘徑300公釐，潮岬海面，6月，10公尺

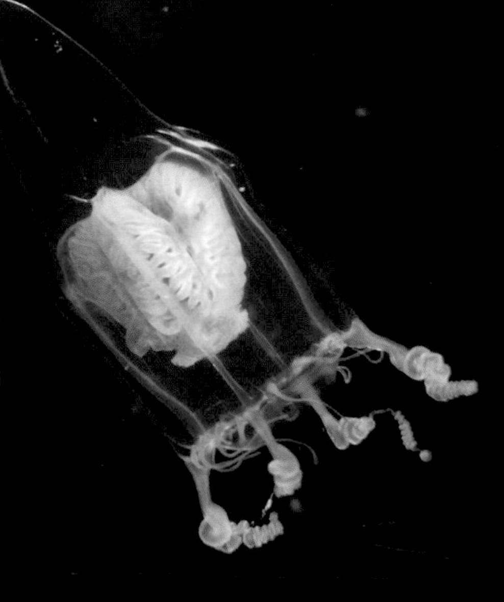

八瓣隔膜水母

[水螅蟲綱花水母目面具水母科]

Leuckartiara octona

傘部上方有長長的突起，在其身體中央附近看到的淡橘色蕨狀器官是生殖腺，底下連著的深橘色器官則是口器。會捕食水母類。

傘高25公釐，青海島，4月，5公尺

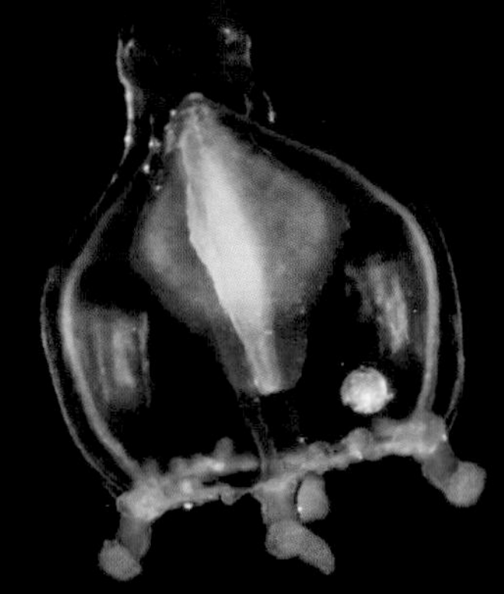

美麗海帽水母

[水螅蟲綱花水母目原帽水母科]

Halitiara formosa

相對於傘緣有約16條長觸手的八瓣隔膜水母，本種擁有4條長觸手和約12個左右的觸手狀突起。

傘高15公釐，青海島，10月，3公尺

小髮水母

[水螅蟲綱花水母目多蘭水母科]

Spirocodon saltator

集成8束的觸手就像頭髮一樣又長又細，觸手根部有一整排紅色眼點。偶爾可在內傘看到線圈狀的生殖腺。春天時日本各地都可見到這種水母。

傘高25公釐，青海島，4月，6公尺

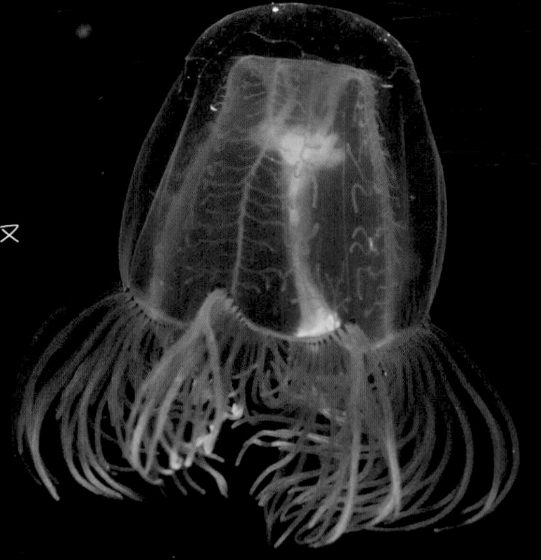

囊海洋水母

[水螅蟲綱花水母目棒螅水母科]

Oceania armata

在內傘裡看到的十字形器官是口唇，口唇根部有垂管。本種的垂管跟口唇略帶一點紅色，且垂管並非海綿狀。從傘緣延伸出來的觸手多達100條。牠沒有燈塔水母屬（p.42）著名的那種永生（從水母階段變回水螅階段）的能力。

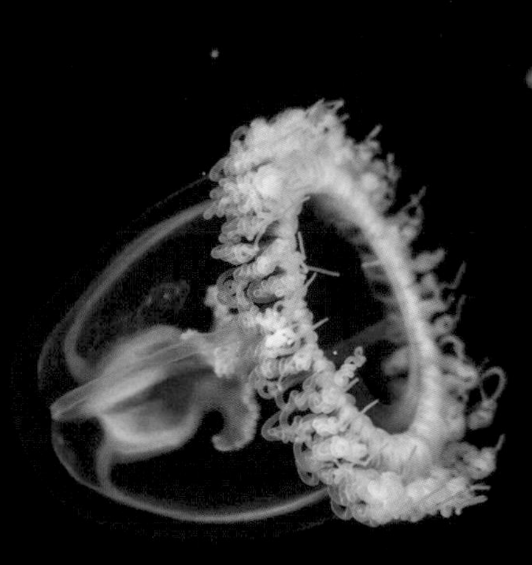

觸手蜷縮時

傘高15公釐，父島，5月，10公尺

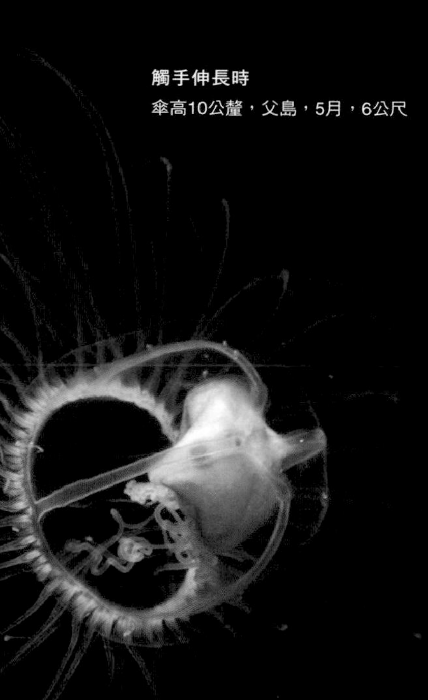

觸手伸長時

傘高10公釐，父島，5月，6公尺

燈塔水母屬未知種

[水螅蟲綱花水母目棒螅水母科]

Turritopsis sp.

由於垂管根部布滿透明細胞，所以看起來很像海綿。產自日本北部的物種大多有著紅色的口器，源自日本西部的個體則不太會變成紅色。燈塔水母屬一類的水母，在結束有性繁殖後會讓自己重新變成水螅世代的形態，最後將水母排出體外。因為具備這種生態，所以也被稱為「長生不老的水母」。

傘高10公釐，青海島，10月，3公尺

銀幣水母科未知種

[水螅蟲綱花水母目]

Porpitidae gen. et sp.

這種浮游體看上去像水母，但其實牠是水螅。牠透過人稱圓盤的浮囊來取得自己的生存空間，一輩子都在遠洋海上漂流。其真正的水母體很小，浮游時間也很短。照片上的是才剛長出圓盤的年幼水螅。雖然外型酷似銀幣水母（*Porpita porpita*），不過由於牠的盤徑在這個季節還是幾釐米左右，因此很有可能是別的品種。

盤徑15公釐，父島，5月，3公尺

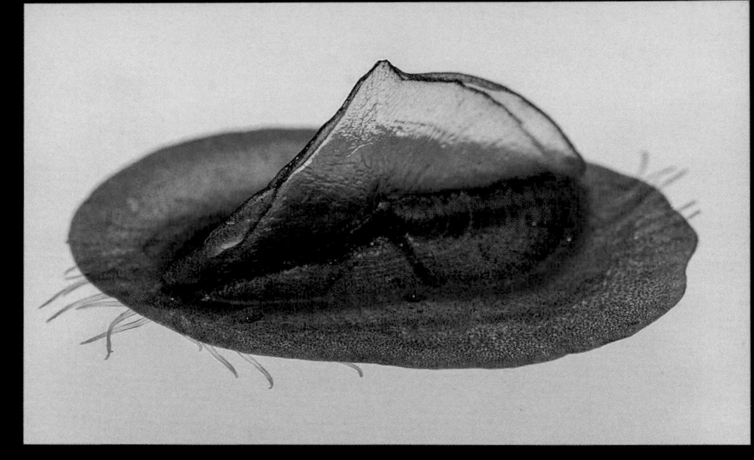

帆水母

[水螅蟲綱花水母目銀幣水母科]

Velella velella

圓盤上有彷彿風帆般的骨骼。牠會讓這片骨骼浮出水面，並利用風力漂游，風大時也經常因此翻覆。雖是生活在遠洋之中，但偶爾也會漂流到岸邊擱淺。跟前面介紹的品種一樣，平常見到的是成群的水螅，水母體非常小。

盤徑30公釐，柏島，5月，近海面上方

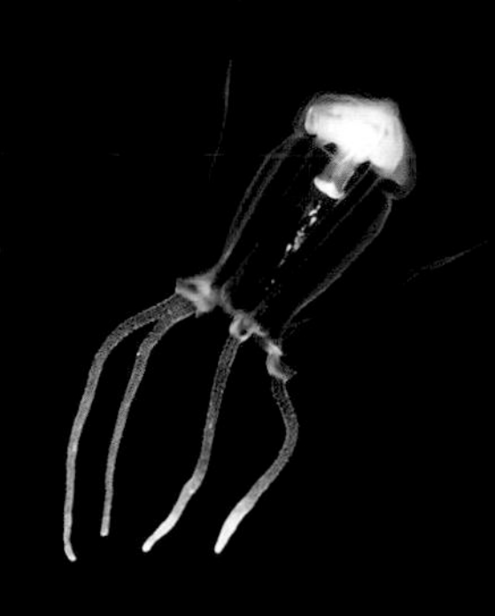

花水母目未知種

[水螅蟲綱]

Anthomedusae

傘部為燈泡狀，身上有**4**條觸手，還有**4**條從胃腔連到傘緣的輻管。有這種外型特徵的花水母很多，在鑑定牠的種別時，重要的是去掌握像身體構造、刺胞形態、是否成熟之類的詳細情報。

傘高10公釐，青海島，5月，5公尺

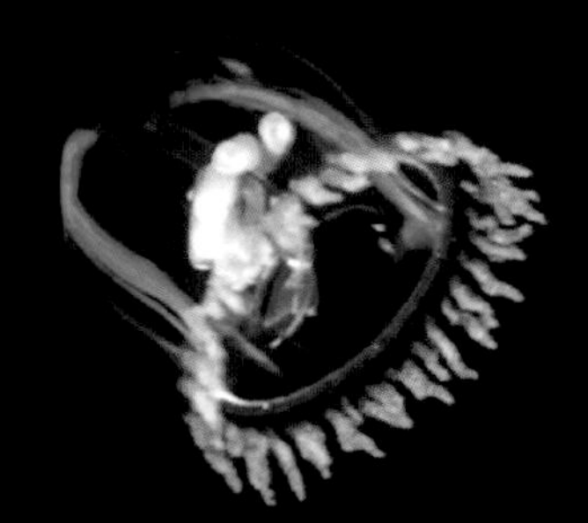

半口壯麗水母

[水螅蟲綱硬水母目棍手水母科]

Aglaura hemistoma

擁有釣鐘形的傘部。懸掛在傘內側的胃柄旁圍繞著**8**個生殖腺。綠線並非牠身上的花紋，而是光線受到肌肉的纖細結構干擾所形成的結構色，會隨著不同角度呈現出其他的顏色。

傘高10公釐，青海島，4月，3公尺（田中百合）

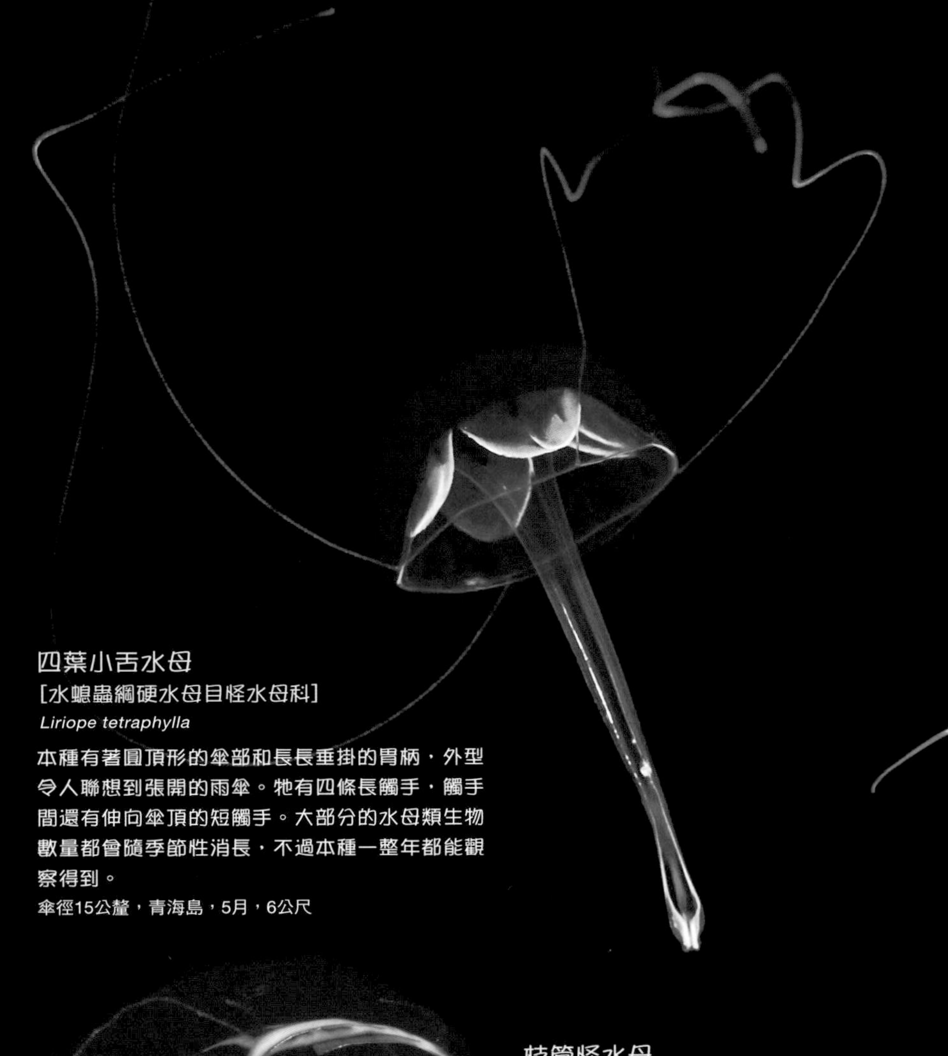

四葉小舌水母

[水螅蟲綱硬水母目怪水母科]

Liriope tetraphylla

本種有著圓頂形的傘部和長長垂掛的胃柄，外型令人聯想到張開的雨傘。牠有四條長觸手，觸手間還有伸向傘頂的短觸手。大部分的水母類生物數量都會隨季節性消長，不過本種一整年都能觀察得到。

傘徑15公釐，青海島，5月，6公尺

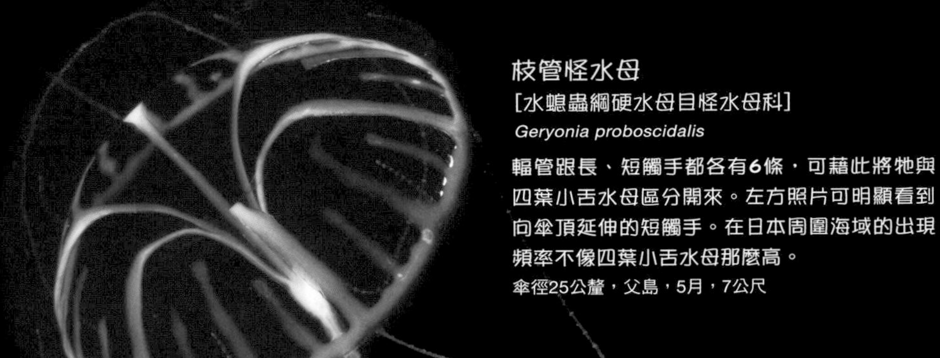

枝管怪水母

[水螅蟲綱硬水母目怪水母科]

Geryonia proboscidalis

輻管跟長、短觸手都各有6條，可藉此將牠與四葉小舌水母區分開來。左方照片可明顯看到向傘頂延伸的短觸手。在日本周圍海域的出現頻率不像四葉小舌水母那麼高。

傘徑25公釐，父島，5月，7公尺

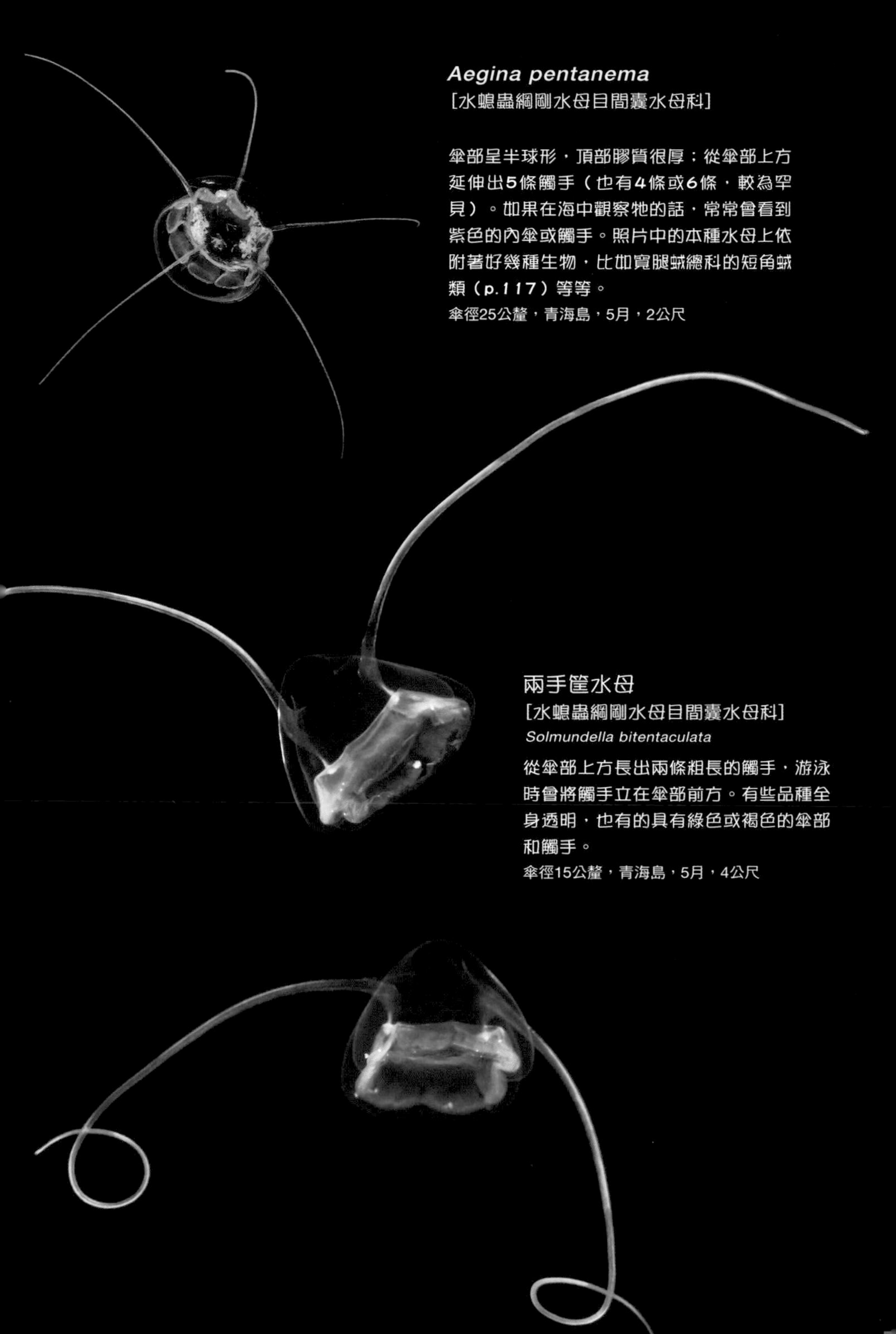

Aegina pentanema
[水螅蟲綱剛水母目間囊水母科]

傘部呈半球形，頂部膠質很厚；從傘部上方延伸出5條觸手（也有4條或6條，較為罕見）。如果在海中觀察牠的話，常常會看到紫色的內傘或觸手。照片中的本種水母上依附著好幾種生物，比如寬腿蛾總科的短角蛾類（p.117）等等。
傘徑25公釐，青海島，5月，2公尺

兩手筐水母
[水螅蟲綱剛水母目間囊水母科]
Solmundella bitentaculata

從傘部上方長出兩條粗長的觸手，游泳時會將觸手立在傘部前方。有些品種全身透明，也有的具有綠色或褐色的傘部和觸手。
傘徑15公釐，青海島，5月，4公尺

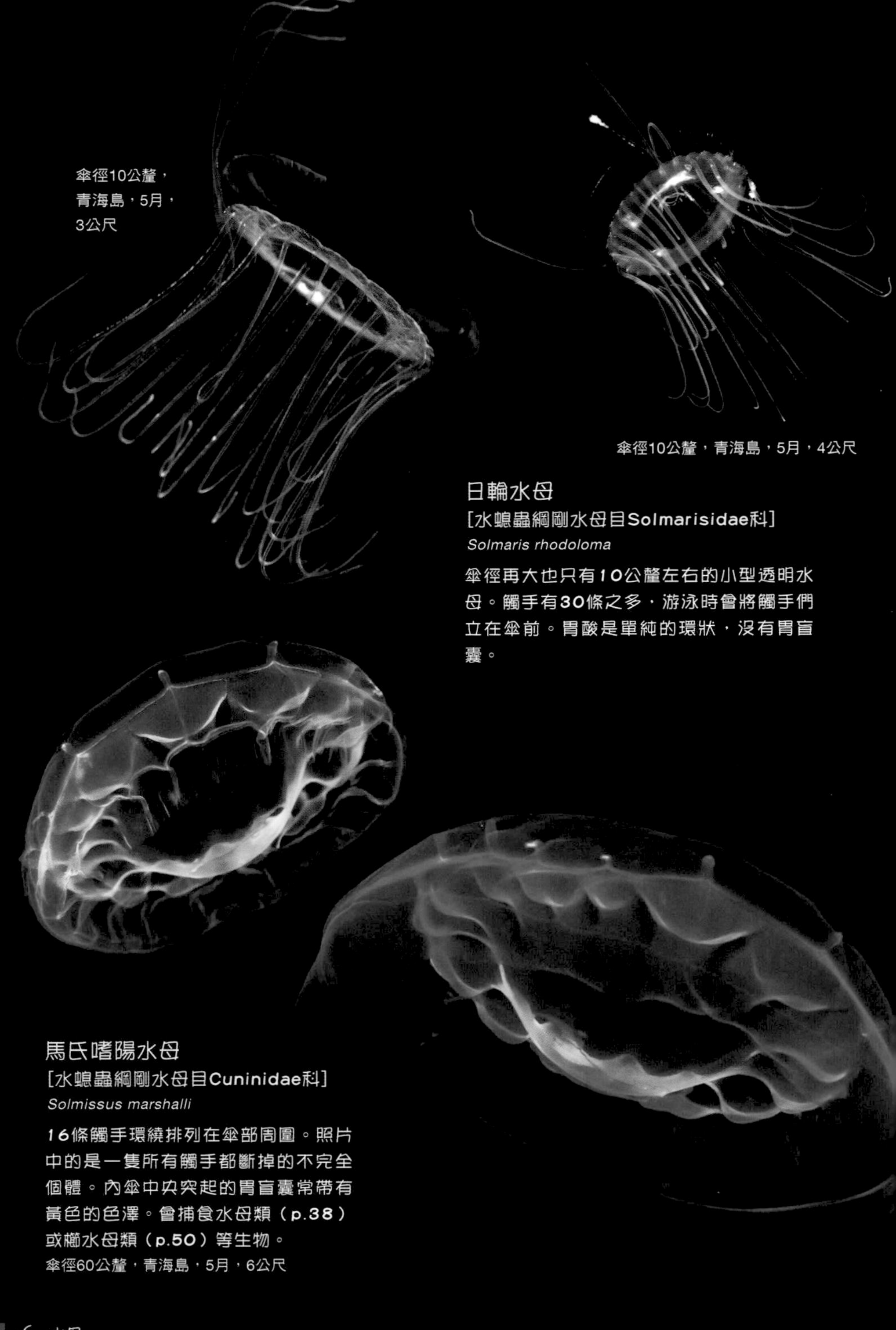

傘徑10公釐，
青海島，5月，
3公尺

傘徑10公釐，青海島，5月，4公尺

日輪水母

[水螅蟲綱剛水母目Solmarisidae科]

Solmaris rhodoloma

傘徑再大也只有10公釐左右的小型透明水母。觸手有30條之多，游泳時會將觸手們立在傘前。胃酸是單純的環狀，沒有胃盲囊。

馬氏嗜陽水母

[水螅蟲綱剛水母目Cuninidae科]

Solmissus marshalli

16條觸手環繞排列在傘部周圍。照片中的是一隻所有觸手都斷掉的不完全個體。內傘中央突起的胃盲囊常帶有黃色的色澤。會捕食水母類（p.38）或櫛水母類（p.50）等生物。

傘徑60公釐，青海島，5月，6公尺

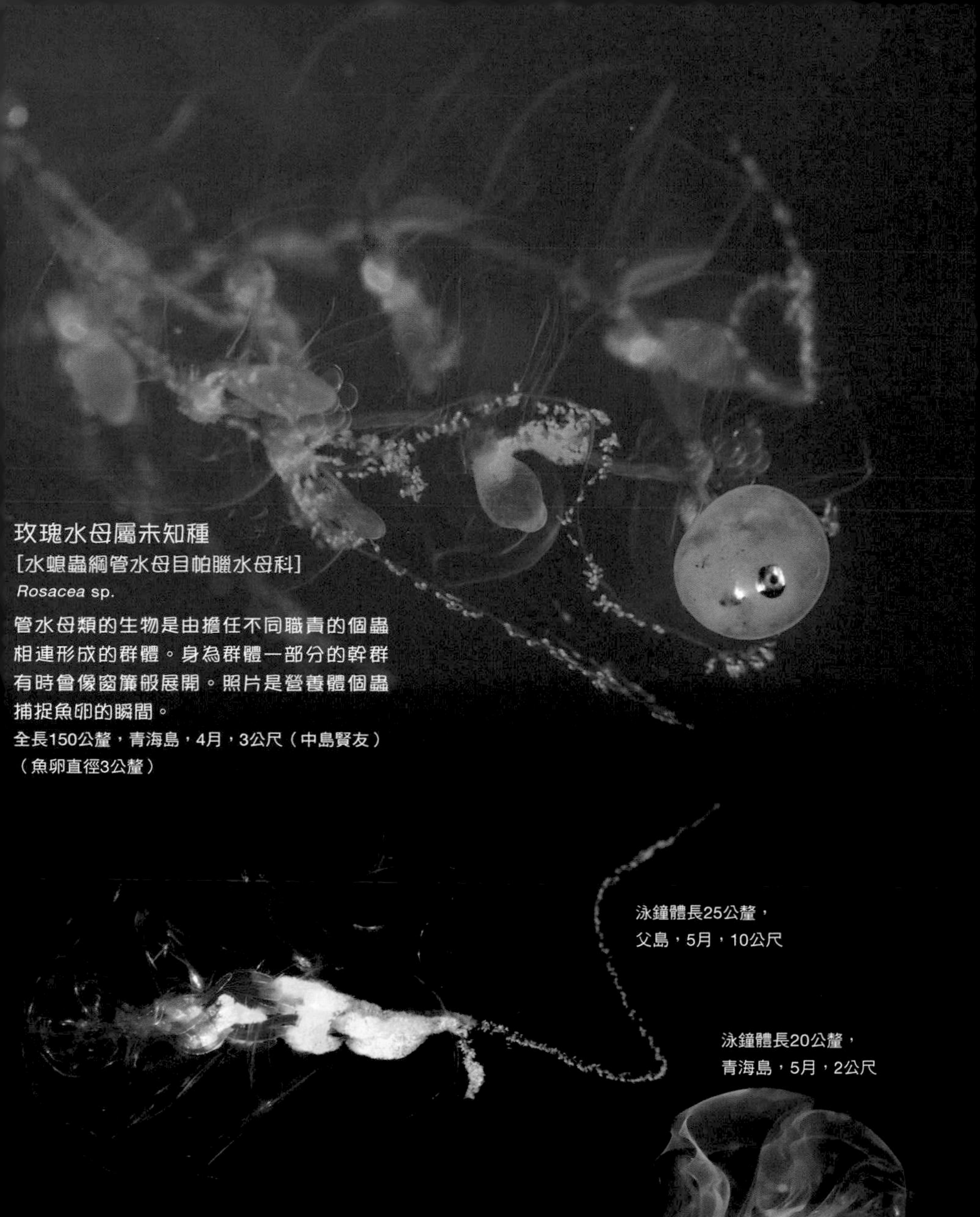

玫瑰水母屬未知種

[水螅蟲綱管水母目帕臘水母科]

Rosacea sp.

管水母類的生物是由擔任不同職責的個蟲相連形成的群體。身為群體一部分的幹群有時會像窗簾般展開。照片是營養體個蟲捕捉魚卵的瞬間。

全長150公釐，青海島，4月，3公尺（中島賢友）
（魚卵直徑3公釐）

泳鐘體長25公釐，
父島，5月，10公尺

泳鐘體長20公釐，
青海島，5月，2公尺

馬蹄水母

[水螅蟲綱管水母目馬蹄水母科]

Hippopodius hippopus

作為游泳器官運作的鐘形個蟲（泳鐘），最多會組織*16*隻構成馬蹄鐵的形狀。中間由營養體和生殖體的個蟲聚集形成幹群。本種平常是透明的，但一旦受到刺激，泳鐘就會發白變濁，過一段時間後才會恢復透明。

巴斯水母

[水螅蟲綱管水母目多面水母科]

Bassia bassensis

本種的特徵為泳鐘上的稜會發白且混濁。照片上的個體是有性生殖世代，通稱「有性世代」。牠的後方正在形成生殖體，配子已全數排出。這種水母廣泛分布於極地以外的全球海洋中。

泳鐘體高10公釐，青海島，10月，2公尺

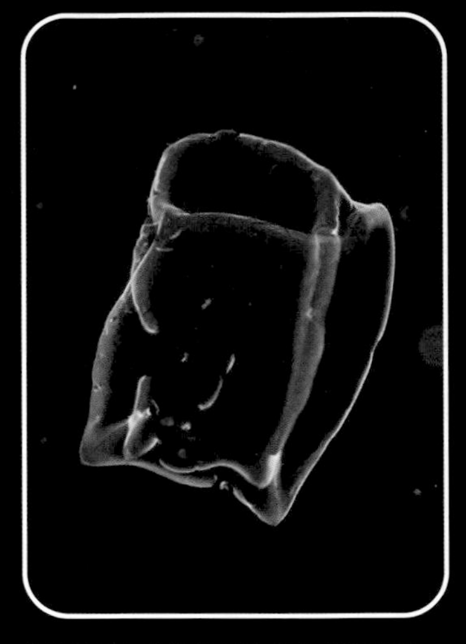

此物僅剩無性世代後泳鐘的膠質部分

長10公釐，青海島，6月，7公尺（齋藤勇一）

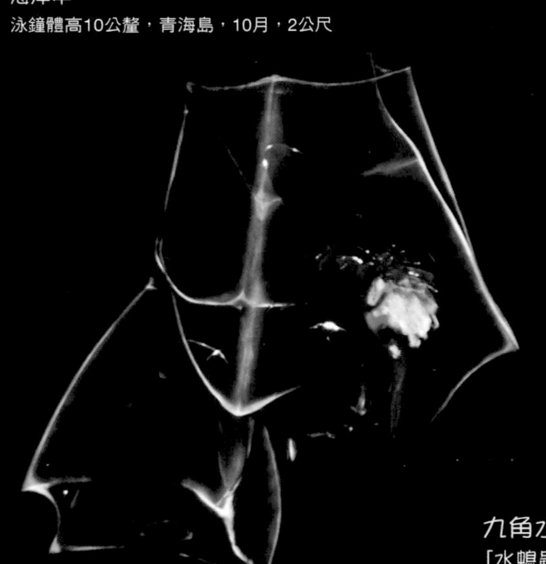

九角水母

[水螅蟲綱管水母目多面水母科]

Enneagonum hyalinum

因為本種的有性世代缺乏泳鐘，而且葉狀體上面或兩側有些微的凹陷，所以得以跟外表相似的方擬多面水母（*Abylopsis tetragona*）區分開來。兩個生殖體中，一邊是雌體，另一邊則具備雄性機能。無性世代的前泳鐘是金字塔形的，後泳鐘從缺。

泳鐘體高10公釐，青海島，5月，1公尺

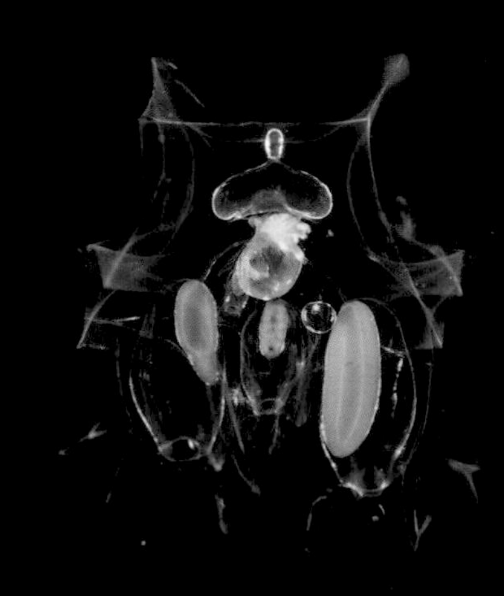

爪室水母

[水螅蟲綱管水母目雙生水母科]

Chelophyes appendiculata

雙生水母科的無性世代普遍有兩個泳鐘前後相連。前泳鐘呈圓錐形，5條稜線中有3條會延伸到頂部。營養體等個蟲所聚集而成的幹群，會稀稀落落地列隊於前泳鐘與後泳鐘之間長出的帶狀枝幹上。

泳鐘體高20公釐，父島，5月，5公尺

根水母

[水螅蟲綱管水母目根水母科]

Rhizophysa eysenhardtii

會藉由調整頂部泳囊體的氣體容量來上浮或下沉，本身不具游泳能力。照片中的個體是將具有觸手跟生殖體的幹群縮起來的模樣，伸長後可達700公釐。本種的觸手是淡紅色的，與此相對，其近緣種絲根水母（*R. filiformis*）的觸手則是黃綠色的。

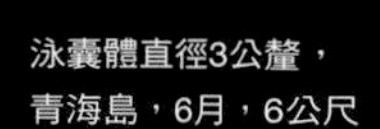

泳囊體直徑3公釐，青海島，6月，6公尺

泳囊體直徑5公釐，青海島，5月，6公尺

櫛水母

隸屬櫛板動物門，且過著浮游生活的動物總稱。牠們會運用觸手上的黏細胞（黏胞）或體表的黏液來享用小型甲殼類生物，並利用體表上的纖毛束（櫛毛板）浮游移動。櫛毛板擺動時，會因光線折射而發出七彩的光芒。

掌狀風球水母

[有觸手綱球櫛水母目側腕水母科]

Hormiphora palmata

呈水滴狀，嘴邊略為突出。**2**條長觸手朝身體後方延伸，只要觸手捲觸到獵物，便會自行旋轉，讓觸手捲住身體，把抓到的獵物送到嘴邊。照片中的本種正在食用瓷蟹科的蚤狀幼體（**p.100**）。

體長30公釐，青海島，5月，4公尺

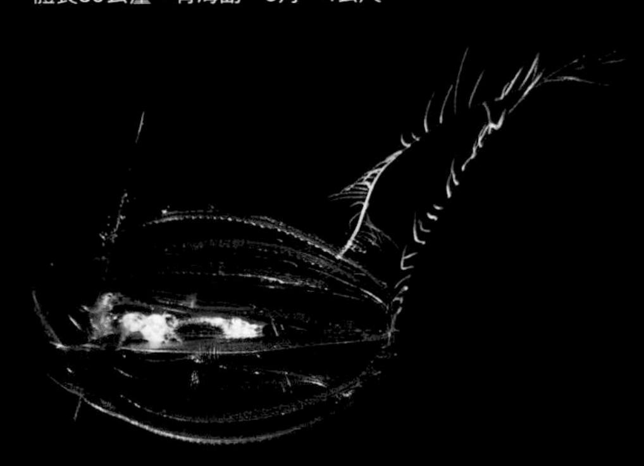

Lampea pancerina

[有觸手綱球櫛水母目Lampeidae科]

雖然跟掌狀風球水母一樣都有**2**條觸手，不過本種的觸手是從身體中央伸向側面。本種的幼體會寄生在紐鰓樽類生物上，成體也會張大嘴巴捕食紐鰓樽類。照片上的*Lampea pancerina*正在襲擊梭形紐鰓樽（**p.130**）。

體長25公釐，青海島，5月，3公尺

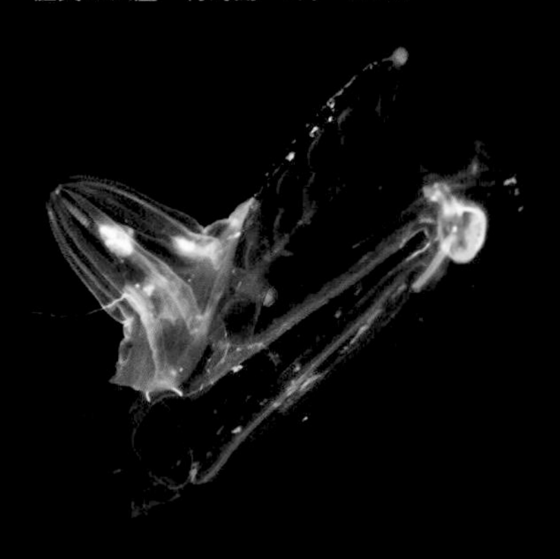

帶水母

[有觸手綱帶水母目帶水母科]

Cestum veneris

長而扁平的帶水母能像蛇一樣扭動自己的身軀游走。身體中央附近有平衡胞等主要器官。全身透明，有些個體左右兩端會帶有一點褐色（照片中的帶水母是黃褐色）。一旦身體受到刺激就會像捲尺一樣蜷成圓形，有時還會瞬間變成藍白色。

體長600公釐，柏島，5月，8公尺

蝶水母

[有觸手綱兜水母目蝶水母科]

Ocyropsis fusca

身體後方有名為口瓣的羽狀突起。牠跟其他櫛水母一樣可利用櫛毛板緩慢游動，不過一旦察覺到危險，就會開闔口瓣急速衝刺。像右側照片的蝶水母般，口瓣內側有黑色斑點的物種，有時會被視為別的品種。

兜水母

[有觸手綱兜水母目兜水母科]

Bolinopsis mikado

身體非常柔軟，近乎透明，有些個體會帶有淡淡的紫色。8條櫛毛板縱向貫通整個身體，其中有4條延伸到口瓣處。幼體有2條觸手，但會隨著發育退化，長成成體後便消失不見。牠是日本附近最常出沒的一種櫛水母。

體長40公釐，青海島，5月，3公尺

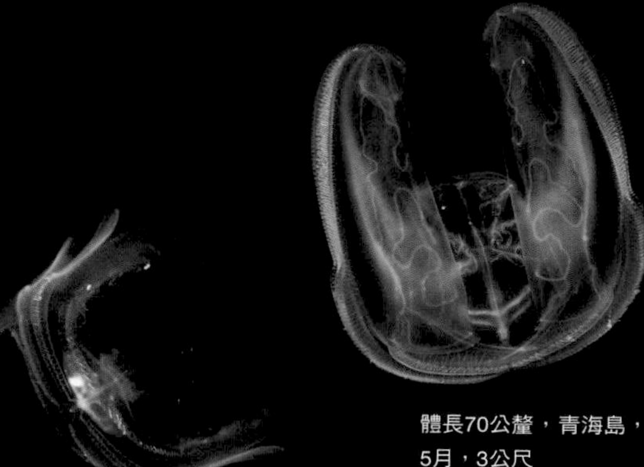

體長70公釐，青海島，5月，3公尺

體長50公釐，青海島，5月，6公尺

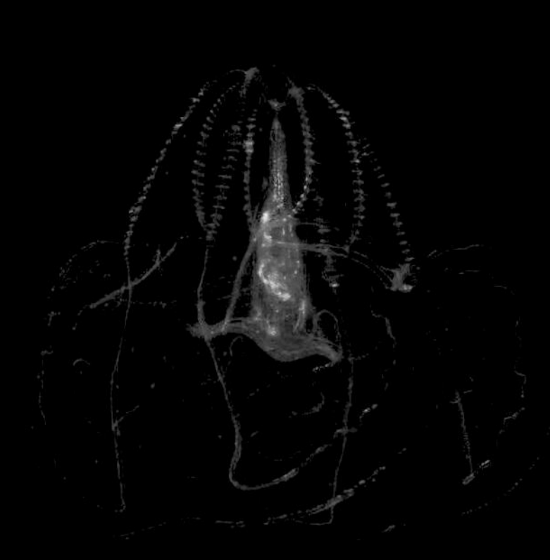

瓜水母

[無觸手綱瓜水母目瓜水母科]

Beroe cucumis

瓜水母類一輩子都不會長出觸手。本種體態呈瓜形，肉質豐滿。作用如同血管的子午管會分化出許多支管，鄰近的子午管分支間不會互相連繫。瓜水母類的物種會吃同為瓜水母類的其他個體，連比自己大好幾倍的櫛水母都能一口氣吞下肚。

體長50公釐，青海島，5月，5公尺

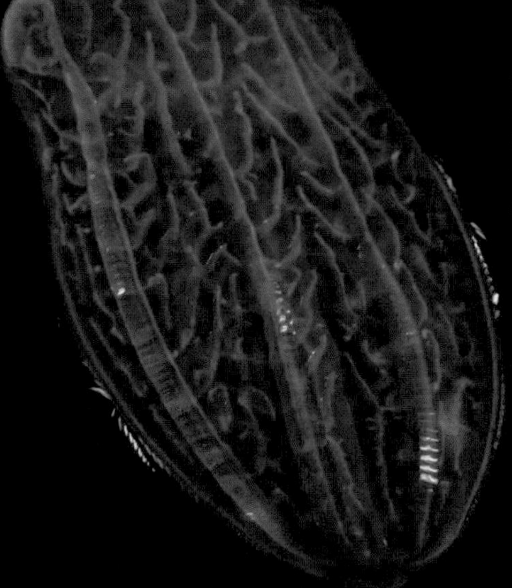

體長40公釐，青海島，5月，5公尺

Beroe mitrata

[無觸手綱瓜水母目瓜水母科]

體型並非瓜型，整體略顯扁平，有著巨大的口。從子午管中分化出分布極廣的支管，其前端朝口部彎曲。身體中央帶有一些紅褐色。下圖是剛捕食完櫛水母的本種，看起來白白的部分是牠正在消化的食物。

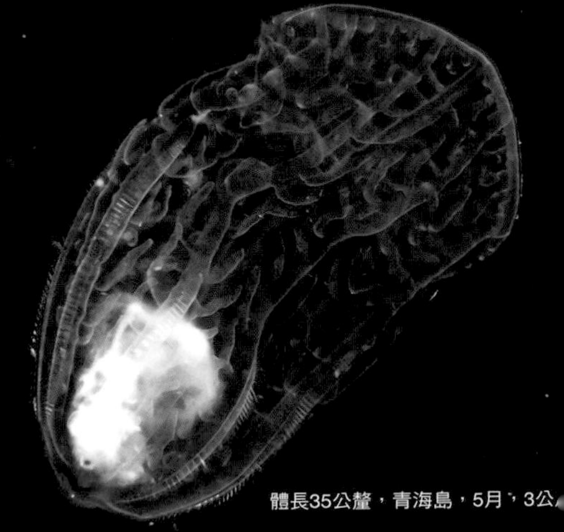

體長35公釐，青海島，5月，3公尺

Beroe forskalii
[無觸手綱瓜水母目瓜水母科]

身體極其扁平，會長得很大。從子午管分出的支管彼此連通，布滿全身，受到刺激時，所有的支管都會一齊發光。有著大到異常的口，能囫圇吞下其他櫛水母類生物。有時口張得太大還會整個翻面（請參閱本頁底下的專欄）。

體長60公釐，青海島，5月，1公尺

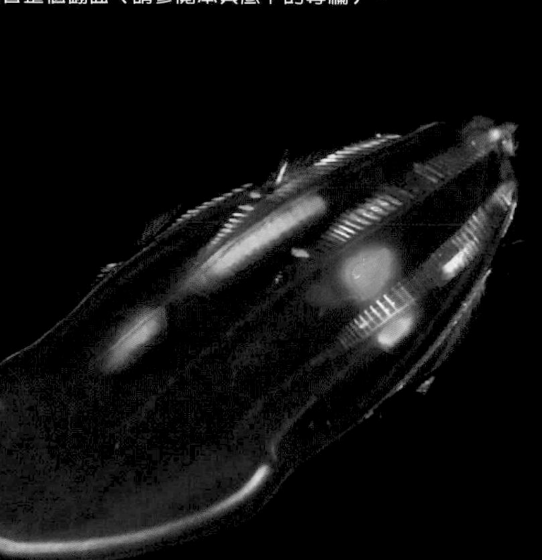

體長50公釐，青海島，5月，2公尺

大胃王！櫛水母的飲食狀況 （阿部秀樹）

見面便是用餐時。在張開嘴巴的同時，會像是在劃一條徐緩的弧線般左右游動。任何進入嘴裡的東西都會吃下肚。

令人驚異的食慾。甚至可以吞下身形大到佔自己體積90%的獵物。「能吃的時候就吃」，這是牠們的用餐座右銘。

在張嘴游泳的過程中，口部一下子翻了過來，模樣好似剝開香蕉皮。簡直就像把自己吞進肚子裡一樣。

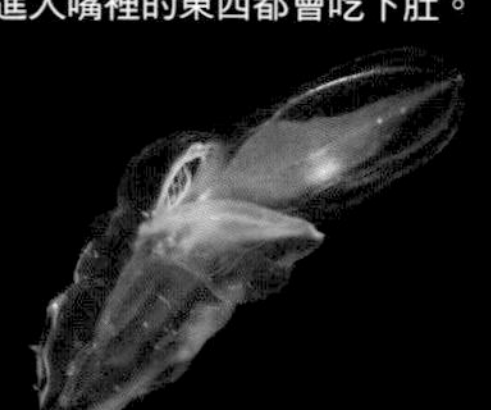

正在吞噬瓜水母的瓜水母
體長35公釐，青海島，4月，3公尺

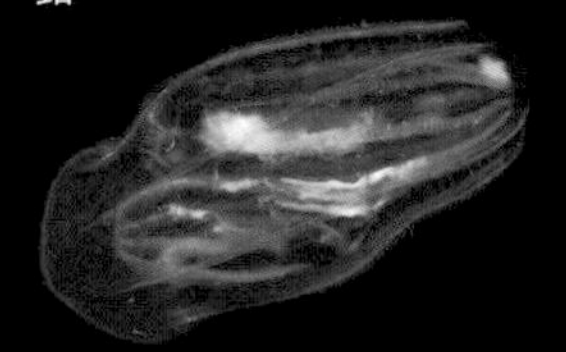

用櫛水母飽餐一頓的*Beroe mitrata*
體長30公釐，青海島，5月，5公尺

身體快要裡外翻面的瓜水母
體長40公釐，青海島，5月，2公尺

浮游貝類

軟體動物門腹足綱內終生過著浮游生活的動物，又名「浮游螺類」。這一類的動物並非是來自同一個祖先的分支，可在其中看到玉黍螺類或裸鰓類等多種多樣的分類階層。

培龍氏海蝶螺

[玉黍螺目海蝶螺科]

Atlanta peronii

海蝶螺科的物種有著平捲型的殼，身體能縮到殼裡，殼外圍包覆著龍骨板。本種的龍骨板會從最外層深入延伸到第二層為止。另外，龍骨板基底大多有著褐色的線。一到晚上，就會分泌帶有黏液的絲線懸掛身體。在日本周邊很常見。

殼徑4公釐，青海島，5月，3公尺

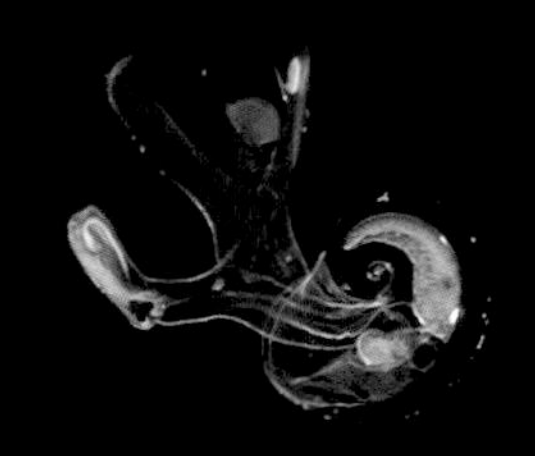

海蝶螺屬未知種

[玉黍螺目海蝶螺科]

Atlanta sp.

照片中的個體，其龍骨板稍微長入第二層裡，因此有可能是大型海蝶螺的小型個體，或是小型品種的褐明螺（*A. fusca*）。本屬全世界已知有**20**種，其中有**8**種棲息在日本周邊。

殼徑3公釐，青海島，5月，2公尺

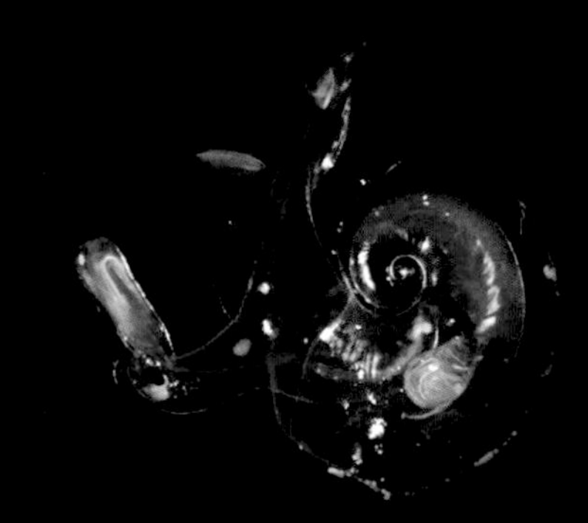

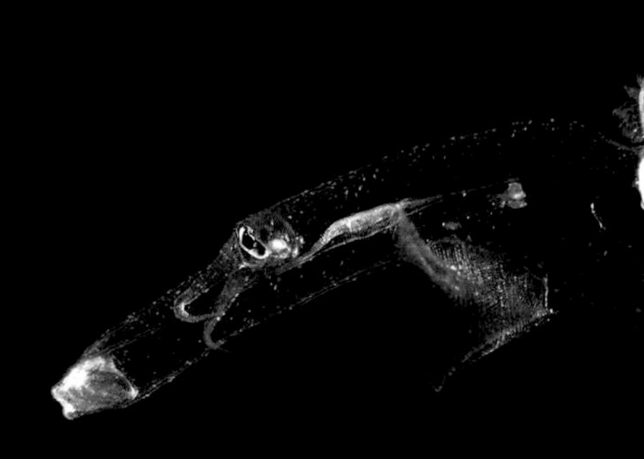

長尾心足螺[玉黍螺目龍骨螺科]

Cardiapoda richardi

沒有殼，尾部後方像鞭子一樣長長地伸展。尾部內側有黑色葉片狀的結構，但其功用至今仍不甚明瞭。

體長30公釐，父島，5月，3公尺

龍骨板螺［玉黍螺目龍骨螺科］

Carinaria japonica

龍骨螺科在全世界共棲息3屬9種，其中有8種可在日本周遭找到。它有著明顯的頭部觸角，除了長尾心足螺以外，有8種物種的外殼都長在身體後方。本種的尾部很短，殼形近似等邊三角錐形。近緣種的龍骨螺（*C. cristata*）是體長可達500～600公釐的大型種，外殼明顯傾向後方。

體長40公釐，青海島，5月，2公尺

體長30公釐，青海島，5月，2公尺（田中百合）

翼體螺

［玉黍螺目龍骨螺科］

Pterosoma planum

身體跟其他龍骨螺類一樣是圓筒形，但從頭部到尾部一半左右的區域包覆著一層橢圓盤形的殼皮層。殼皮層上有白色或黃色的斑點。

體長30公釐，柏島，6月，5公尺（中島賢友）

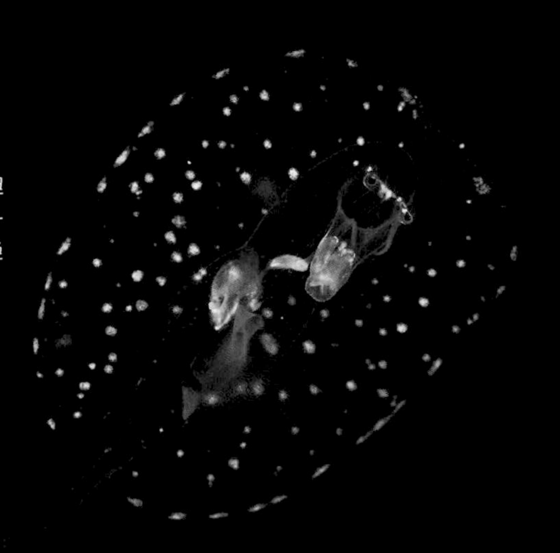

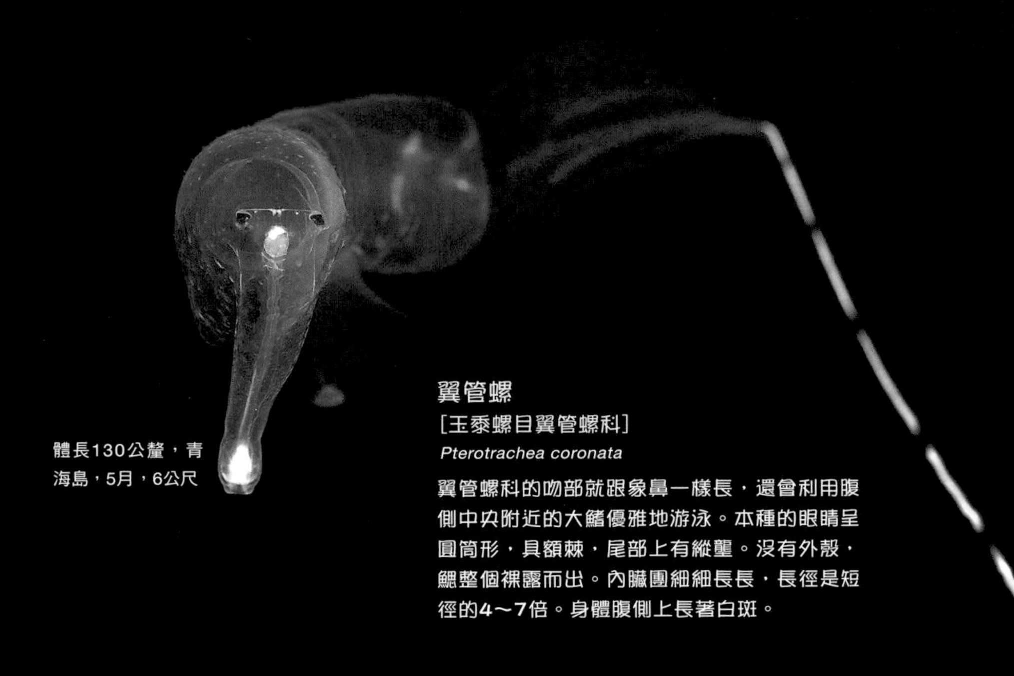

體長130公釐，青海島，5月，6公尺

翼管螺

[玉黍螺目翼管螺科]

Pterotrachea coronata

翼管螺科的吻部就跟象鼻一樣長，還會利用腹側中央附近的大鰭優雅地游泳。本種的眼睛呈圓筒形，具額棘，尾部上有縱壟。沒有外殼，鰓整個裸露而出。內臟團細細長長，長徑是短徑的4～7倍。身體腹側上長著白斑。

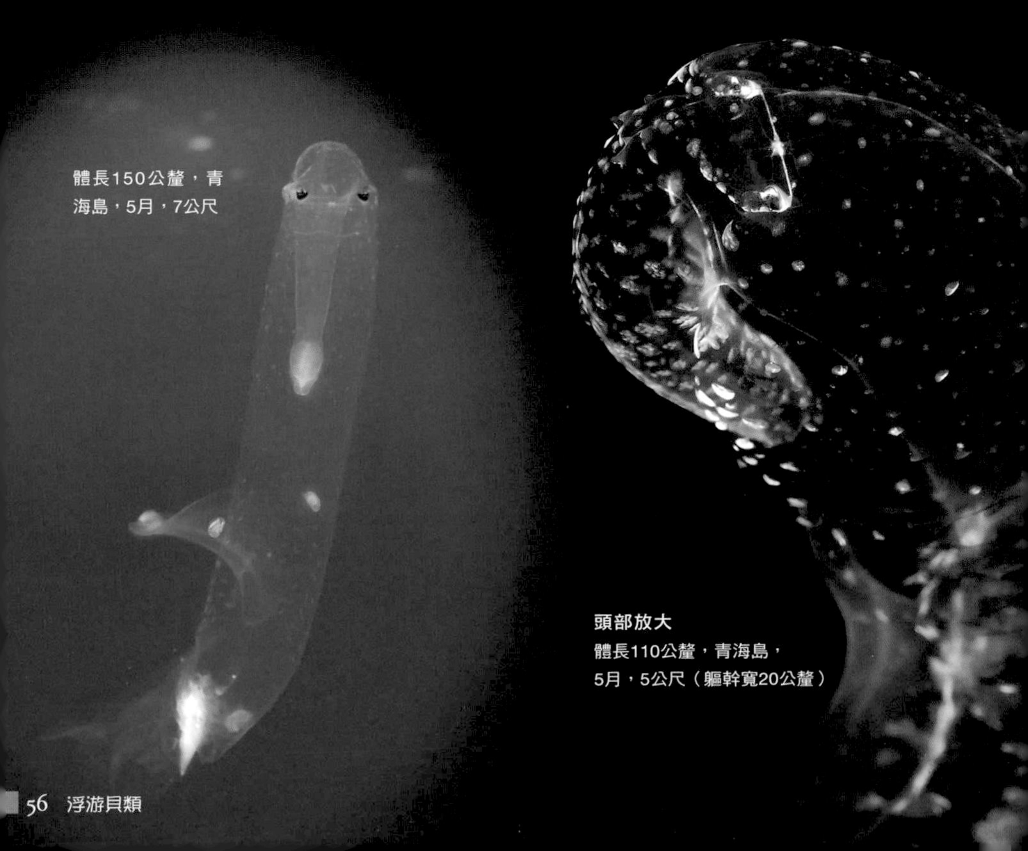

體長150公釐，青海島，5月，7公尺

頭部放大

體長110公釐，青海島，5月，5公尺（軀幹寬20公釐）

海馬翼管螺
[玉黍螺目翼管螺科]
Pterotrachea hippocampus

雖然外形跟翼管螺很像，不過本種有著卵形的內臟團，尾部又無縱鬣，因此得以分辨出來。眼呈三角形，頭部無額棘。尾部一分為二。內臟團的長徑是短徑的1.5～2倍。腹側有白斑。照片中個體的軀幹有寬腿蛾總科的短角蛾類（p.117）生物附著在上面。
體長90公釐，青海島，5月，2公尺

擬翼管螺
[玉黍螺目翼管螺科]
Firoloida desmaresti

尾部不太發達，內臟團位於身體後端。翼管螺科的2屬4種當中，唯一一個身上沒有白斑的品種。雄擬翼管螺頭部有觸角。圖片上的個體是雌性，因此沒有頭部觸角，身體後方有著線形的卵囊。
體長35公釐，青海島，5月，5公尺

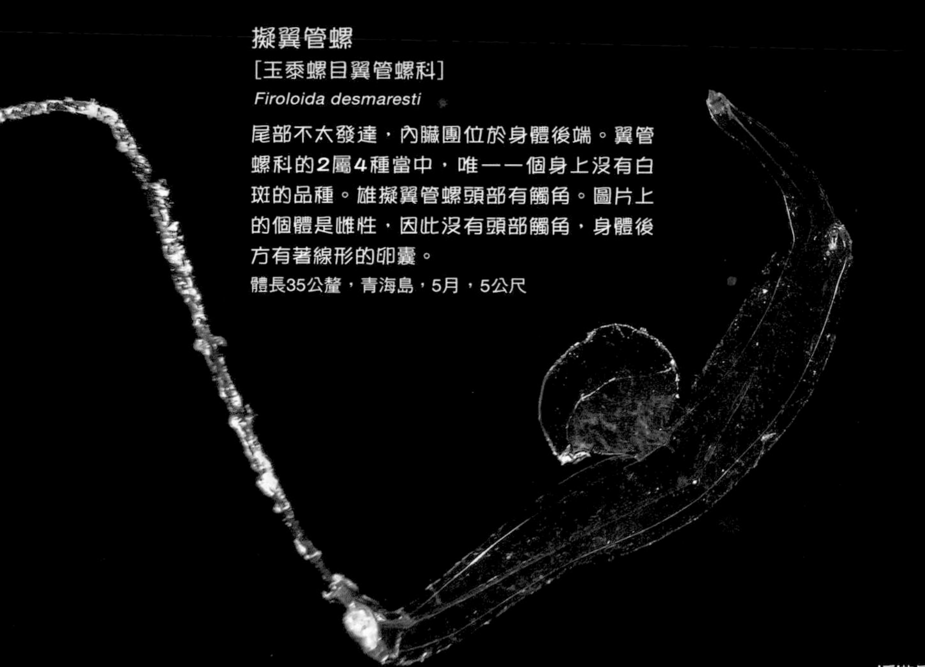

春天是戀愛的季節。露珠駝蝶螺形成了一個大型族群（Swarm），牠們會不斷尋找對象並交配，模樣彷彿就像在跳舞一樣。族群中心附近的是 *Pneumodermopsis canephora*，也許牠是為了吃牠最愛的露珠駝蝶螺而來（請參閱p.63的專欄）。

殼寬3～4公釐，青海島，5月，1公尺（中村宏治）

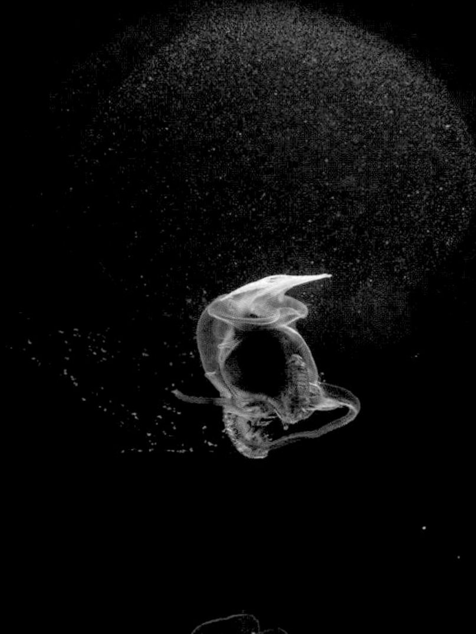

露珠駝蝶螺

[有殼翼足目駝蝶螺科]

Cavolinia uncinata

外殼為深褐色，附肢前端則是褐綠色。駝蝶螺科的物種會分泌黏液，並藉此將海中懸浮物集中享用。照片裡這隻露珠駝蝶螺的背側跟腹側，都各依附著一隻寬腿蛾總科的短角蛾類（p.117）生物。

殼寬4公釐，青海島，5月，4公尺

潛水艇駝蝶螺

[有殼翼足目駝蝶螺科]

Cavolinia inflexa

殼體平滑，富有光澤，其隆起的弧度比同屬其他品種要來得小一些。背面外殼前緣有褐色斑點。附肢前端偶爾會蜷成一團。

殼寬3公釐，
潮岬海面，6月，8公尺

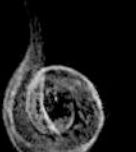

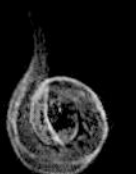

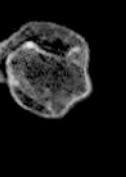

殼寬4公釐，青海島，4月，5公尺

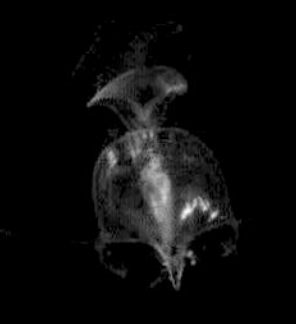

殼寬4公釐，青海島，4月，5公尺

龍屬駝蝶螺屬的物種
[有殼翼足目駝蝶螺科]
Cavolinia spp.

駝蝶螺科裡頭，有殼體左右無側棘且後端原殼突出的駝蝶螺屬、具備側棘的唇螺屬，以及既無側棘、也沒有原殼的角駝蝶螺屬。這些照片中的每一隻個體都擁有駝蝶螺屬的特徵。

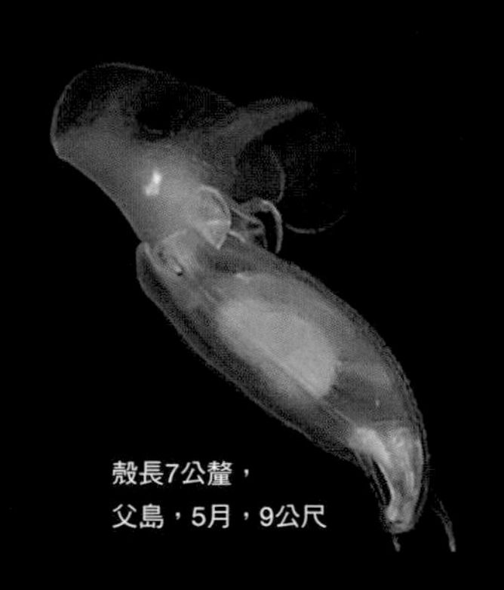
殼長7公釐，父島，5月，9公尺

殼寬6公釐，大瀨崎，4月，3公尺

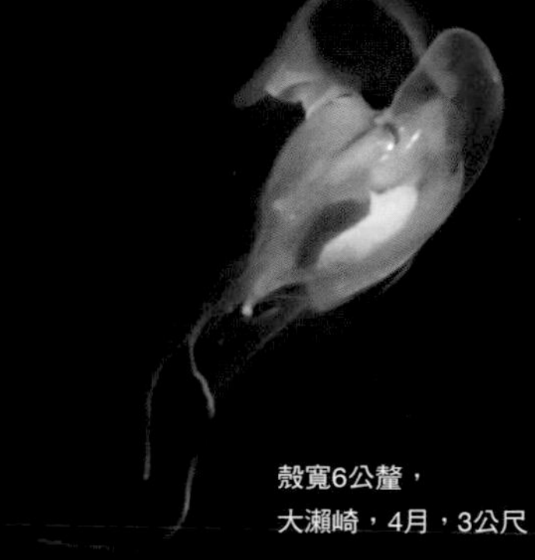
殼寬6公釐，大瀨崎，4月，3公尺

Diacria major
[有殼翼足目駝蝶螺科]

殼體無色且不太隆起，側棘發達。同屬的三尖駝蝶螺（*D. trispinosa*）在殼口有褐色飾邊，而*Diacria ramplandi*則是腹殼上有褐斑。通常殼體後端短小，偶爾也有像照片中的個體一樣留下幼殼，後端長成長針狀的物種。
殼寬8公釐，父島，5月，8公尺

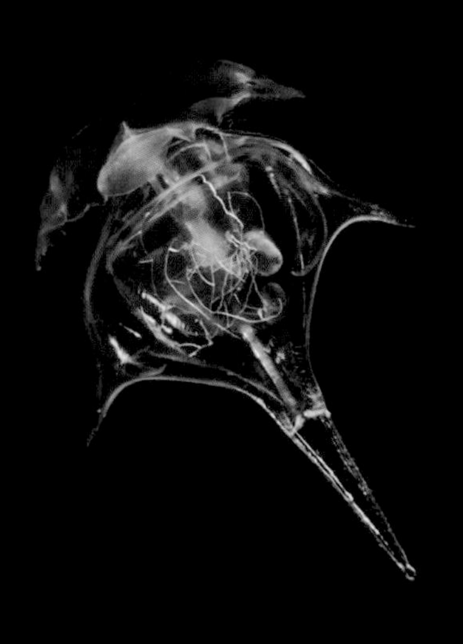

尖菱蝶螺

[有殼翼足目駝蝶螺科]

Clio pyramidata

殼體是透明的菱形。遍布全球，在日本四周海域也很常見。本種是軟體動物門裡唯一實施「橫分裂」的物種，牠會透過將身體分成前後兩個部分來進行無性生殖。

殼寬9公釐，大瀨崎，1月，1公尺

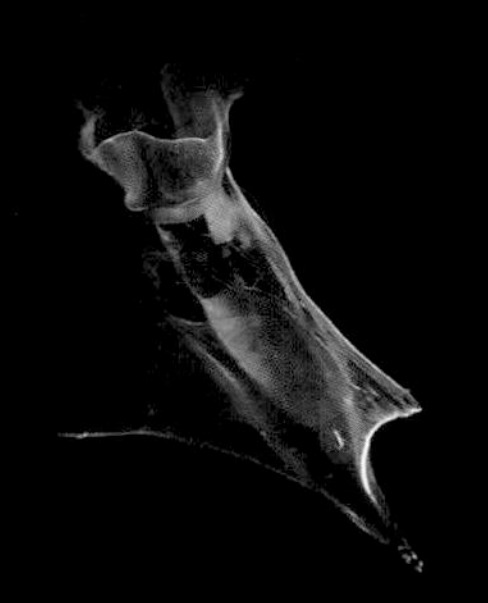

蜻蜓角駝蝶螺

[有殼翼足目駝蝶螺科]

Creseis acicula

外殼透明，長度可達30公釐。殼體非常細，殼口的直徑約為殼長的五十分之一。表面幾乎沒什麼紋路，富有光澤感。游泳時會讓身體垂直，並拍打翼足移動。

殼長15公釐，大瀨崎，1月，1公尺

殼長10公釐，父島，5月，8公尺

企鵝角駝蝶螺

[有殼翼足目駝蝶螺科]

Creseis virgula

殼體後端呈鉤狀彎曲。可透過殼的後方看到消化道和生殖腺。大部分的浮游貝類會將身體縮小或是變透明，好讓掠食者找不到牠們。駝蝶螺類的身體細長，從垂直方向看過去時，面積極小。

殼長12公釐，父島，5月，5公尺

牛角蝶螺

[有殼翼足目駝蝶螺科]

Hyalocylis striata

殼體為圓錐形，色澤幾近透明。強健的環狀浮肋有規律地排列其上。雖然後端寬度也很窄，但不像蜻蜓角駝蝶螺那樣呈現尖銳的針狀。翼足類基本上是雌雄同體，兩個個體之間會為了交換精子而疊合。一次交配大多只要幾秒鐘就能搞定。

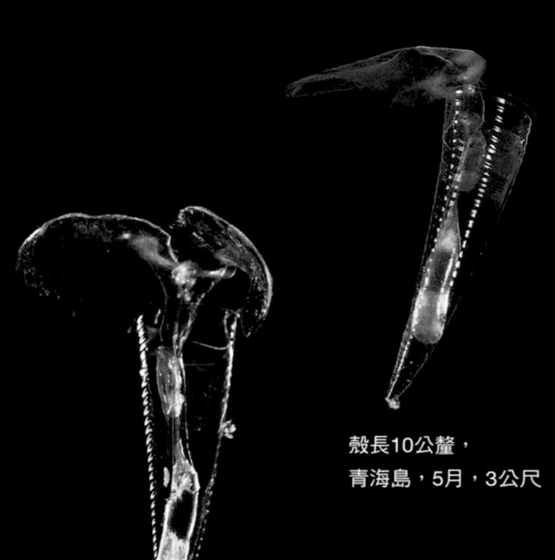

殼長10公釐，
青海島，5月，3公尺

殼長10公釐，
青海島，5月，4公尺

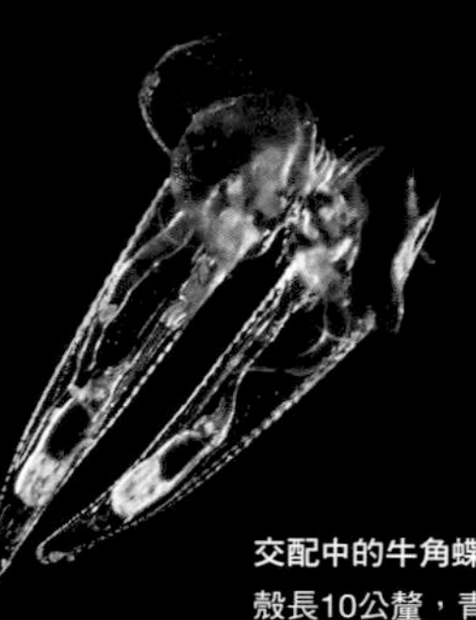

交配中的牛角蝶螺
殼長10公釐，青海島，5月，3公尺

無敵口錐

口錐（buccal cone）這個名詞，說不定很多日本人都有聽過，畢竟它曾有一段時間在日本電視上流行過一陣子。不過我想，應該也有很多用這個詞的人其實並不清楚它是什麼意思吧。

口錐是被稱為「海天使」的裸殼翼足類生物在捕食時用的觸手，牠們會打開頭頂，從裡面伸出觸手。海若螺類的物種會用這6條口錐，來確切地殺死牠最愛的蟠虎螺（*Limacina helicina*）。*Pneumodermopsis canephora*（p.66）還有一種附吸盤的腕足（吸盤腕），只要牠們以腕足抓到駝蝶螺類生物，就會扎實地將牠的殼體壓碎，並用名為鉤腕的叉形腕足將殼內的身驅拖出來，一鼓作氣放入消化道裡面。這整段過程甚至不用10秒，堪稱是天使變身猙獰掠食者的一瞬。

浮游貝類之間所構築的掠食與被食關係有好幾種。體型大小、身體組成成分及游泳速度都與自己雷同的對象，或許才是最合理的餌食也不一定。（若林香織）

捕食蜻蜓角駝蝶螺的培龍氏海蝶螺
殼徑6公釐，父島，5月，7公尺

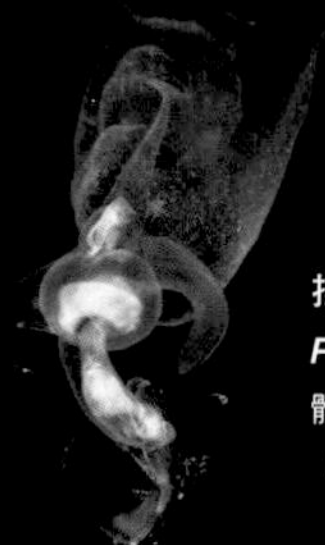

捕食露珠駝蝶螺的
Pneumodermopsis canephora
體長15公釐，青海島，5月，3公尺
（中島賢友）

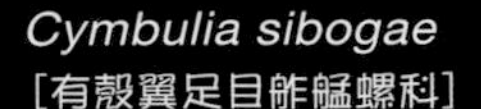

Cymbulia sibogae

[有殼翼足目舴艋螺科]

擬殼為舟形，前端較細，後方較寬，擬殼後方左右兩端呈突起狀。鰭盤的後面有鞭形的附肢。廣泛分布於印度洋－西太平洋海域和南大西洋海域，也經常能在日本的黑潮流域見到牠的蹤跡。

擬殼長25公釐，青海島，4月，3公尺

舴艋螺屬未知種

[有殼翼足目舴艋螺科]

Cymbulia sp.

擬殼左右後端有突起，鰭盤上有附肢，因此可藉此識別屬於舴艋螺屬。擬殼前面呈圓形是舴艋螺（*C. peronii*）的特色，只是尚未有過來自日本周邊的紀錄。若要正確判斷牠的種別，須得詳細觀察擬殼上棘刺的排列方式。

擬殼長30公釐，父島，5月，6公尺

鰭盤形似團扇，其寬度為擬殼寬度的1.5～2倍。全身透明，可在擬殼內部發現褐色的內臟團。軀體中央附近心型的器官是牠的吻部，牠會伸長這個吻部抓捕食物。鰭盤左右兩端會分泌有助於捕獲獵物的黏液。
擬殼長30公釐，青海島，5月，2公尺

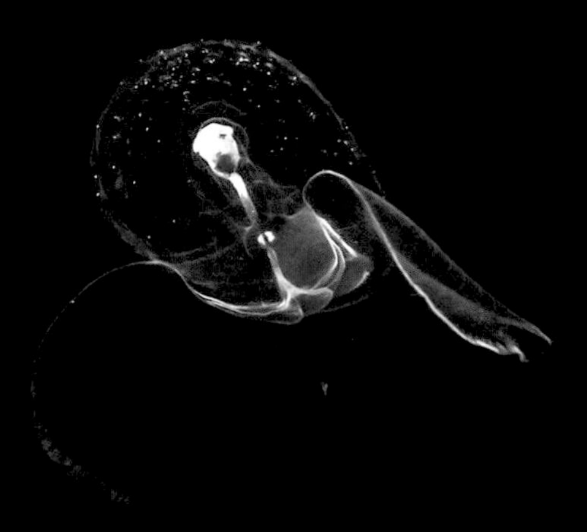

冕螺屬未知種

[有殼翼足目舴艋螺科]

Corolla sp.

已知在日本周圍海域出沒的是*Corolla spectabilis*跟冕螺（*C. ovata*）這兩種。*Corolla spectabilis*的擬殼明顯向鰭盤後方凸出，冕螺的擬殼則不會超出鰭盤後方。照片中的個體還很年幼，難以辨識牠的種別。
擬殼長13公釐，父島，5月，6公尺

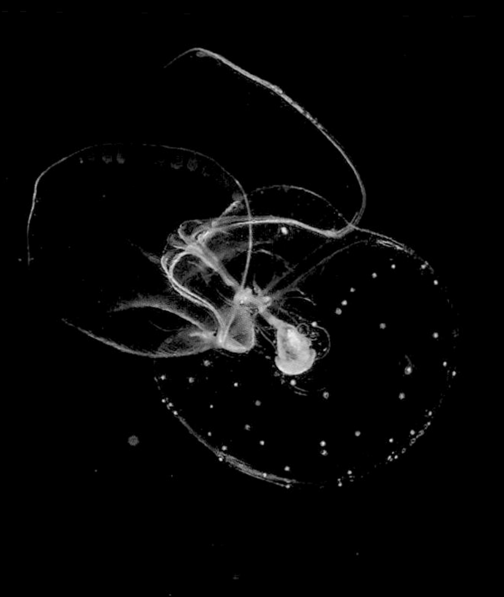

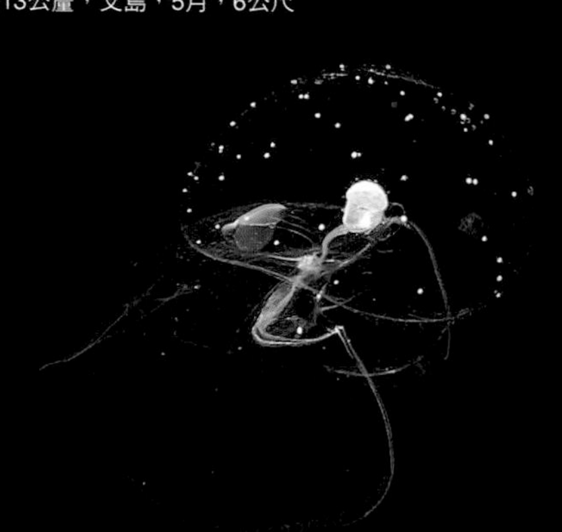

交配中的*Pneumodermopsis canephora*
體長15公釐，青海島，6月，3公尺
（齋藤勇一）

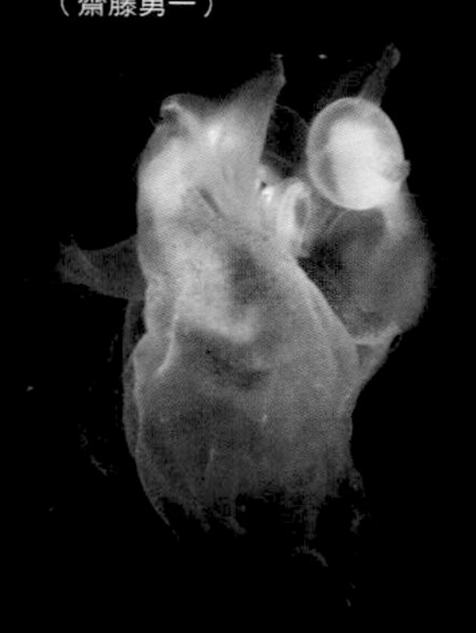

Pneumodermopsis canephora

[裸殼翼足目皮鰓科]

頭部觸角很長。用餐時會開啟頭部的前端，伸出吸盤腕獵捕駝蝶螺類等有殼翼足目的生物（請參閱p.63的專欄）。身體右側的側鰓像裙子一樣展開，其身為鰓的功用目前還不清楚。

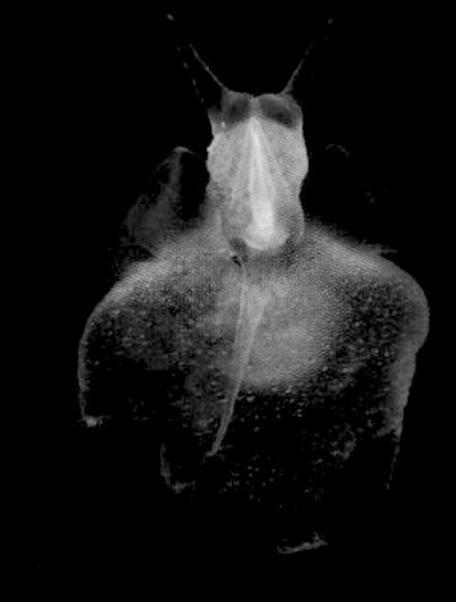

體長15公釐，青海島，5月，5公尺

Cliopsis krohnii

[裸殼翼足目Cliopsidae科]

身體左右對稱，頭部觸角極短，軀體部分呈桶狀。沒有側鰓。雖無吸盤腕，但牠會伸出跟身體差不多長的吻部來捕捉食物。一旦察覺危險，就會將頭部與翼足縮到軀幹裡，變成球形。

體長20公釐，
青海島，5月，5公尺

體長30公釐，
父島，5月，14公尺

透明扁齒螺

[裸殼翼足目海若螺科]

Thliptodon diaphanus

身體透明，頭部觸角非常短。頭部只有稍微細一點，所以跟軀幹的界線不太明確。身體後端形狀鈍尖，具有環形後鰓。

體長15公釐，青海島，10月，3公尺
（田中百合）

球形水肌螺

[裸殼翼足目水肌螺科]

Hydromyles globulosus

體呈卵形，殼皮層為半透明。內臟團很大，大部分是不透明的。擁有長長的翼足，翼足前端很寬。據悉，本種在遇到外敵襲擊等狀況時還會吐出墨汁。

體長3.5公釐，父島，5月，5公尺

Phylliroe bucephala

[裸鰓目Phylliroidae科]

海蛞蝓類生物通常是用腹足在海底或海藻上匍匐生活，不過本種缺少腹足，牠會一邊過著浮游生活，一邊食用浮游型的水螅蟲綱（p.40）或住囊蟲科（p.128）等物種。牠會像魚類一樣利用尾鰭前進。體內有大量的發光細胞。

體長30公釐，父島，5月，16公尺

Cephalopyge trematoides

[裸鰓目Phylliroidae科]

發出綠色螢光的細胞散布全身。除了浮游生活外，據說牠還會寄生在水螅蟲綱的生物（p.40）身上，或是附生在漂流藻上頭。外觀看起來很像寄生在水母上的吸蟲類（隸屬扁形動物門的物種）生物，因此賦予牠「trematoides（如吸蟲般）」的學名。

體長15公釐，青海島，5月，6公尺

幼生螺貝

軟體動物門腹足綱的浮游幼體，名為「面盤幼蟲」（veliger）。作為游泳器官的面盤基本上都是透明的，不過也有遍布色素細胞而色彩繽紛的品種。浮游時間因物種而異，有的在幾天內就沉降海底，有的甚至會持續漂流一整年。

鳳凰螺科未知種

[新進腹足類玉黍螺目]

Strombidae gen. et sp.

有著圓錐形的殼，面盤長得很寬大。許多面盤幼蟲會像照片一樣有**6**葉面盤。本科的代表品種為紅嬌鳳凰螺（*Conomurex luhuanus*）或蜘蛛螺（*Lambis lambis*）。

殼長4公釐，父島，5月，8公尺

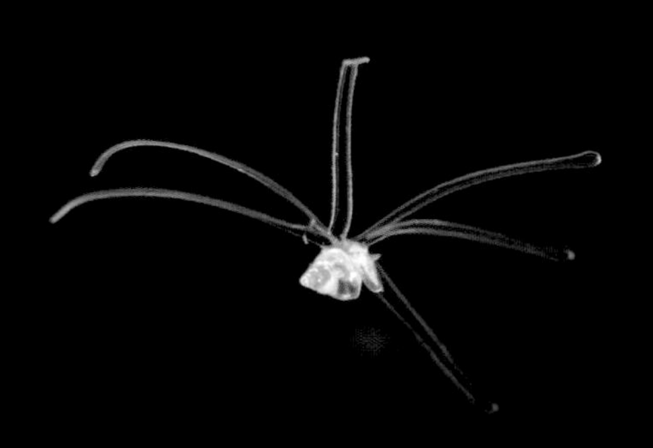

法螺科未知種

[新進腹足類玉黍螺目]

Ranellidae gen. et sp.

原殼呈圓錐形，**4**葉面盤個個寬大發達。法螺科的代表品種有象鼻法螺（*Cymatium lotorium*）跟大法螺（*Charonia tritonis*）等等。

殼長4公釐，父島，5月，6公尺

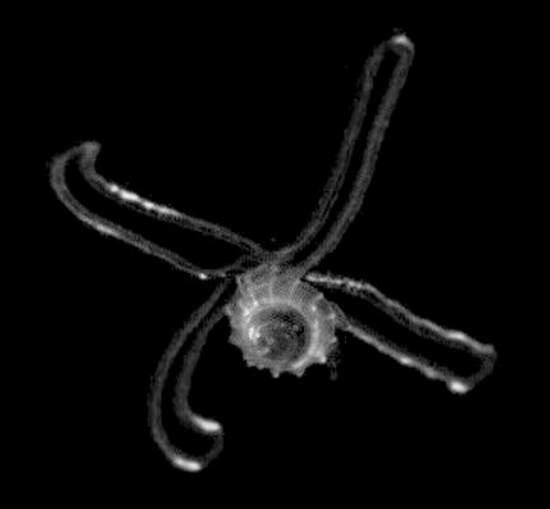

鶉螺總科未知種

[新進腹足類玉黍螺目]

Tonnoidea

鶉螺總科內含法螺科跟鶉螺科，偶爾有人會將隸屬其下的面盤幼蟲稱為「瑪庫幼蟲」。大部分的物種會將幼生期的殼體留作成體期的頂殼，可利用面盤幼蟲的外殼形狀或表面紋樣將其分類。

殼長3公釐，柏島，11月，4公尺

龍骨螺屬未知種

[新進腹足類玉黍螺目]

Carinaria sp.

龍骨螺科的面盤幼蟲有著明顯與其成體外殼截然不同的平捲形殼體。本種的生態寫真相當稀少珍貴。龍骨螺屬包括龍骨螺跟龍骨板螺（p.55）等等。

殼長2公釐，青海島，5月，6公尺

隸屬新腹足目的物種[新進腹足類]

Neogastropoda

新腹足目是包含織紋螺科和芋螺科等科別在內的貝類族群。人們認為面盤幼蟲的面盤愈長，其浮游期也會愈長。面盤幼蟲的外形或生態似乎與成體的分布區域關係密切。

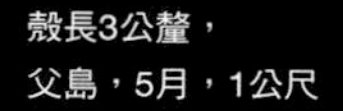

殼長3公釐，
父島，5月，1公尺

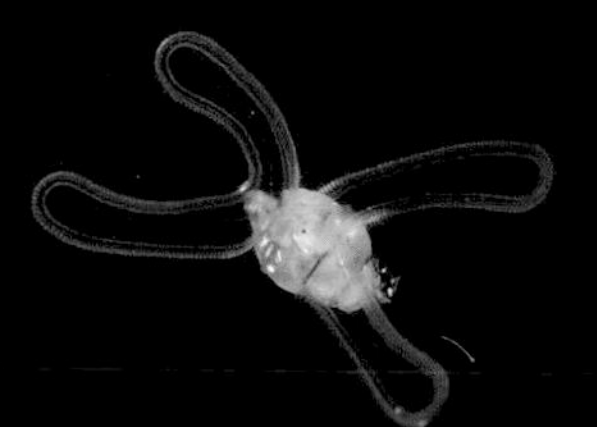

殼長3公釐，父島，5月，4公尺

殼長2公釐，青海島，10月，5公尺

車輪螺科未知種[異鰓目]

Architectonicidae gen. et sp.

具左旋殼體，面盤分成4葉，每一葉面盤都發育得又寬又大。車輪螺科的大部分物種都會經歷非常漫長的浮游期。代表品種是車輪螺（*Architectonica trochlearis*）及*Philippia japonica*等等。

殼長2公釐，父島，5月，14公尺

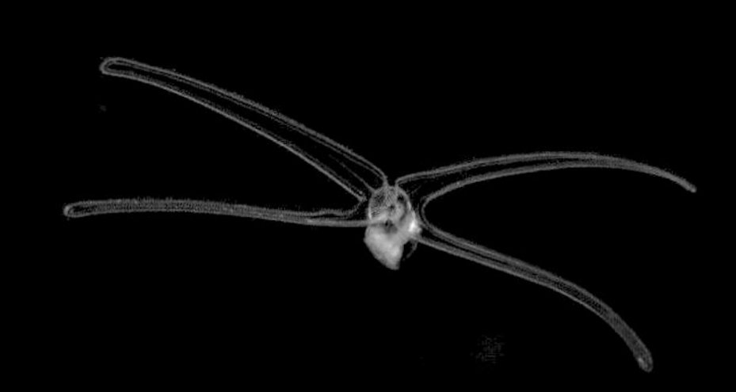

烏賊與章魚

隸屬軟體動物門頭足綱的動物。幼體稱作「擬浮游幼生」（paralarvae），以浮游生物的身分過著漂流生活。雖然長大後，烏賊類多半會作為自游生物來生活，章魚類也大多變成底棲生物，但裡頭也有一輩子都是浮游生物的物種。

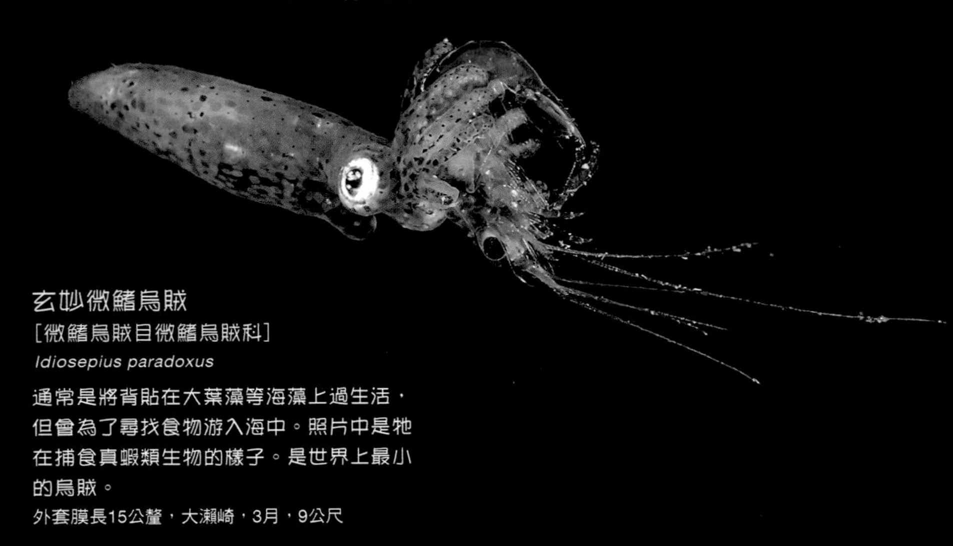

玄妙微鰭烏賊
[微鰭烏賊目微鰭烏賊科]
Idiosepius paradoxus

通常是將背貼在大葉藻等海藻上過生活，但會為了尋找食物游入海中。照片中是牠在捕食真蝦類生物的樣子。是世界上最小的烏賊。

外套膜長15公釐，大瀨崎，3月，9公尺

小型個體
外套膜長40公釐，
大瀨崎，2月，3公尺

萊氏擬烏賊［管魷目鎖管科］
Sepioteuthis lessoniana

夏至秋季自卵中孵化，幼年期在沿岸度過。剛孵化出來的個體身上有大量的色素細胞，稍微長大一點的小型個體則帶有深棕色的粗橫紋花樣。日本附近海域的本種分成三類：赤烏賊（Aka-ika）、白烏賊（Siro-ika）及桑烏賊（Kuwa-ika），目前已知其各自的棲息地、繁殖生態、DNA訊息都不太一樣。

剛孵化沒多久的個體
外套膜長5公釐，大瀨崎，
10月，5公尺

鎖管科未知種［管魷目］

Loliginidae gen. et sp.

剛從卵中孵出來的擬浮游幼生將來自母親的卵黃當作成長的營養源，消耗完畢之後就必須去獵捕食物，好繼續活下去。如圖所示，牠們偶爾會捕食比自己身體還大的糠蝦或蝦類。

外套膜長8公釐，大瀨崎，2月，6公尺

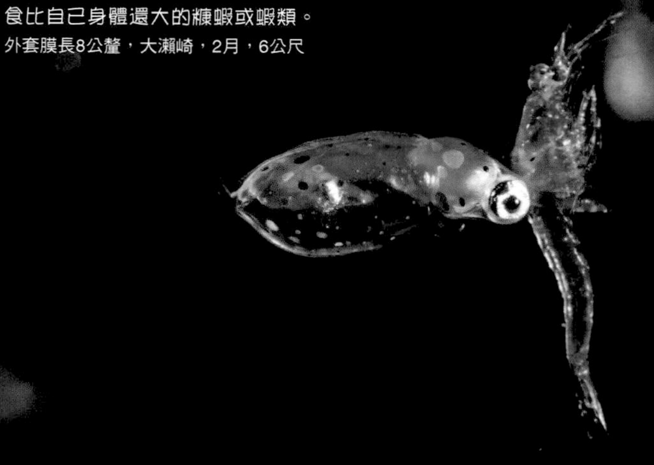

外套膜長12公釐，大瀨崎，1月，2公尺

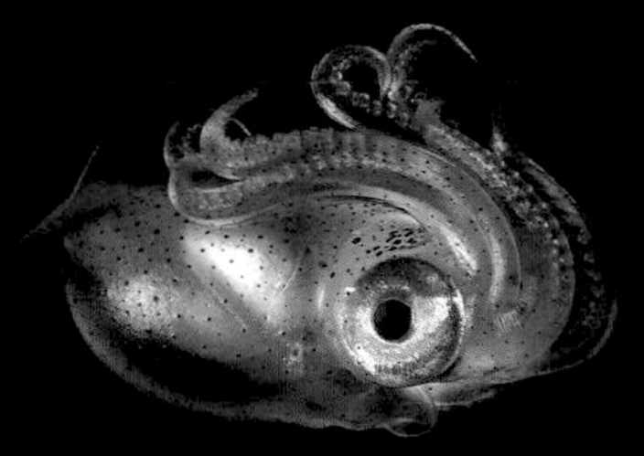

隸屬擬爪魷屬的物種

［管魷目爪魷科］

Onykia spp.

在日本周邊沿岸有可能找到的是力士爪魷（*O. robusta*）跟龍氏擬爪魷（*O. loennbergii*）的小型個體。長大後觸腕長長，尖端發育出吸盤或帶鉤的掌部。

外套膜長12公釐，大瀨崎，1月，2公尺

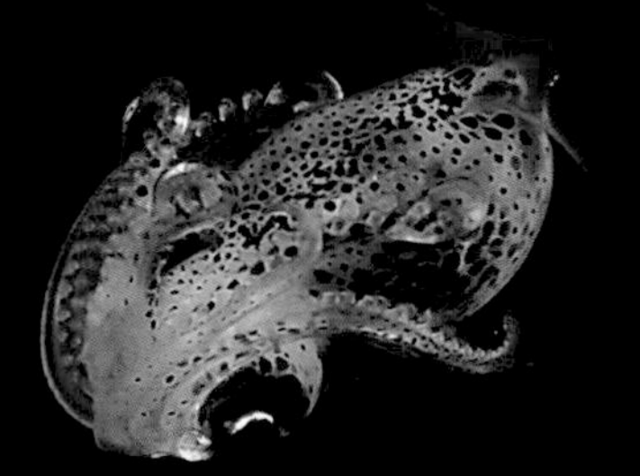

外套膜長15公釐，青海島，4月，3公尺

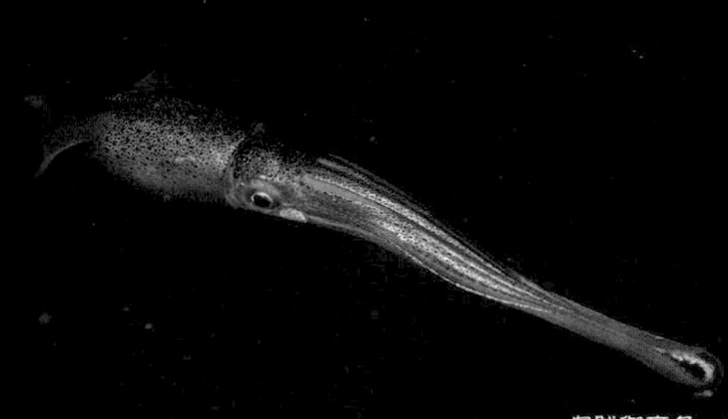

螢烏賊[管魷目武裝魷科]

Watasenia scintillans

在擬浮游幼生的外套膜或觸腕上有大型黃色色素細胞形成。會像花瓣一樣張開觸腕，可能是為了調節浮沉速度。成體一般來說都是在遠洋生活，不過到了產卵期就會來到沿岸。成體的腹面、眼周、及最靠近腹側的觸腕前端都有發光器。擬浮游幼生的眼周也有發光器。

外套膜長12公釐，大瀨崎，1月，6公尺

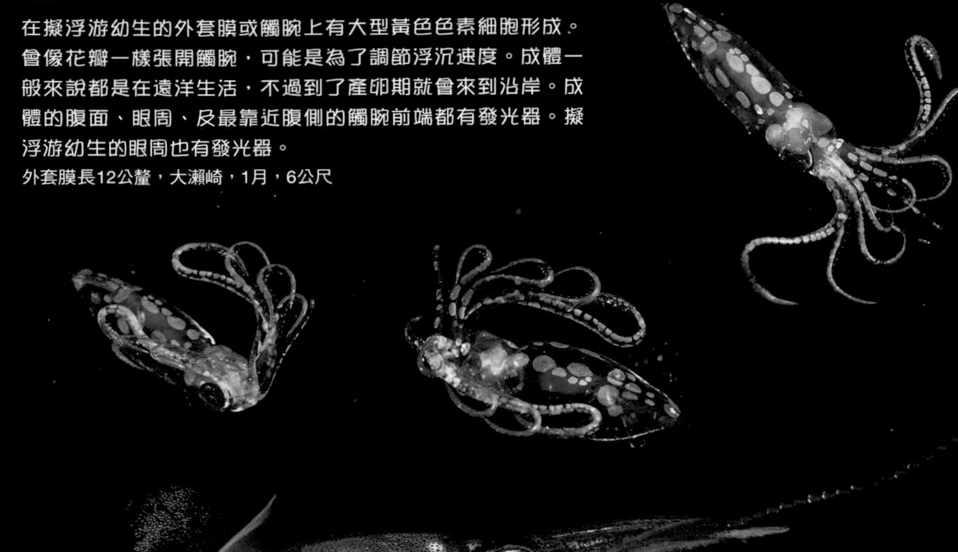

雌性成體從觸腕間排出如念珠般連成一串的卵囊

外套膜長50公釐，滑川，4月，15公尺

這是螢烏賊的「自投羅網」。是富山灣宣告春天來了的夢幻光景。來到富山灣沿岸的螢烏賊幾乎都是雌性。八重津濱，3月

隸屬鉤腕魷屬的物種 [管魷目武裝魷科]

Abralia spp.

在外套膜腹側處分布的發光器，大大小小約有500個之多。會在日本附近出沒的是安達曼鉤腕魷（*A. andamanica*）或三角鉤腕烏賊（*A. trigonura*），但是連同這2種在內，已知共有5種棲息在台灣到菲律賓周遭海域之中。尤其在日本南部，可能會有多種擬浮游幼生或小型個體順著黑潮漂流而來。

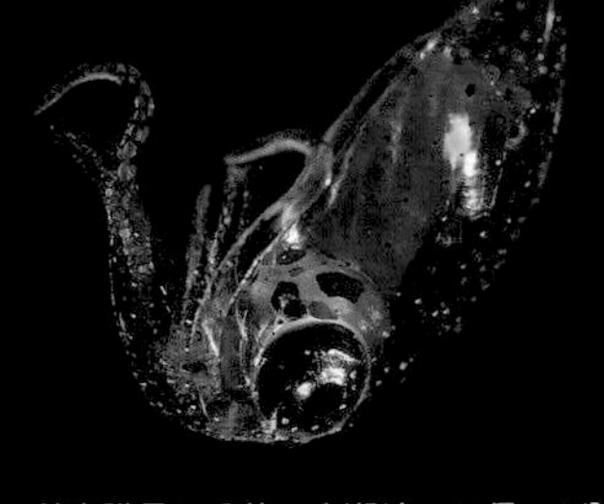

外套膜長16公釐，大瀨崎，12月，6公尺

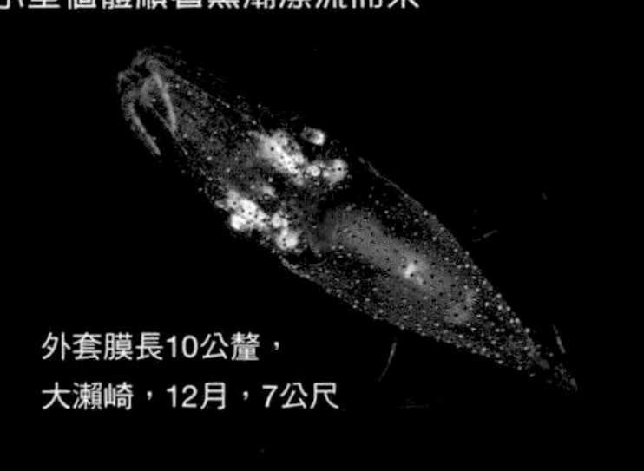

外套膜長10公釐，
大瀨崎，12月，7公尺

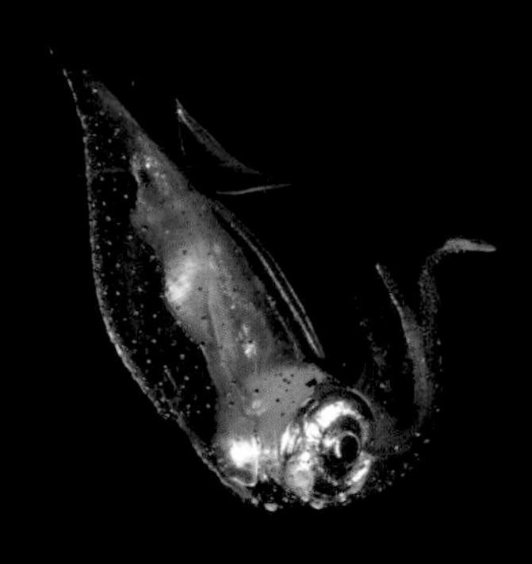

外套膜長15公釐，
大瀨崎，1月，5公尺

發光部位看上去是藍白色，
連接觸腕根部與眼睛四周的
光芒特別強
外套膜長12公釐，大瀨崎，
月，1公尺

水下展露的驚人表演

要說烏賊有趣的地方，雖然獨具個性的外觀也是一點，但更吸引人的是牠們在水中展現出來的表演。牠們將觸腕束起並直線伸展的姿態呈現出美妙的流線型，令人聯想到潛水艇。才剛這麼想，牠們又舉起觸腕，停在水中擺出J字形。觸腕以幾何圖案伸展的模樣，不由得讓人想像成是歐洲的珠寶飾品。

擬爪魷類（p.71）的擬態非常巧妙。一旦感到危險，牠們便會伸長觸腕形成流線型，並朝著水面一口氣游上去。只要逃到接近水面下的地方，牠們就會馬上將觸腕緊貼背部，變得像豆子一樣。牠們的腹側在外觀上也會呈現銀色，身形與海浪泡沫同化，消失無蹤。

小頭魷類（p.76）表演的是變身術。當外敵靠近時，就將海水灌進外套膜裡，讓它脹得如玩具球般圓潤，隨後再把頭部、觸腕全都收進外套膜內。鰭也不會動，當然就無法游泳，乍看之下像是一隻河豚在漂流。等到度過危險，再伸出短短的觸腕、眼睛還有頭部，緩緩游離。

這群烏賊有著各式各樣的體型和依游泳能力量身打造的生存策略。這麼有趣的生物實在不多。

（阿部秀樹）

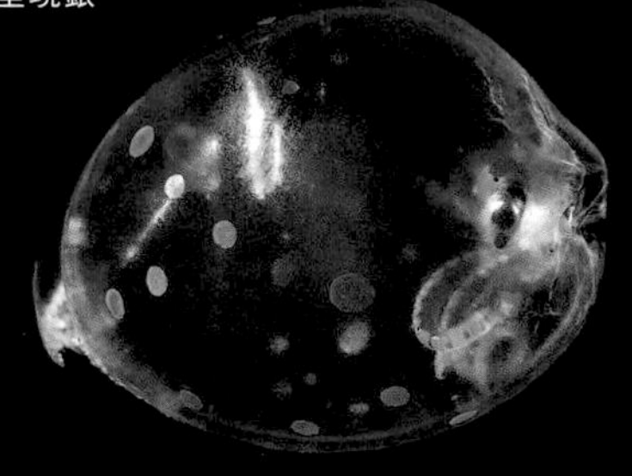

未知種小頭魷
外套膜長30公釐，大瀨崎，1月，6公尺

成體

外套膜長250公釐，
青海島，5月，8公尺

小型個體

外套膜長20公釐，
大瀨崎，4月，10公尺

北魷

[管魷目真魷科]

Todarodes pacificus

成體棲息於阿拉斯加及加拿大那邊的北太平洋、鄂霍次克海、日本海，以及從中國東海到越南的廣闊海域。秋季以後會朝南方遷徙，產下浮游卵團。

光條魷 [管魷目真魷科]

Eucleoteuthis luminosa

外觀跟北魷很像，但本種的腹側外套膜上有兩條肌狀發光器。廣泛棲息在全球溫帶海域中。

外套膜長50公釐，兒島，5月，10公尺

赤魷 [管魷目真魷科]

Ommastrephes bartramii

魷如其名，出生時就帶有紅色的個體很多。據悉，本種在遇見掠食者時，牠會跳出海平面逃走。真魷科的擬浮游幼生也被稱為「喙烏賊幼體」（rhynchoteuthion），身上有兩條互相融合的觸腕。

外套膜長45公釐，大瀨崎，4月，14公尺

飛魷［管魷目飛魷科］

Thysanoteuthis rhombus

剛孵化的擬浮游幼生具備碗形的外套膜，上面有著明顯的色素細胞。外套膜長度長到8公釐左右時，其後端的鰭也發育完成。這時的外套膜帶點圓潤，在觸腕上形成了寬大的保護膜。再長大一點，外套膜的後端便會變尖。

外套膜長20公釐，大瀨崎，1月，9公尺

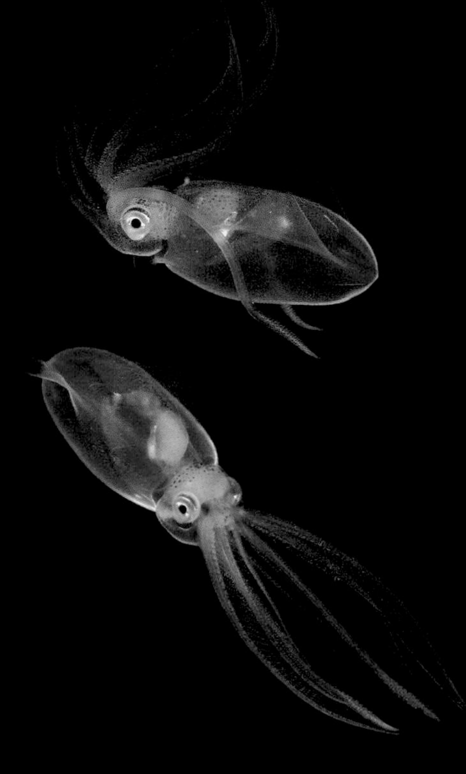

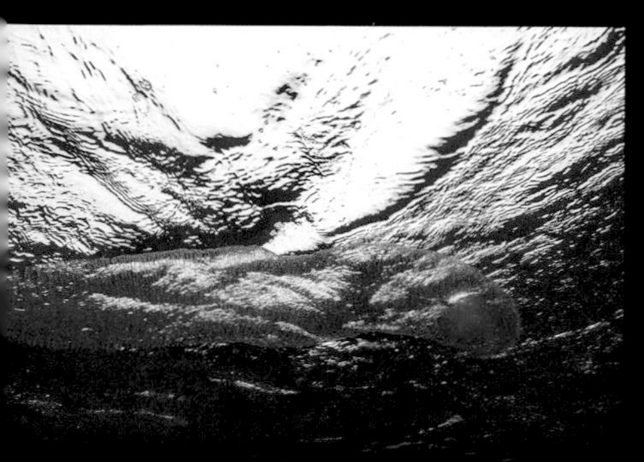

飛魷的卵團

膠質支柱的表面上，多達好幾萬個的卵以線圈狀並列。卵黃呈現深紅色。

長800公釐，柏島，5月，1公尺

巨型魷魚［管魷目大王魷科］

Architeuthis dux

擁有大大的雙眼、細長的外套膜與更長的觸腕，從外套膜跟觸腕的比例來看，是巨型魷魚的可能性很高。本種的卵直徑約為5公釐，剛孵化時雖然看起來跟其他烏賊類一樣小，不過卻是成體後全長可達10公尺的巨大烏賊。

外套膜長8公釐，父島，5月，10公尺（森下修）

隸屬手魷科的物種[管魷目]

Chiroteuthidae genn. et spp.

本科的擬浮游幼生也被叫作「手魷幼魚期」（doratopsis），頭部細而頸部長。跟牠其他的觸腕比起來，擁有一對極長的觸腕。外套膜後端有尾部，尾部會隨著成長而變短。尾部的外形很像管水母類（p.47），有人認為這是一種對掠食者的欺敵策略。

外套膜長30公釐，
大瀨崎，4月，5公尺
（堀口和重）

外套膜長28公釐，
大瀨崎，12月，2公尺

外套膜長70公釐，
島根沖泊，6月，3公尺

小頭魷

[管魷目小頭魷科]

Cranchia scabra

外套膜表面覆蓋一層顆粒，就像鯊魚皮一樣。只要感到危險，便會吸入海水讓外套膜膨脹，再將觸腕跟頭部縮進外套膜內，變形成球狀來保護自己。腹面有發光器。

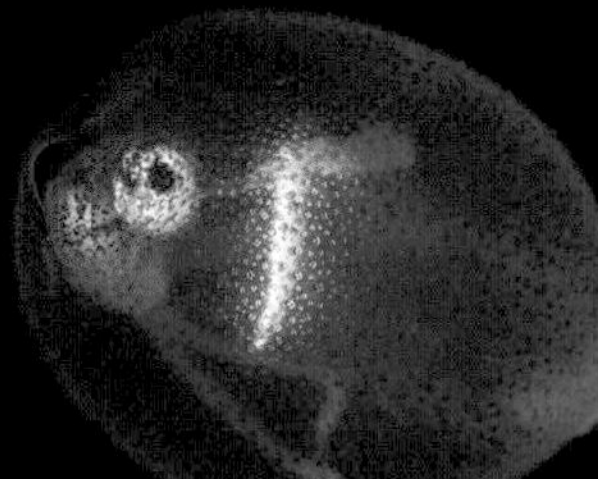

外套膜長50公釐，
青海島，5月，3公尺

履眼魷

[管魷目小頭魷科]

Sandalops melancholicus

擬浮游幼生擁有長長的觸腕，眼睛下垂得很厲害。眼睛底部附近有突起。長成成體後會長出管狀的眼柄。廣泛分布於全世界的溫、熱帶海域之中。

外套膜長20公釐，青海島，4月，3公尺

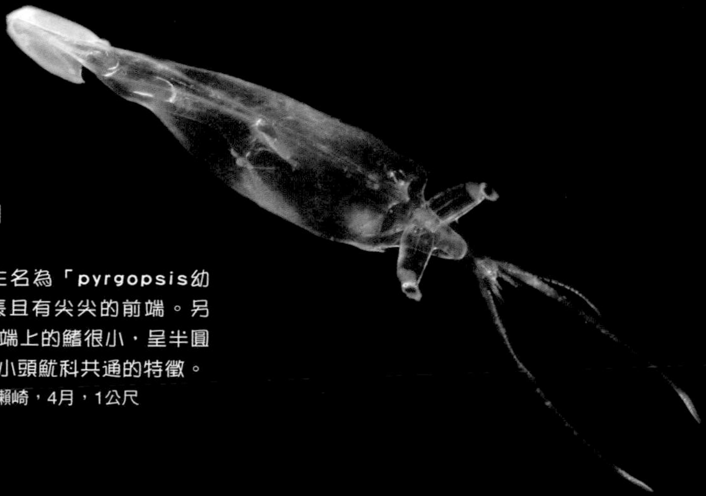

塔魷屬未知種

[管魷目小頭魷科]

Leachia sp.

本屬的擬浮游幼生名為「pyrgopsis幼體」，外套膜細長且有尖尖的前端。另外，長在外套膜尖端上的鰭很小，呈半圓形。垂眼是與其他小頭魷科共通的特徵。

外套膜長30公釐，大瀨崎，4月，1公尺

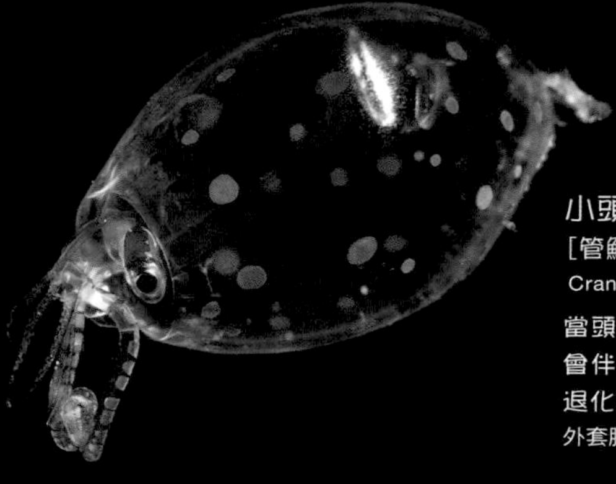

小頭魷科未知種

[管魷目]

Cranchiidae gen. et sp.

當頭足類的擬浮游幼生長大變成幼烏賊時，有時會伴隨著輕微的變態。本科公認的變化是眼柄的退化與觸腕的明顯發育。

外套膜長30公釐，大瀨崎，1月，6公尺

八腕魷[管魷目八腕魷科]

Octopoteuthis sicula

剛孵化完，外套膜長約4公釐左右的擬浮游幼生有修長的觸腕，不過這些觸腕會隨著身體發育退化，最終消失不見。八腕魷科的擬浮游幼生有寬廣的外套膜和頭部。日本三陸近海中棲息著*Octopoteuthis deletron*。

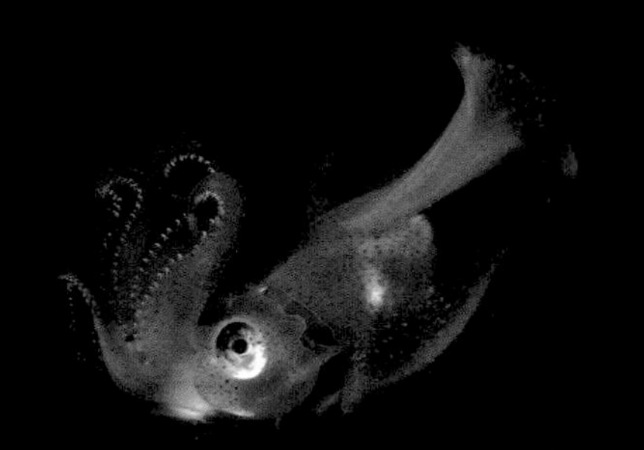

外套膜長25公釐，
青海島，5月，3公尺

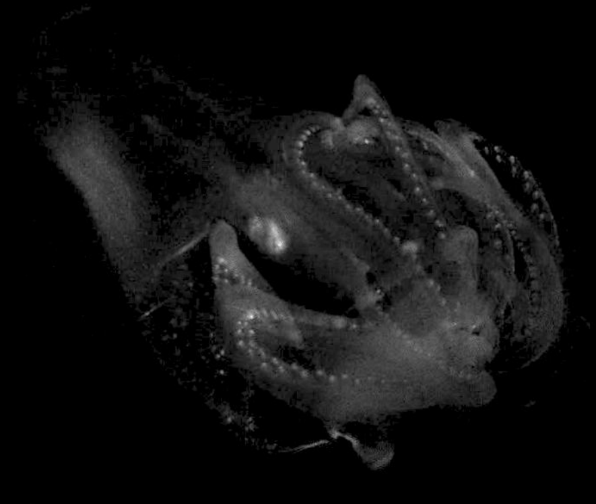

擬浮游幼生的觸腕

外套膜長28公釐的這個個體仍留有觸腕，可辨識出牠一共有10條觸腕。
青海島，5月，2公尺

外套膜長28公釐，
青海島，5月，2公尺

十腕總目未知種

Decapodiformes

由於身體中間還殘留著橘色的卵黃，所以能知道牠是一隻剛孵化沒多久的個體。「烏賊類」是俗稱，正式的分類階層名為「十腕總目」。

外套膜長6公釐，父島，5月，8公尺

隸屬章魚屬的物種［八腕目章魚科］

Octopus spp.

一般而言，稱作「章魚」的就是從屬於八腕目的物種。目前已知全世界有300種以上的品種，其中約有一半都歸於章魚屬底下。未記載的物種也很多。不只擬浮游生物，甚至連成體都很難僅依照片來劃分種別。

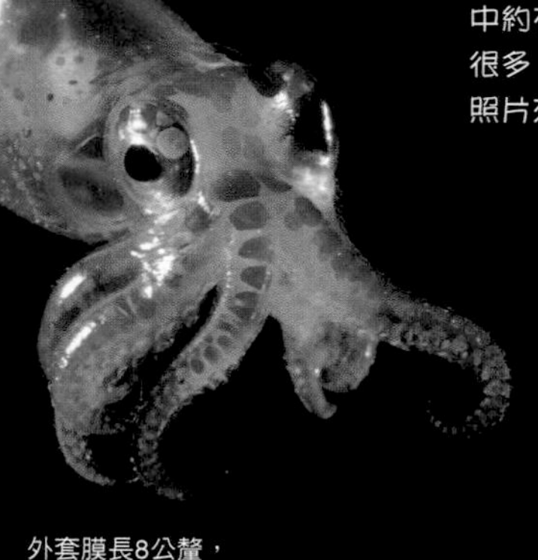

外套膜長8公釐，
大瀨崎，12月，6公尺

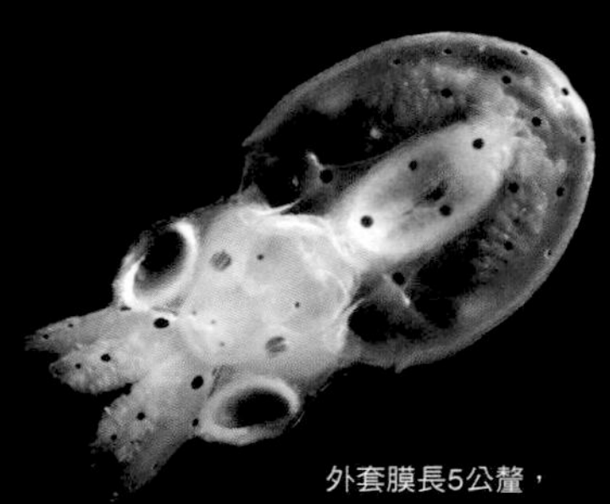

外套膜長5公釐，
大瀨崎，11月，4公尺

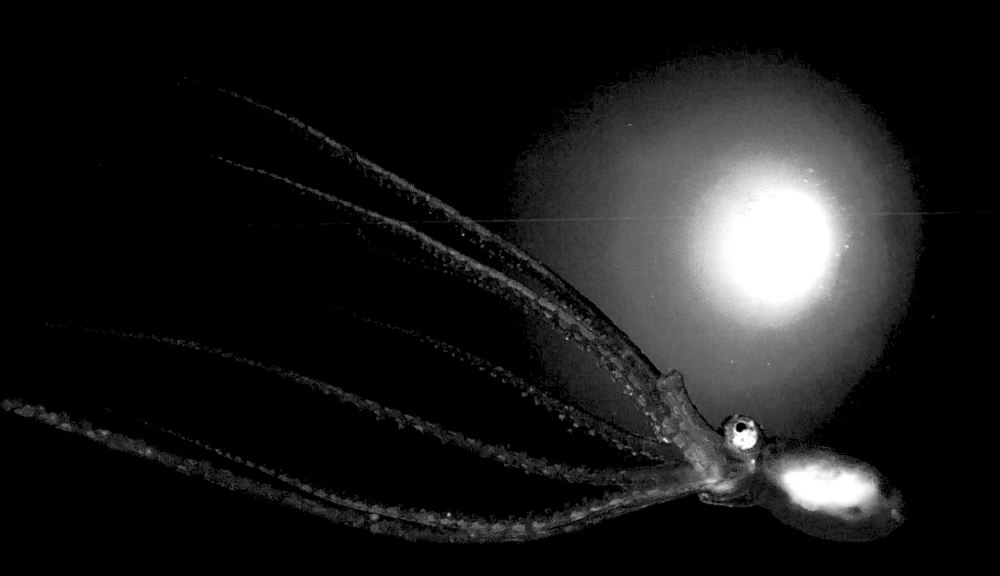

無鰭亞目未知種［八腕目］

Incirrata

具有不等長的觸腕，最長的第一腕佔全長的70～80%。有這種特徵的物種是章魚科的*Callistoctopus minor*及馬賽克斷腕蛸（*Abdopus abaculus*）等等。

外套膜長15公釐，大瀨崎，12月，6公尺

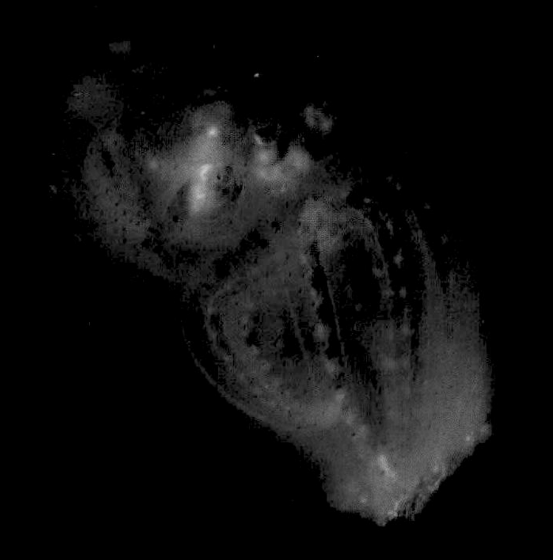

深海水母蛸［八腕目水母蛸科］

Amphitretus pelagicus

一種浮游章魚。牠那張合八條觸腕之間的腕膜游泳的模樣，簡直就像是一隻水母類。此為章魚類中唯一具有面向背後的桶形眼睛的物種，英文名為「Telescope octopus」（望遠鏡章魚）。

外套膜長42公釐，大瀨崎，11月，1公尺（堀口和重）

印太水孔蛸［八腕目水孔蛸科］

Tremoctopus gracilis

雌性成體體型甚大，夏天在日本海一側出現的機率特別高。雖然也能張開腕膜在水面附近漂浮，但牠的泳速有時可以快到連潛水員都追不上。跟雌性比起來，雄性成體是異常嬌小的矮雄（dwarf male）。交配時會將塞滿精子的膠囊（精莢）連同觸腕一起交給雌性。

雄性成體

外套膜長20公釐，大瀨崎，1月，1公尺

雌性成體

外套膜長200公釐，島根沖泊，10月，2公尺

闊船蛸［八腕目船蛸科］

Argonauta hians

頭足類中會製造貝殼的只有船蛸類的雌體跟鸚鵡螺類而已。船蛸類成熟後會在殼中產卵，還會一邊遞送新鮮海水進去，一邊保護卵，直到卵孵化為止。

殼徑40公釐，隱岐島都萬，10月，近水面下方

扁船蛸［八腕目船蛸科］

Argonauta argo

雌性的第一腕前端變形呈膜狀，並分泌碳酸鈣，形成半透明的薄殼。牠從幼體期就開始製造外殼，隨著身體的成長增加殼的大小，同時棲息其中。據說牠的壽命最長可以達數年，期間可產卵無數次。雄性沒有殼，牠跟印太水孔蛸一樣是「矮雄」。

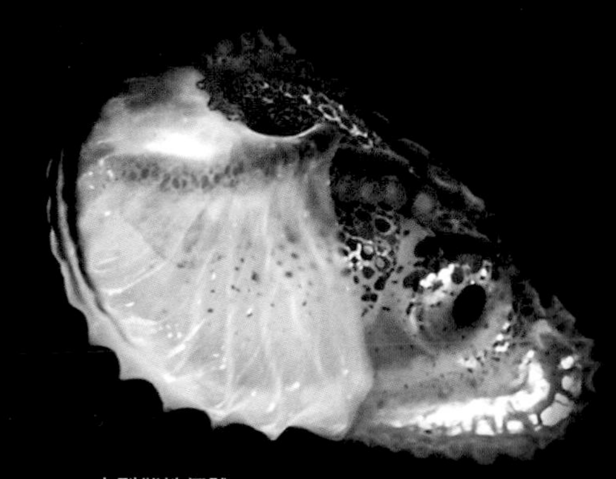

小型雌性個體

殼徑12公釐，大瀨崎，12月，5公尺

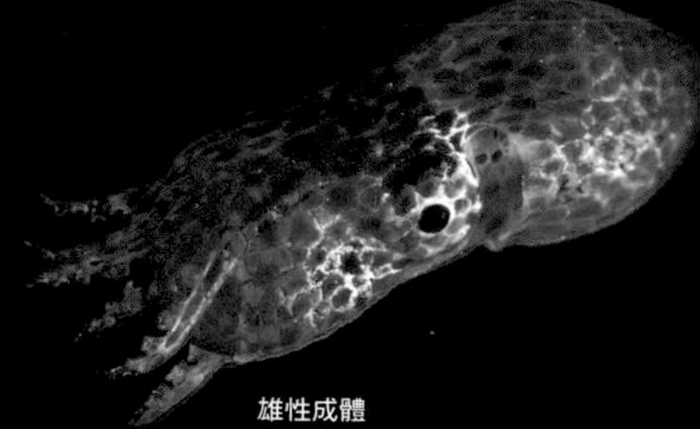

雄性成體

外套膜長10公釐，青海島，5月，3公尺

船蛸屬未知種［八腕目船蛸科］

Argonauta sp.

雄性左邊第三腕是生殖腕，通常會收納在袋中。交配時會穿破袋子，並與精莢一同送入雌性體內。交配後雄性本體力竭，但生殖腕在受精結束後的幾天內都能獨自在雌性殼內來回活動。照片上的是成熟前的雄性，可在牠眼睛下方附近看到收納生殖腕的袋子。據悉無論雌雄都會依附在水母類（p.38）身上。

外套膜長6公釐，大瀨崎，9月，8公尺

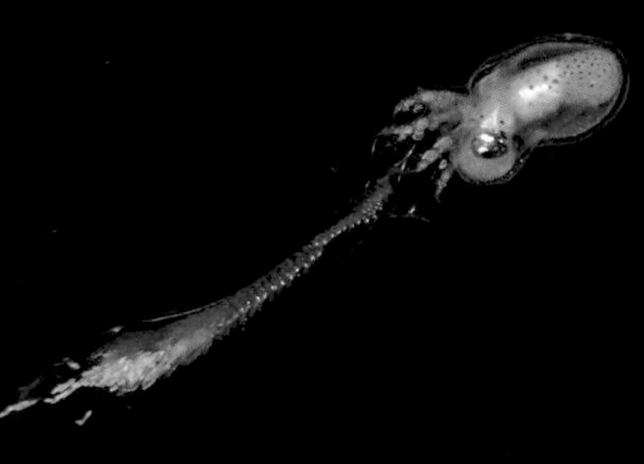

沙蠶與星蟲動物

一種從屬在環節動物門下的動物。在海中漂流的有終生浮游的物種、部分生活史是浮游期的物種、在風浪翻覆下可暫時游動的物種、為了繁殖而游的物種等等。

隸屬眼蠶科的物種

Alciopidae genn. et spp.

身體為細長的繩子狀，無色透明。眼呈紅色，且十分發達。已知在日本周遭海域生活的水蠶（*Naiades cantrainii*），其各個體節上長有疣足，疣足底部有深褐色的圓形側腺。像右下照片中這種疣足發育成葉狀的物種，有些應該是*Rhynchonereella*屬的生物。

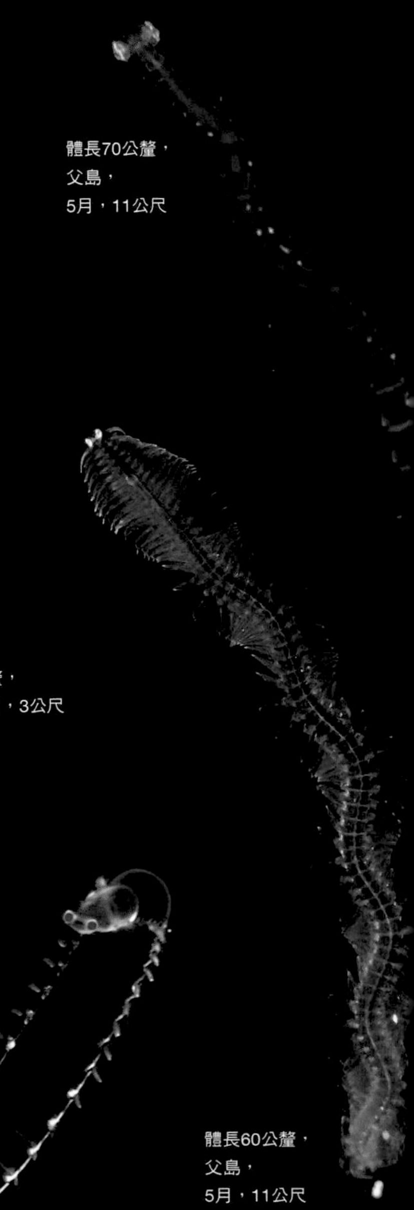

體長70公釐，父島，5月，11公尺

體長60公釐，父島，5月，11公尺

體長300公釐，青海島，5月，2公尺

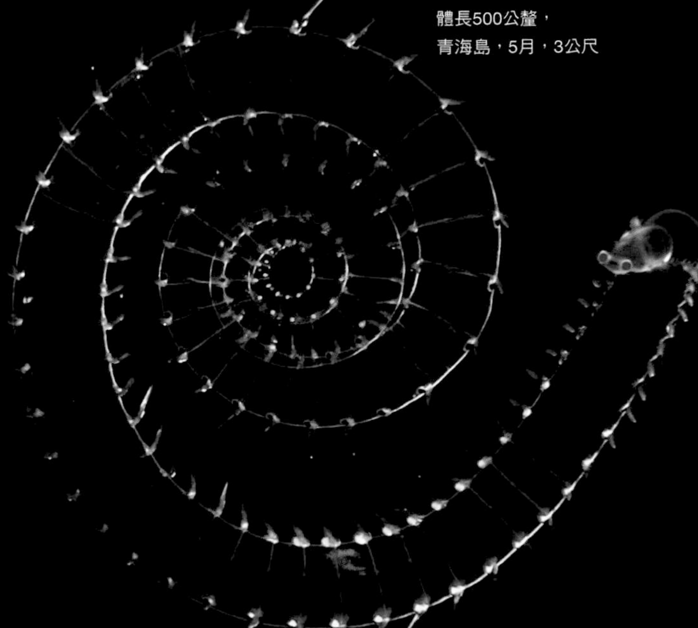

體長500公釐，青海島，5月，3公尺

隸屬多鱗蟲科的物種

Polynoidae genn. et spp.

背側長有明顯的鱗。像右圖這種鱗上有紋路的品種也頗為人知。浮游型的多鱗蟲類有很多來自深海的紀錄，在淺海區的觀察案例則極為稀有。

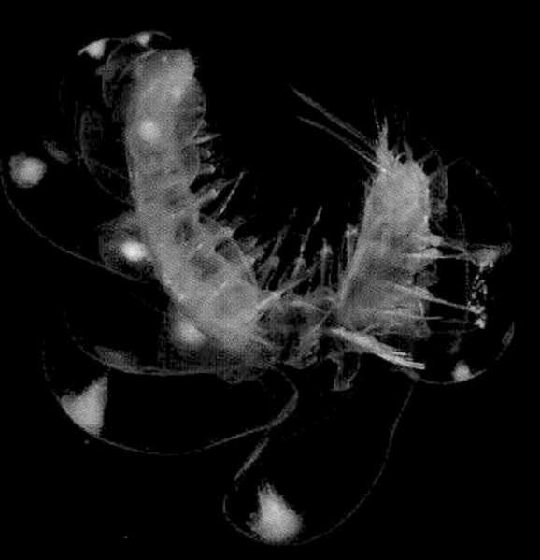

體長19公釐，青海島，5月，4公尺

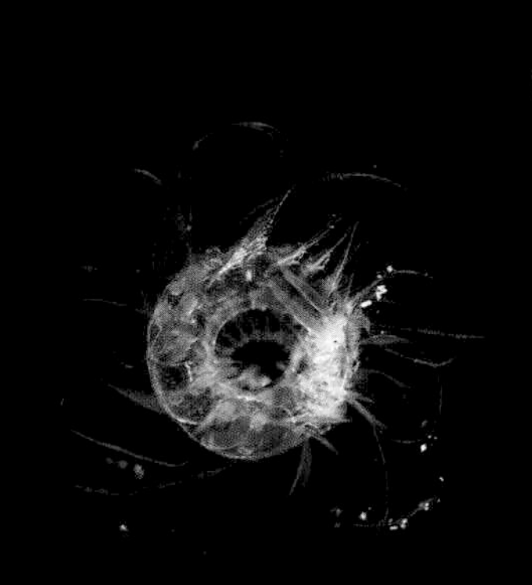

體長15公釐，青海島，5月，5公尺

排泄液體的
多鱗蟲科未知種

有時只要牠受到刺激，便會排出黃色或綠色的液體。
體長180公釐，青海島，4月，2公尺（頭寬2公釐）

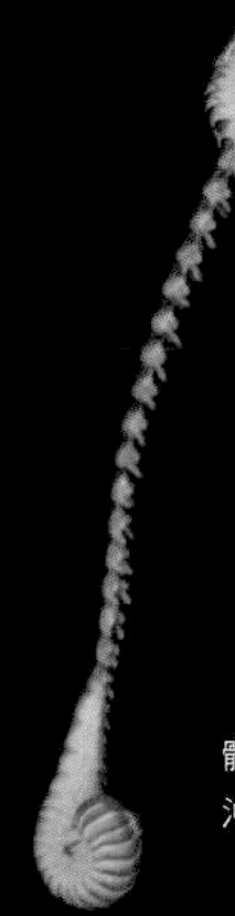

體長10公釐，
沖永良部島，11月，8公尺

隸屬裂蟲科的物種

Syllidae genn. et spp.

體型小而細長。有4隻眼睛。平常是在海底生活，不過一到產卵期就會改變剛毛等部位的形態，轉變成適合游泳的模樣，亦或在後端無性萌生一個生殖型的個體。自裂蟲亞科（*Autolytinae*）跟艾裂蟲亞科（*Exogoninae*）都跟左邊照片一樣有孵卵的習性。

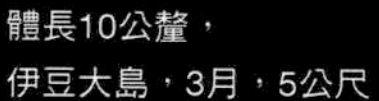

體長10公釐，
伊豆大島，3月，5公尺

隸屬浮蠶屬的物種［浮蠶科］

Tomopteris spp.

其身軀為透明的膠質。疣足上沒有剛毛。從頭部伸出的觸鬚比身體還短。日本附近可觀察到：有尾部的太平洋浮蠶（*T. pacifica*）、沒有尾部的北斗浮蠶（*T. septentrionalis*）與秀麗浮蠶（*T. elegans*）。

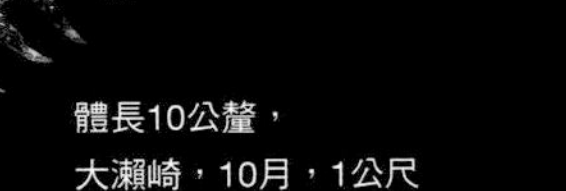

體長10公釐，
大瀨崎，10月，1公尺

體長11公釐，
大瀨崎，10月，5公尺

體長15公釐，
大瀨崎，12月，8公尺

無指蠶科未知種

Iospilidae gen. et sp.

位在身體前方的**3～10**個體節上，有著退化得小小的疣足。無指蠶科全世界已知有**3**屬**4**種。日本有**2**種丁齒蠶屬（*Phalacrophorus*）物種的觀察紀錄。

體長50公釐，青海島，9月，5公尺（齋藤勇一）

體長10公釐，
父島，5月，11公尺

體長40公釐，
大瀨崎，12月，5公尺

隸屬蟄龍介科的物種

Terebellidae genn. et spp.

頭部有數量眾多的細長口觸手。大部分的品種都會建造水管狀的棲管，並生活在海底。漂流中的個體可能是剛變態後的稚沙蠶，或是暫時游出棲管的個體。

隸屬燐蟲科的物種
Chaetopteridae spp.

浮游幼體。頭部有兩條觸手，身體後半部會形成體節。右圖的幼蟲正把嘴巴張大。幼生生物會用黏液抓懸浮物來吃。口部左右外側的紅點是牠的眼點。下面是正在長出體節的幼體，處於沉降海底後，即將變態成稚沙蠶前的階段。

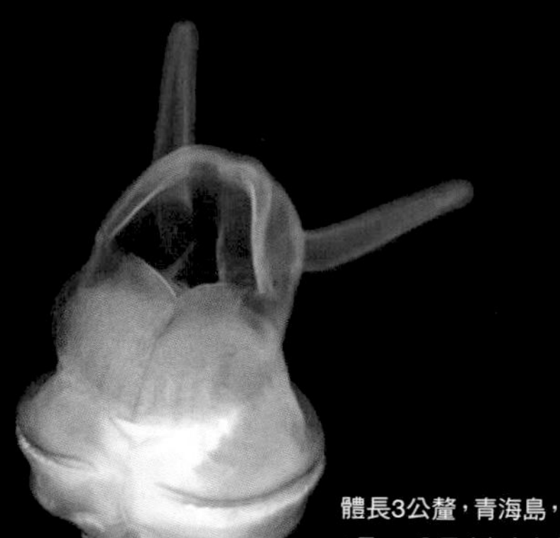
體長3公釐，青海島，3月，5公尺（真木久美子）

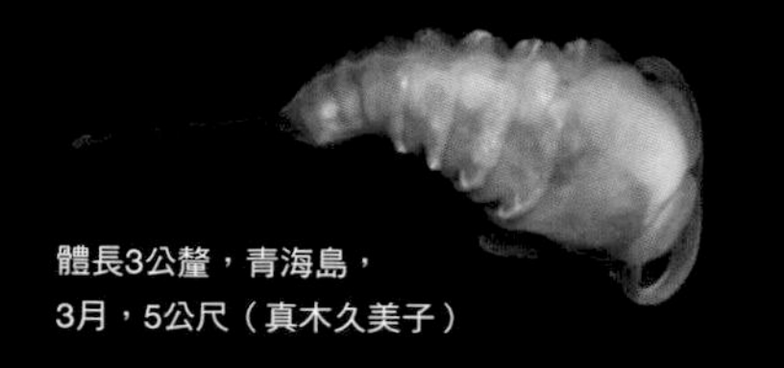
體長3公釐，青海島，3月，5公尺（真木久美子）

角蟲科未知種
Polygordiidae gen. et sp.

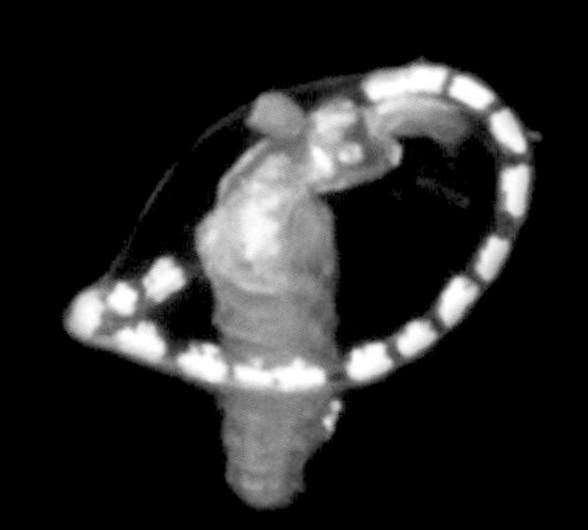

浮游幼體。這是羅文氏幼蟲（Loven' s larva），是擔輪幼蟲後的一個發育階段，僅本科獨有。後半部身體會在分節的同時慢慢延伸，最後傘部變小就結束整個變態過程。羅文氏幼蟲幾乎沒幾張活體時的照片，因此這張照片十分珍貴。
體長2公釐，青海島，9月，5公尺（真木久美子）

星蟲科未知種
Sipunculidae gen. et sp.

浮游幼體，名為「浮球幼蟲」（pelagosphera）。外形分成三個部分：腹側有口，背側是有眼的頭部；具備發達纖毛帶的中央部；裡頭裝有消化道的軀幹部。軀幹部的外緣有很多溝槽。一旦遭受刺激，便會將頭部和中央部收進軀幹部裡面。
體長6公釐，青海島，10月，3公尺

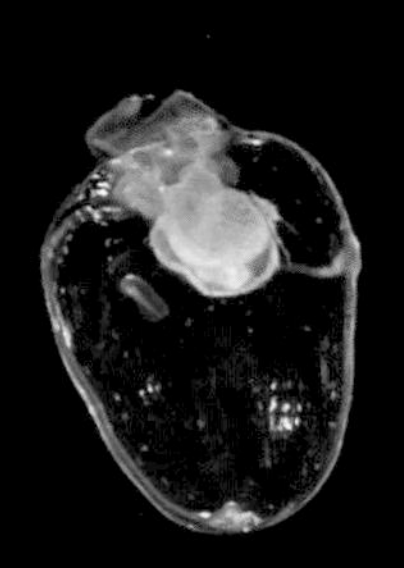

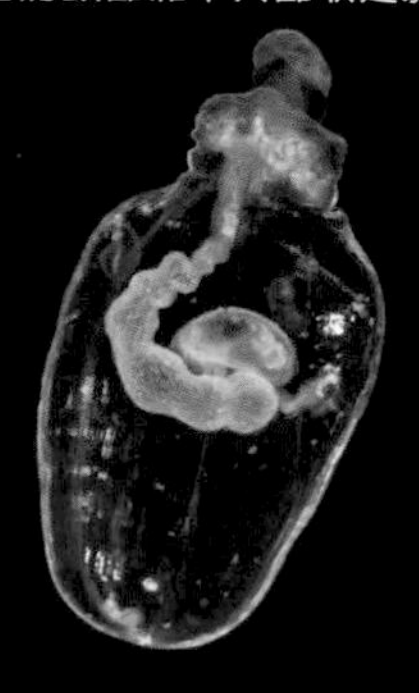

蝦

屬於節肢動物門甲殼亞門軟甲綱十足目，有著蝦子外形的動物總稱。包含具有共同祖先的複數歧異分類群。大多數的物種在作為蚤狀幼體（zoea）度過浮游幼生期後，將變態成後期幼體（decapodite幼體）沉降水底。也有即使在變成成體以後也仍繼續漂流的物種。

對蝦科未知種

[枝鰓亞目對蝦總科]

Penaeidae gen. et sp.

decapodite幼體。枝鰓亞目的第一腹節側板會包覆第二腹節側板，腹胚亞目則是由第二腹節的側板覆蓋第一及第三腹節側板。這項特徵在成體上也看得到。對蝦科生物第一觸角上的兩條觸角鞭幾乎等長。會有節奏地拍打腹足游泳。

體長15公釐，父島，5月，2公尺

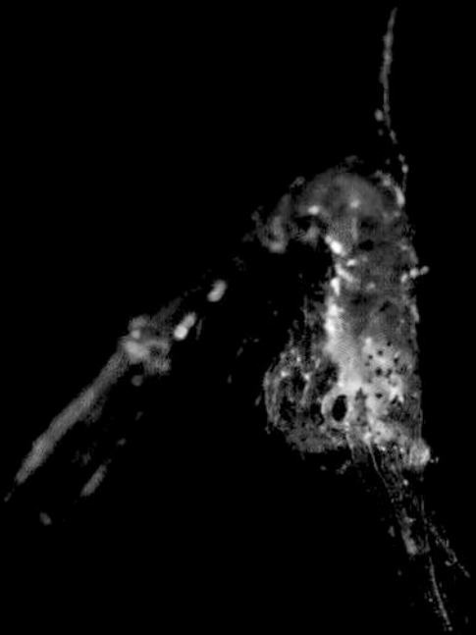

深對蝦科未知種

[枝鰓亞目對蝦總科]

Benthesicymidae gen. et sp.

蚤狀幼體（糠蝦幼體期）。有著又長又銳利的額棘，第二腹節的背側上長有強壯的刺。照片中的個體因為腹足發達，所以可判斷牠很快就要變態成decapodite幼體。

體長12公釐，大瀨崎，1月，6公尺

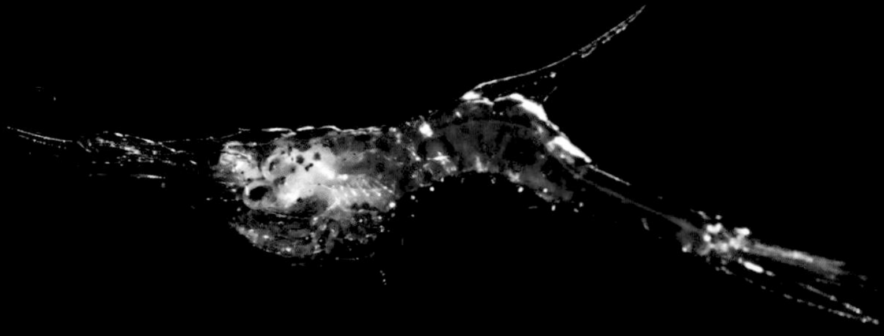

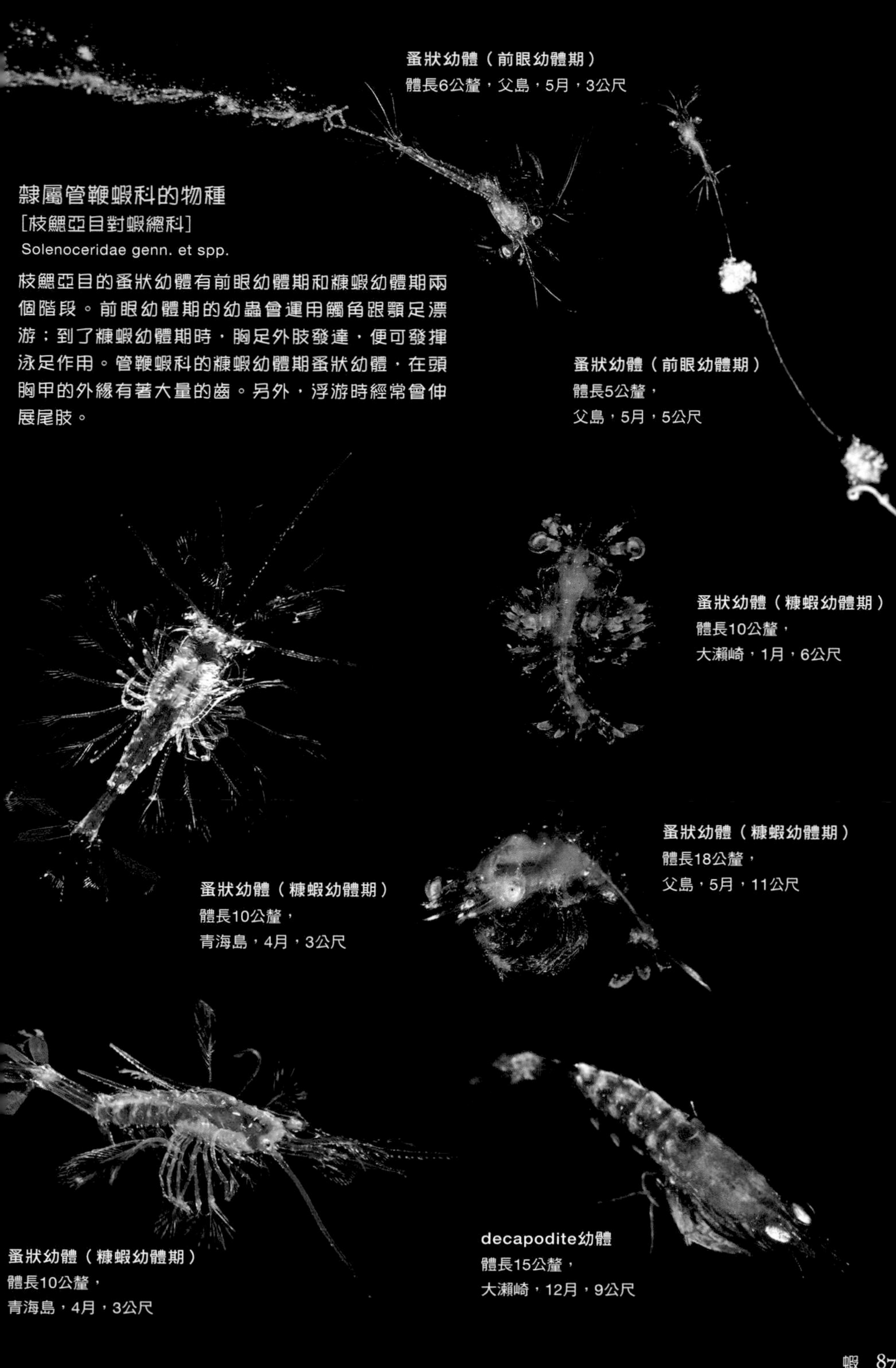

隸屬管鞭蝦科的物種

[枝鰓亞目對蝦總科]

Solenoceridae genn. et spp.

枝鰓亞目的蚤狀幼體有前眼幼體期和糠蝦幼體期兩個階段。前眼幼體期的幼蟲會運用觸角跟顎足漂游；到了糠蝦幼體期時，胸足外肢發達，便可發揮泳足作用。管鞭蝦科的糠蝦幼體期蚤狀幼體，在頭胸甲的外緣有著大量的齒。另外，浮游時經常會伸展尾肢。

蚤狀幼體（前眼幼體期）
體長6公釐，父島，5月，3公尺

蚤狀幼體（前眼幼體期）
體長5公釐，
父島，5月，5公尺

蚤狀幼體（糠蝦幼體期）
體長10公釐，
大瀨崎，1月，6公尺

蚤狀幼體（糠蝦幼體期）
體長18公釐，
父島，5月，11公尺

蚤狀幼體（糠蝦幼體期）
體長10公釐，
青海島，4月，3公尺

蚤狀幼體（糠蝦幼體期）
體長10公釐，
青海島，4月，3公尺

decapodite幼體
體長15公釐，
大瀨崎，12月，9公尺

隸屬櫻蝦屬的物種

[枝鰓亞目櫻蝦總科櫻蝦科]

Sergia spp.

成體。體型完全側扁，第二觸角的鞭狀部位長度超過體長的兩倍以上。櫻蝦科物種第二觸角的鞭狀部位中間彎折，彎折處前端細毛叢生。胸足上長著大量的長剛毛，會擺動發達的腹足游泳。有些品種在觸角或尾肢上有發光器。

體長15公釐，
大瀨崎，12月，1公尺

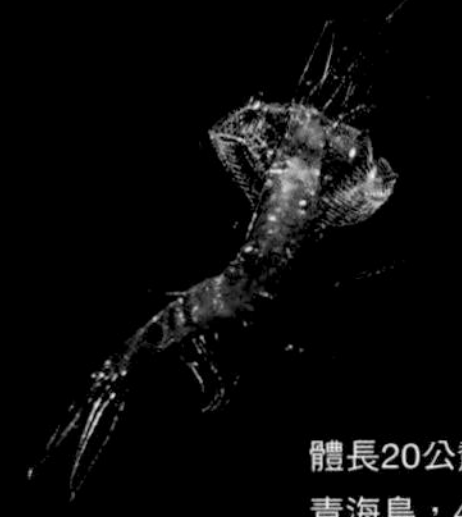

體長20公釐，
青海島，4月，3公尺

體長20公釐，
青海島，4月，4公尺

霞蝦屬未知種

[枝鰓亞目櫻蝦總科櫻蝦科]

Sergestes sp.

成體。雖然長得跟櫻蝦屬很像，但霞蝦屬的物種在頭胸甲的側面長有名為裴氏器（organs of Pesta）的發光器。像照片中這般，第三顎足明顯比胸足還長的物種，有*Sergestes sargassi*及尖額霞蝦（*S. armatus*）等等。

體長25公釐，父島，5月，3公尺

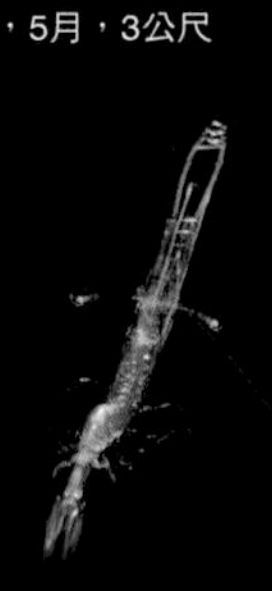

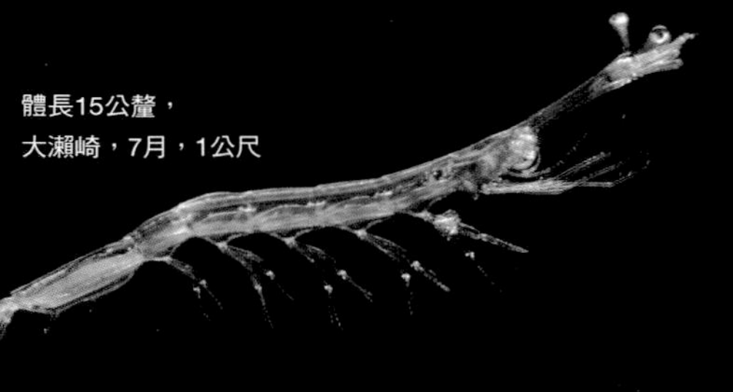
體長15公釐，
大瀨崎，7月，1公尺

隸屬瑩蝦科的物種

[枝鰓亞目櫻蝦總科]

Luciferidae genn. et spp.

成體。跟櫻蝦類一樣，幼體跟成體都過著浮游生活。雄性成體第六腹節的腹側上有明顯的刺。這些刺的外形和長度會依品種而異。如左圖所示，兩根刺長度相同是*Belzebub intermedius*的特色。

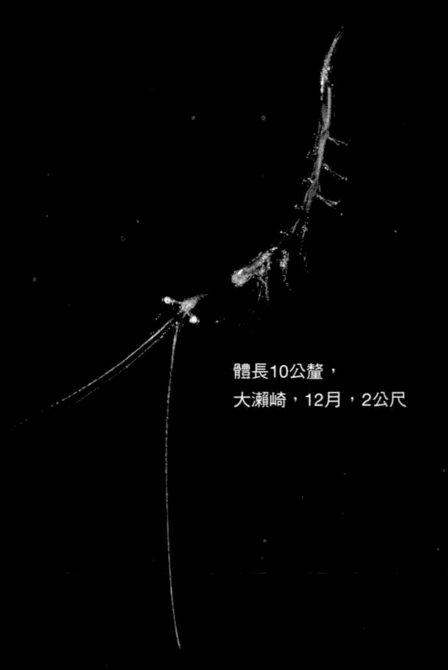
體長10公釐，
大瀨崎，12月，2公尺

體長15公釐，
大瀨崎，1月，6公尺

毛髮濃密的胸足是因何而生？

蝦類的足部大多有長毛，但櫻蝦類物種的胸足毛又特別明顯地多且長，還呈梳子狀排列。這是為什麼呢？其實，因為這些蝦子的主食是微粒狀浮游生物，但牠們無法如鯨鯊般一邊游泳、一邊吸入海水和浮游生物，於是櫻蝦類便會伸縮牠們的長毛胸足來收集體型微小的食物。再加上，一旦伸展胸足，對水的阻力就會增加，這樣一來即使身體靜止不動也不容易下沉。游動或逃走時，只要把胸足貼近身體，讓阻力變小就好。小小的櫻蝦類要靠微不足道的力量生存，大概就需要這些茂密長毛的胸足吧。（阿部秀樹）

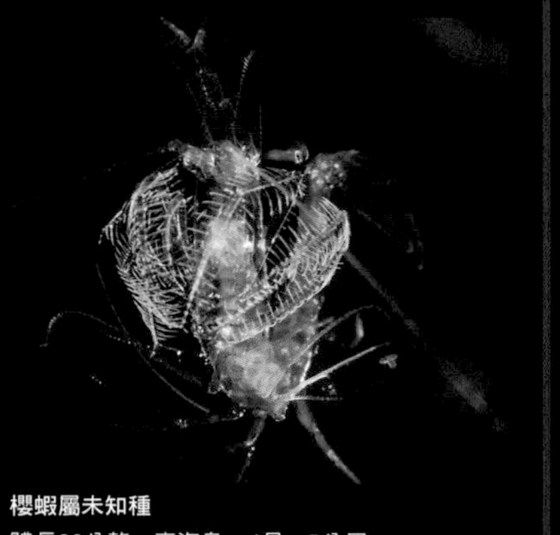
櫻蝦屬未知種
體長20公釐，青海島，4月，5公尺

綠長額蝦

[腹胚亞目真蝦下目長額蝦科]

Chlorotocus crassicornis

蚤狀幼體。目前已知長額蝦科的好幾個品種，幼生期時都會乘在水母等膠質浮游動物身上浮游。有時牠們會讓自己所搭乘的水母類面對潛水員，藏匿身形，此動作或許有躲避掠食者的意義存在。

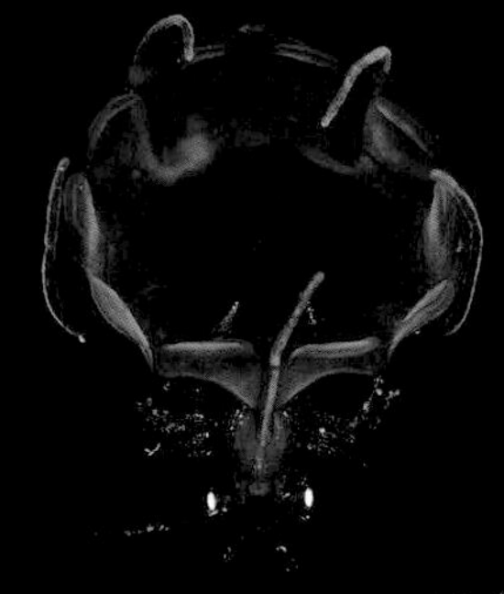

體長20公釐，青海島，5月，5公尺

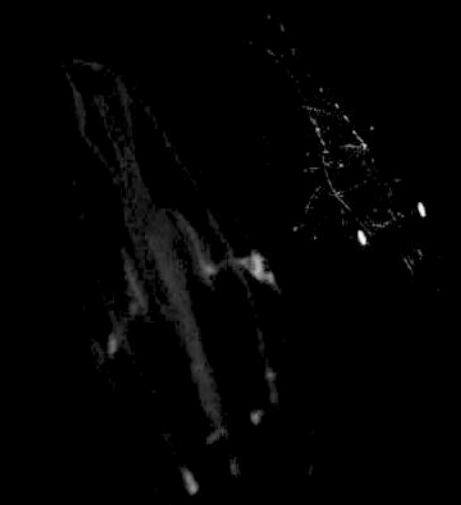

靠近水母*Lampea pancerina*的蚤狀幼體
體長15公釐，青海島，5月，5公尺

乘坐美螅屬水母的蚤狀幼體
體長18公釐，青海島，5月，5公尺

騎在水母*Aegina pentaner*上的蚤狀幼體
體長15公釐，青海島，4月，3公尺

隸屬鞭腕蝦科的物種

[腹胚亞目真蝦下目]

Lysmatidae genn. et spp.

蚤狀幼體。第五胸足的前端會隨著發育而逐漸變大，最後成長為棍棒狀。棍棒的大小、外形會依品種或發育階段而長得五花八門。肥大化第五胸足的用處有諸多說法，像是迴避掠食者或獵捕食物之類的；不過其作用目前尚未得到證實。

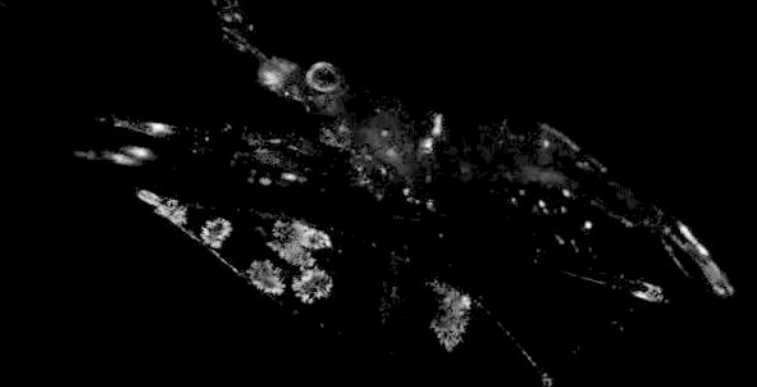

體長10公釐，八丈島，11月，9公尺

體長12公釐，獅子濱，10月，14公尺

體長10公釐，大瀨崎，10月，3公尺

體長11公釐，八丈島，11月，10公尺

藻蝦科未知種[腹胚亞目真蝦下目]
Hippolytidae gen. et sp.

蚤狀幼體。纖細的軀幹上有著長長的眼柄，這一點與鞭腕蝦科的蚤狀幼體很像，不過藻蝦科蚤狀幼體的第五胸足前端並不肥大。下方照片的蚤狀幼體有著發達的腹足，可視為牠正處於將要變態成decapodite幼體前不久。

體長9公釐，
大瀨崎，12月，6公尺

體長8公釐，
大瀨崎，12月，5公尺

異蝦
[腹胚亞目真蝦下目]
Amphionides reynaudii

幼生。身體扁平，胸部比腹部更長。胸足外肢會如拍動翅膀般游動。第二觸角的長度超過體長的兩倍以上。全球熱帶海域都能找到牠的蹤跡。雖然大多是在100公尺以內的海洋表層裡採集到牠，但牠主要棲息於200～500公尺深的區域。被證實在日本沿岸出沒的案例非常珍稀。

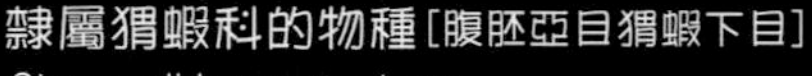

體長27公釐，大瀨崎，4月，1公尺

隸屬猬蝦科的物種[腹胚亞目猬蝦下目]
Stenopodidea genn. et spp.

decapodite幼體。第一到第三胸足的前端發達，呈剪刀狀，外觀與成體頗為相似。腹部第三腹節附近有些微彎，這是蚤狀幼體殘留的痕跡。猬蝦科和儷蝦科身上各自都有短短的背棘，猬蝦科在第三腹節，而儷蝦科則在第三至第五腹節。

體長28公釐，
沖永良部島，
3月，11公尺

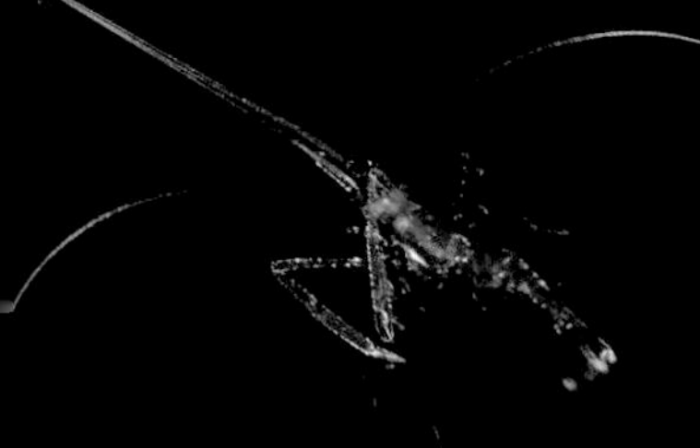

體長17公釐，
沖永良部島，11月，6公尺

龍蝦與蟬蝦

節肢動物門甲殼亞門軟甲綱十足目無螯下目的蚤狀幼體和後期幼體（postlarva）。蚤狀幼體也叫「葉狀幼體」（phyllosoma），意思是「像葉子一樣的身體」。此外，後期幼體也稱為「puerulus幼體（龍蝦科）」或「nisto幼體（蟬蝦科）」。

日本龍蝦［龍蝦科］

Panulirus japonicus

puerulus幼體。外觀跟稚蝦幾乎一模一樣，但是是透明的，也不吃食物。葉狀幼體在遠洋變態成puerulus幼體，然後用腹足游泳移動到岸邊。在藻場沉降，並蛻皮變成稚蝦。

體長27公釐，大瀨崎，10月，4公尺

剛從puerulus幼體蛻皮後的稚蝦

體長30公釐，大瀨崎，10月，7公尺

剛沉降海底的puerulus幼體

體長28公釐，大瀨崎，10月，水深8公尺

成體

體長25公分，大瀨崎，6月，水深8公尺

毛緣扇蝦［蟬蝦科］

Ibacus ciliatus

葉狀幼體。頭甲後緣未彎入，背後的隆起線上有10～11齒。身為近緣種的九齒扇蝦（*I. novemdentatus*），其葉狀幼體的頭甲後緣會明顯地彎進去，背後的隆起線上則有7～9齒。

頭甲寬35公釐，青海島，5月，8公尺

頭甲寬40公釐，青海島，5月，8公尺

頭甲寬35公釐，青海島，5月，8公尺

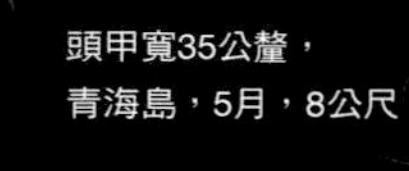

頭甲寬35公釐，青海島，5月，8公尺

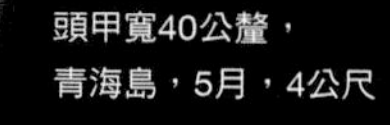

頭甲寬40公釐，青海島，5月，4公尺

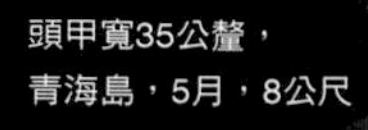

頭甲寬35公釐，青海島，5月，8公尺

扇蝦屬未知種［蟬蝦科］

Ibacus sp.

葉狀幼體。本屬葉狀幼體的特徵是：等到發育後期，頭甲會稍微向腹側彎曲成圓。在沿海地區可觀察到的葉狀幼體中本種屬於大型體型，經常會乘坐各式各樣的膠質浮游動物漂流移動，主要以水母（p.38）為中心。若要鑑定種別，必須看看頭甲背側的後緣才行（p.93）。

頭甲寬35公釐，青海島，5月，8公尺

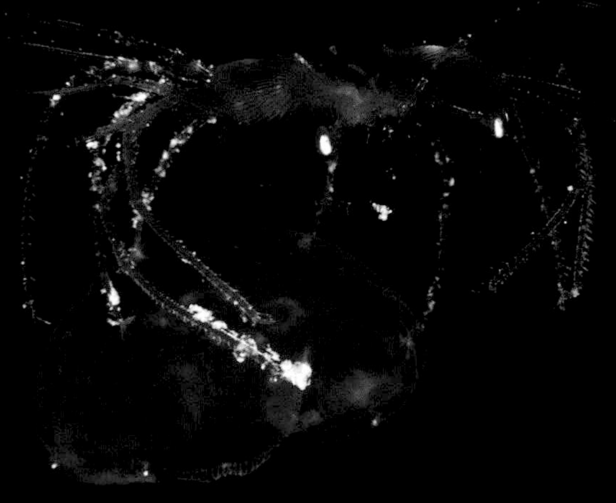

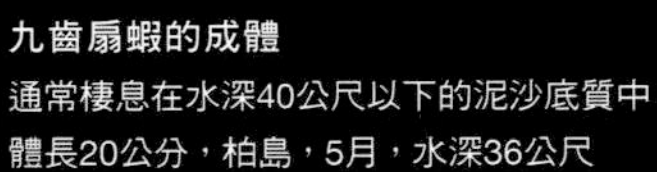

九齒扇蝦的成體

通常棲息在水深40公尺以下的泥沙底質中

體長20公分，柏島，5月，水深36公尺

日本岩礁扇蝦［蟬蝦科］

Parribacus japonicus

nisto幼體。本種的nisto幼體、稚蝦及成體在第二觸角的側緣有5顆大齒。近緣種的南極岩礁扇蝦（*P. antarcticus*）則公認有6齒。本屬的葉狀幼體跟nisto幼體是龍蝦和蟬蝦類裡頭體型最大的。

體長80公釐，大瀨崎，3月，6公尺

擬蟬蝦屬未知種 [蟬蝦科]

Scyllarides sp.

nisto幼體。腹部的背側後方有明顯的棘刺。體型不像前種那麼大，最大體長也只有50公釐左右。剛變態的nisto幼體是透明的，隨著時間推移會慢慢變得不透明。本屬nisto幼體的相關資訊極為稀少，所以這張生態照片相當珍貴。

體長35公釐，父島，5月，8公尺

短角硬甲蟬蝦 [蟬蝦科]

Petrarctus brevicornis

葉狀幼體。全身到處都是深橘色的色素細胞。按照潛水員提供的情報與DNA分析證實此生物屬於本種。潛水員跟研究者合作所帶來的新發現著實不少。

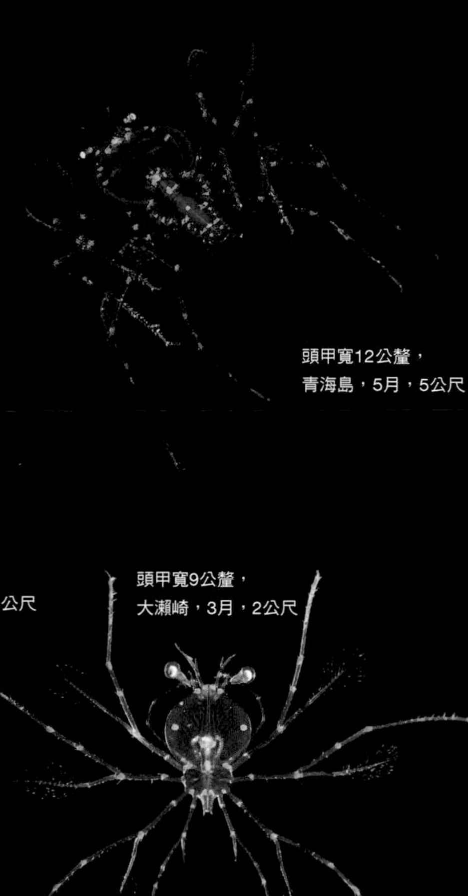

頭甲寬12公釐，
青海島，5月，5公尺

頭甲寬10公釐，
青海島，5月，3公尺

頭甲寬9公釐，
大瀨崎，3月，2公尺

頭甲寬7公釐，
青海島，5月，3公尺

馬氏艾蟬蝦
[蟬蝦科]
Eduarctus martensii

葉狀幼體。尾肢後端尖銳。本種的成體體長約20公釐，是世界上最小的蟬蝦類。葉狀幼體也很微小，就算長大，體長也只有10公釐左右。牠會搭著小型的水螅蟲類（p.40）或櫛水母類（p.50）的幼體浮游移動。

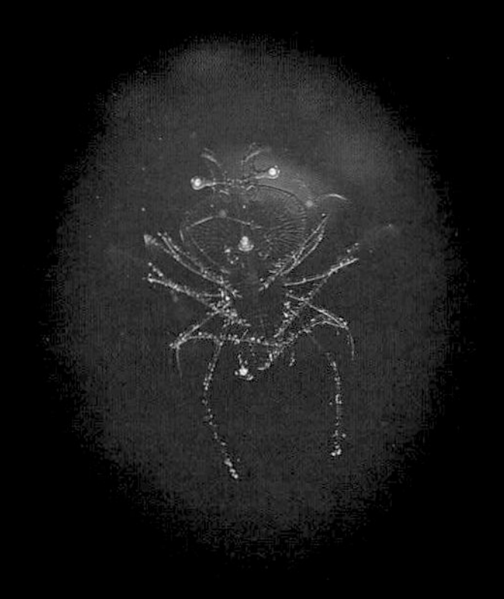

頭甲寬10公釐，島根沖泊，6月，3公尺

頭甲寬10公釐，青海島，5月，7公尺

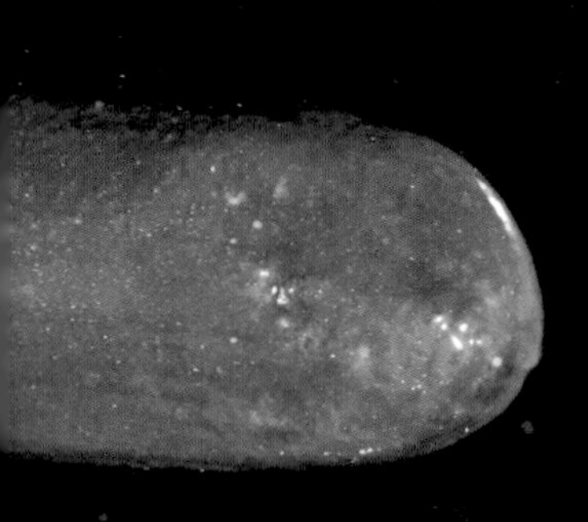

頭甲寬7公釐，青海島，10月，4公尺
（可看出牠與潛水員的手指比起來十分嬌小）

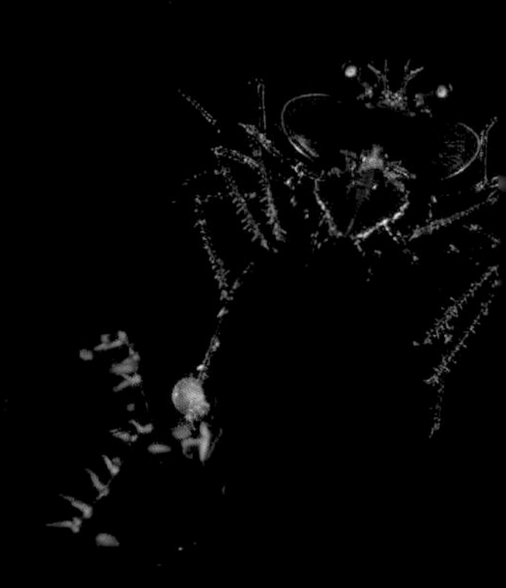

頭甲寬9公釐，青海島，5月，8公尺

雙葉姬蟬蝦[蟬蝦科]
Crenarctus bicuspidatus

葉狀幼體。第二觸角的外肢尖端朝向前方。尾柄略比尾肢長一些，生有兩根側棘。複紋螯蟬蝦（*Chelarctus virgosus*）身上的第二觸角外肢尖端是面朝側邊，三斑盔突蟬蝦（*Galearctus kitanoviriosus*）則是尾柄比尾肢還短。

頭甲寬10公釐，大瀨崎，3月，5公尺

隸屬蟬蝦亞科的物種

[蟬蝦科]

Scyllarinae genn. et spp.

有12種蟬蝦亞科的物種棲息在日本周圍海域，然而初期生活史清楚明白的僅有數種。尤其初期到中期的葉狀幼體實在太過酷似其他物種，所以用照片來判斷種別極為困難。

頭甲寬8公釐，大瀨崎，11月，11公尺

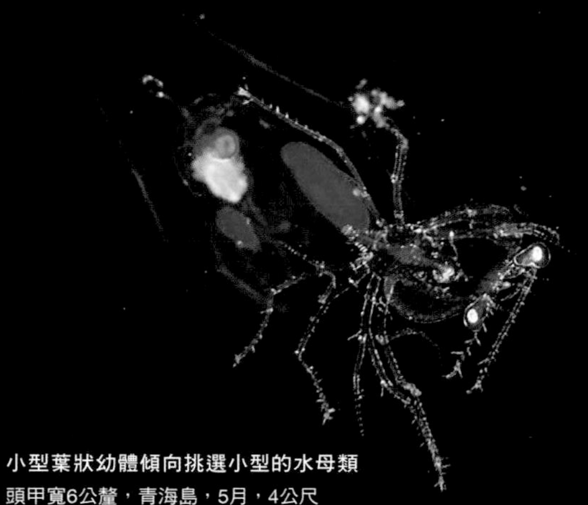

小型葉狀幼體傾向挑選小型的水母類

頭甲寬6公釐，青海島，5月，4公尺

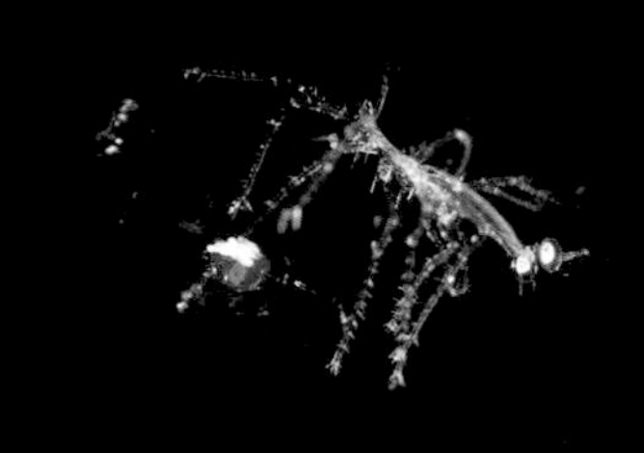

大部分的葉狀幼體身體都極為扁平

頭甲寬7公釐，青海島，5月，7公尺

剛孵化出來的葉狀幼體沒有眼柄

頭甲寬2公釐，大瀨崎，5月，0.5公尺

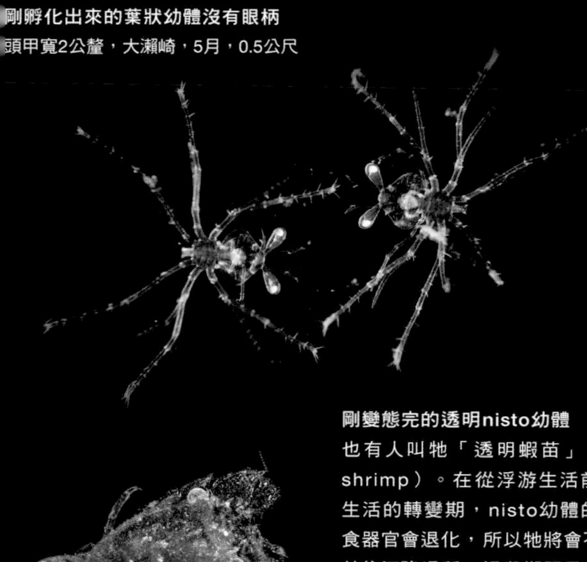

體長12公釐，大瀨崎，11月，3公尺

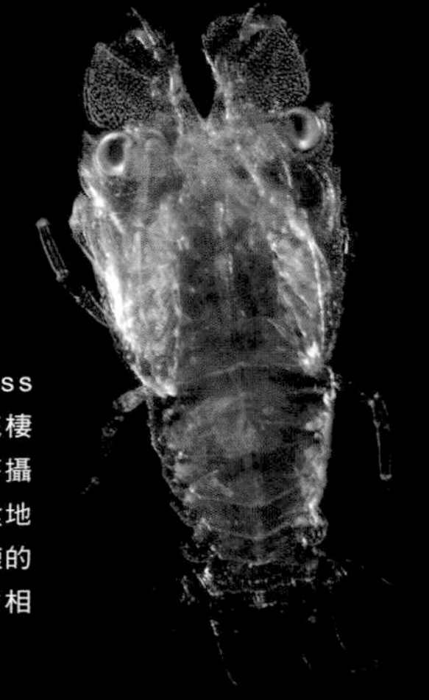

剛變態完的透明nisto幼體

也有人叫牠「透明蝦苗」（glass shrimp）。在從浮游生活前往底棲生活的轉變期，nisto幼體的顎等攝食器官會退化，所以牠將會不進食地前往沉降場所。這段期間只有短短的1～2週，能在海中觀察到的機會相當罕見。

體長10公釐，周防大島，11月，10公尺

寄居蟹與鎧甲蝦

節肢動物門甲殼亞門軟甲綱十足目異尾下目的蚤狀幼體和後期幼體。異尾類包括寄居蟹類、鎧甲蝦類與瓷蟹類等等。

隸屬寄居蟹上科的物種

Paguroidea

後期幼體。寄居蟹類的後期幼體又稱「寄居蟹後期幼體」（glaucothoe）。寄居蟹後期幼體的形態與成體相似。如果左右螯肢大小相等或左螯較大，便是活額寄居蟹科，右螯較大時則可能是寄居蟹科或擬寄居蟹科。寄居蟹類蚤狀幼體的頭胸甲前後較長，不會長成像螃蟹類的蚤狀幼體那種球形。

體長3公釐，
青海島，5月，8公尺

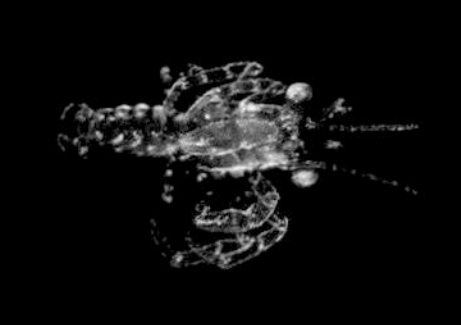

體長3公釐，
大瀨崎，3月，5公尺

體長6公釐，
大瀨崎，3月，7公尺

體長6公釐，
青海島，5月，7公尺

奧氏長眼寄居蟹（*Paguristes ortmanni*）的成體

左右螯肢大小幾乎相等，屬活額寄居蟹科（Diogenidae）

頭胸甲寬5公釐，大瀨崎，5月，12公尺

隸屬鎧甲蝦科的物種

[鎧甲蝦總科]

Galatheidae genn. et spp.

鎧甲蝦科與刺鎧蝦科的蚤狀幼體，其頭胸甲的後緣上會有鋸子狀的小小齒列，所以能跟寄居蟹類的蚤狀幼體區分開來。鎧甲蝦總科的後期幼體又名「大眼幼體」（**megalopa**），外觀頗似成體。本科大眼幼體的額棘很寬，呈三叉形。

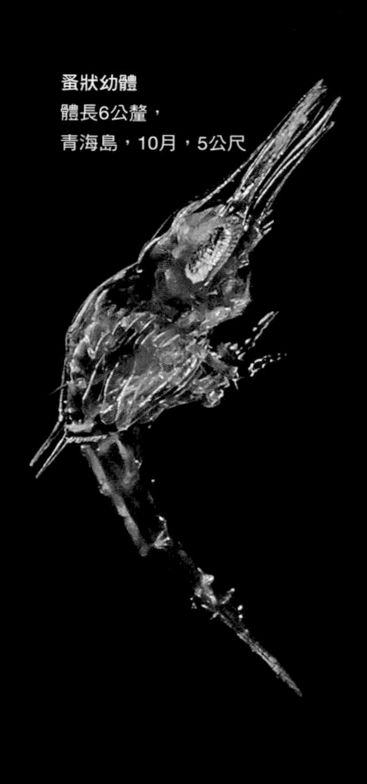

蚤狀幼體
體長6公釐，
青海島，10月，5公尺

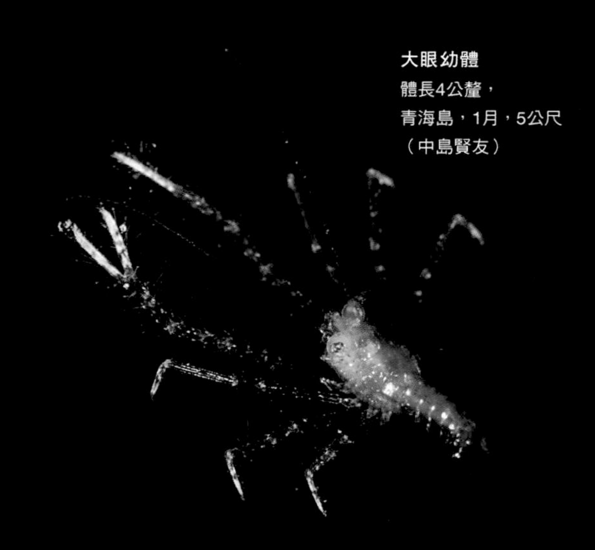

大眼幼體
體長4公釐，
青海島，1月，5公尺
（中島賢友）

刺鎧蝦科未知種

[鎧甲蝦總科]

Munididae gen. et sp.

本科與鎧甲蝦科的蚤狀幼體彼此酷似，很難分辨。不過另一方面，兩者的大眼幼體身上的額棘外形便十分不同；刺鎧蝦科具備不分岔的纖細額棘，且兩側有短棘。照片上的蚤狀幼體後來變態成如右圖的大眼幼體，因此得以明確判斷為本科物種。

大眼幼體
體長7公釐，
父島，5月，8公尺

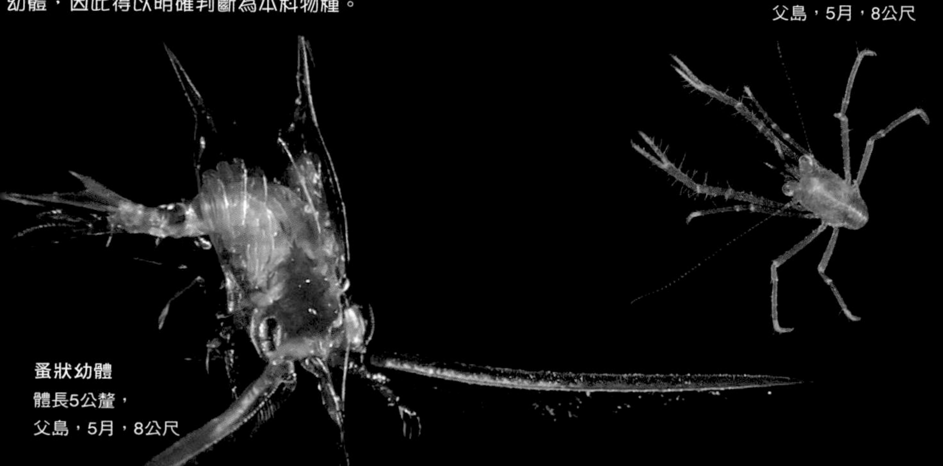

蚤狀幼體
體長5公釐，
父島，5月，8公尺

體長4公釐，
大瀨崎，9月，6公尺

隸屬瓷蟹科的物種

[鎧甲蝦總科]

Porcellanidae genn. et spp.

蚤狀幼體。儘管身體細小，卻有著可長到體長3倍長的明顯額棘。偶爾會與關公蟹科那種長額棘的蟹類蚤狀幼體搞混，不過因為瓷蟹類蚤狀幼體的頭胸甲後面有兩根後側棘，故可藉此加以辨別。其長度依品種或發育階段而各有不同。尾柄呈扇形，後緣則有複數長剛毛。

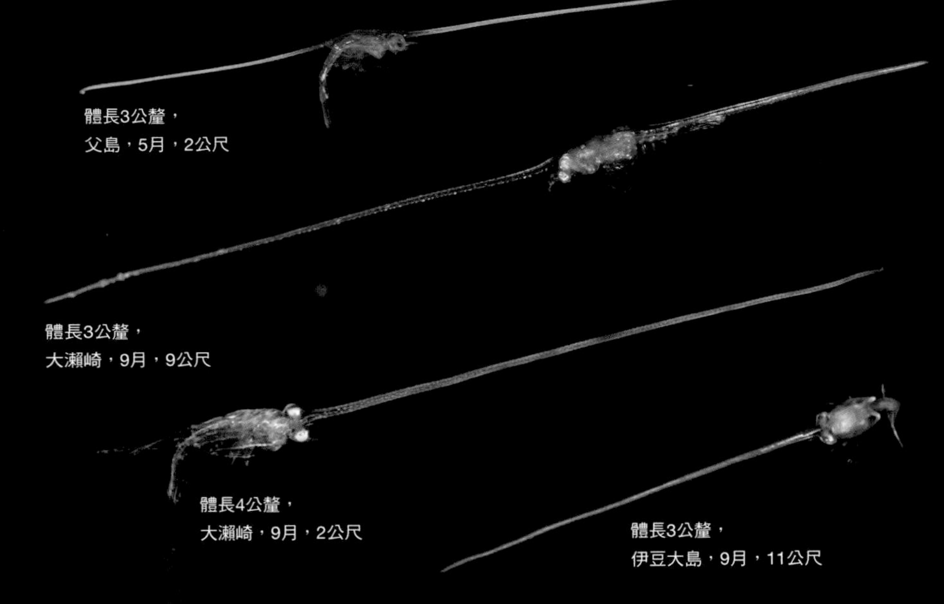

體長3公釐，
父島，5月，2公尺

體長3公釐，
大瀨崎，9月，9公尺

體長4公釐，
大瀨崎，9月，2公尺

體長3公釐，
伊豆大島，9月，11公尺

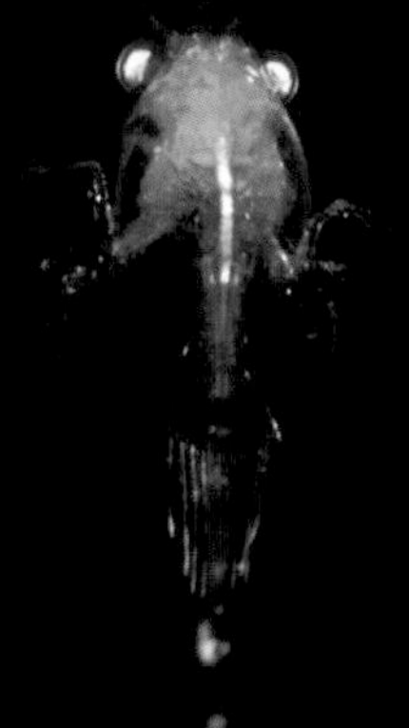

體長5公釐，
青海島，5月，7公尺

剛蛻皮的三葉小瓷蟹（*Porcellanella triloba*）成體

頭胸甲寬6公釐，千本濱，11月，水深16公尺

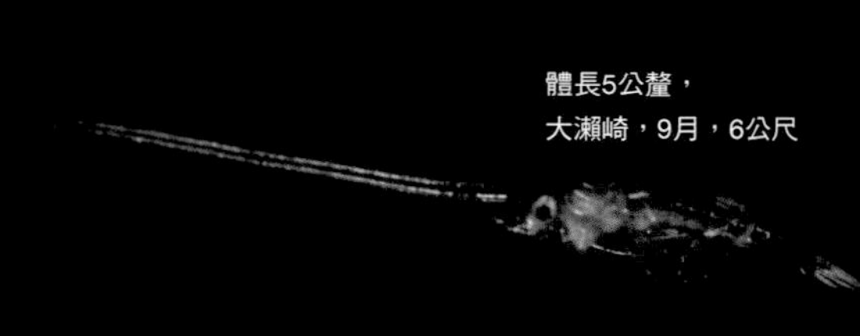

體長5公釐，
大瀨崎，9月，6公尺

隸屬蟬蟹科的物種 [蟬蟹總科]

Hippidae genn. et spp.

蚤狀幼體。相較於寄居蟹或鎧甲蝦類的蚤狀幼體來說，屬於大型個體。頭胸甲上有*1*根額棘和**2**根側棘，每根都又粗又短。尾柄寬大，為其後緣劃出一道柔緩的弧度。

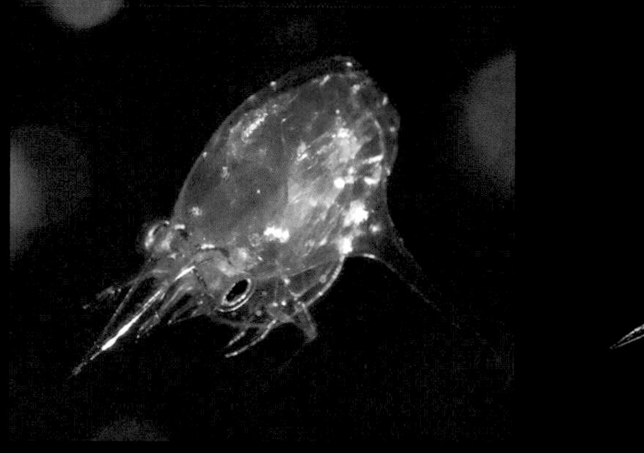

體長8公釐，大瀨崎，9月，7公尺

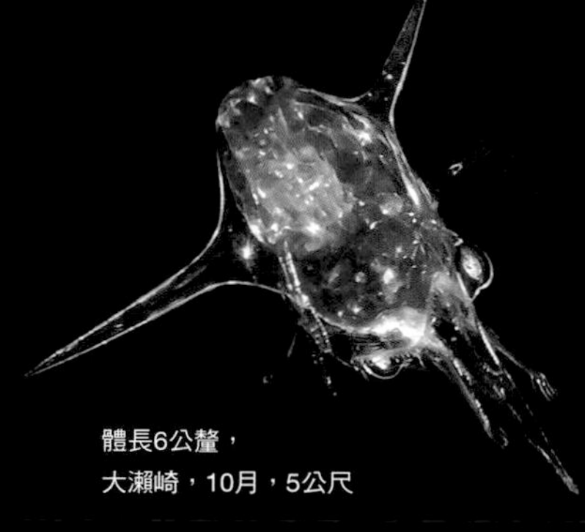

體長6公釐，
大瀨崎，10月，5公尺

蝦蟹們的魔術秀

不管是幼體還是成體，蝦、蟹及貝類大多都有堅硬的外殼保護他們的身體。貝類的殼會伴隨身體成長一起逐漸變大，其殼體是終生的。與之相對，蝦蟹的殼則是會隨著軀體成長而慢慢脫落。牠們會在舊殼內側準備新的殼，等到那一天到來，就一次蛻殼完畢，並在當下與舊殼說再見。就像左頁的三葉小瓷蟹一樣，離開蛻殼的場所，不再回頭。

蝦蟹所展現的終極蛻殼行為，是在幼生變成後期幼體的階段，即變態的時候。雖說跟一般的蛻皮一樣是褪掉並捨棄外殼，不過從中破殼而出的身體形態變化甚大，感覺甚至完全變成了別的生物。這樣的魔術秀，每晚都在海中不斷上演。那究竟藏有什麼樣的機關或戲法呢？我想，這個謎團總有一天會解開。（若林香織）

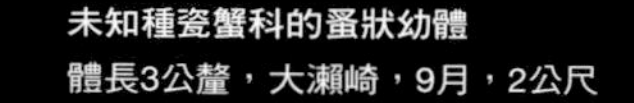

未知種瓷蟹科的蚤狀幼體
體長3公釐，大瀨崎，9月，2公尺

蟹

節肢動物門甲殼亞門軟甲綱十足目短尾下目的蚤狀幼體與後期幼體。後期幼體又名「大眼幼體」。蟹類在世上已發現約7,000種，其物種數量大概相當於整個十足目的一半。成體自然形態各異，其蚤狀幼體的外型也是五花八門。

隸屬蛛形蟹科的物種［人面蟹總科］

Latreilliidae genn. et spp.

大眼幼體。頭胸甲前有左右1對的長角突起，背側則有一根明顯的棘刺。蟹類的大眼幼體會擺動發達的腹足游泳。這時牠們會將胸足折收起來緊貼頭胸甲，藉以降低游泳時的阻力。

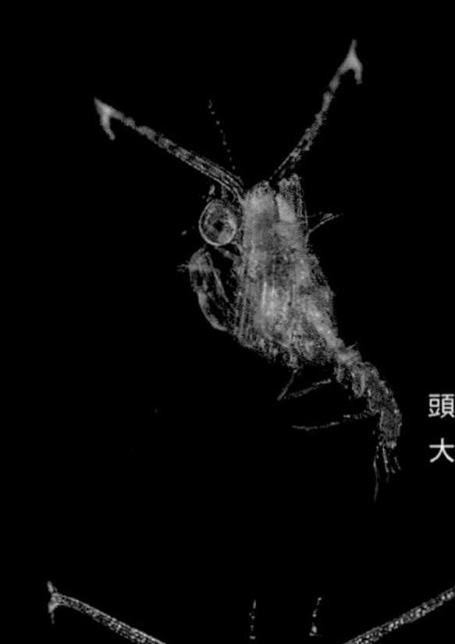

頭胸甲寬3公釐，
大瀨崎，1月，5

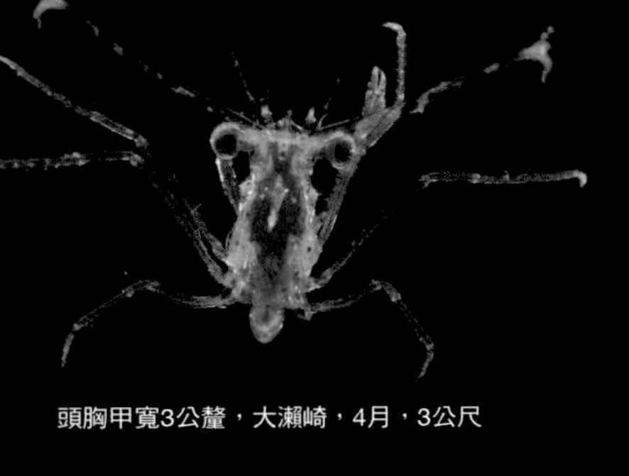

頭胸甲寬3公釐，大瀨崎，4月，3公尺

頭胸甲寬3公釐，
大瀨崎，12月，5公尺

蛛形蟹的小型個體
頭胸甲寬5公釐，大瀨崎，水深20公尺

真蛙蟹

[蛙蟹總科蛙蟹科]

Ranina ranina

蚤狀幼體。額棘與背棘分別位於前後，呈一直線延伸。雖說這是蟹類常見的外觀，但本科的蚤狀幼體具有寬三角形的尾柄，因此很容易區分。

體長7公釐，大瀨崎，10月，2公尺

隸屬琵琶蟹屬的物種

[蛙蟹總科蛙蟹科]

Lyreidus spp.

蚤狀幼體。背棘筆直地延伸出去，近乎垂直；側棘則是彎成圓潤直角。背棘跟側棘的前端偶爾會呈球狀鼓起，說不定是因品種而產生的差異。與前種相同，尾柄是寬三角形。在蟹類蚤狀幼體中體型較大，水中觀察很容易。

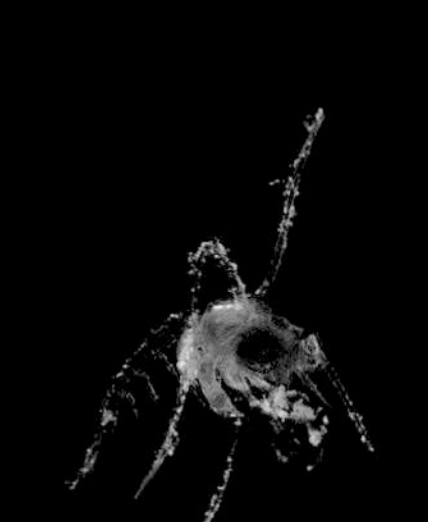

體長9公釐，
青海島，5月，5公尺

體長8公釐，
大瀨崎，3月，1公尺

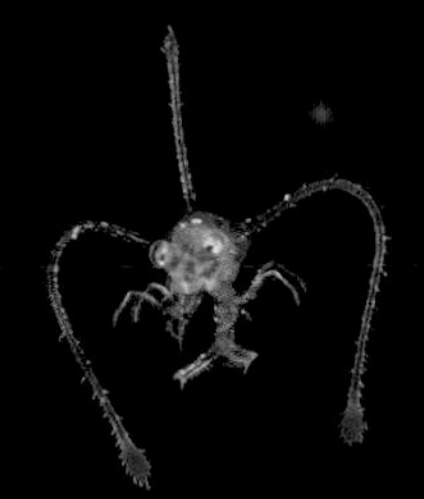

體長6公釐，
青海島，5月，5公尺

體長8公釐，青海島，5月，5公尺

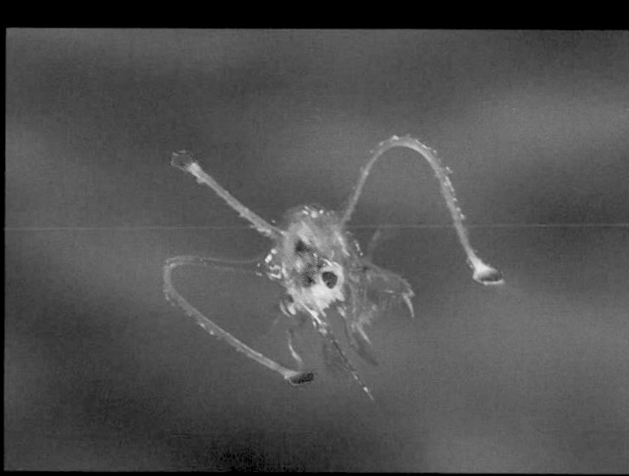

體長8公釐，青海島，5月，6公尺

蛙蟹科未知種[蛙蟹總科]

Raninidae gen. et sp.

大眼幼體。頭胸甲的寬度比長度短，整體有點圓圓的。蛙蟹類額棘不尖，頭胸甲的表面光滑；但三齒琵琶蟹（*L. tridentatus*）卻具備尖銳的額棘，而且頭胸甲上還有顆粒狀的突起。

頭胸甲寬4公釐，大瀨崎，3月，1公尺

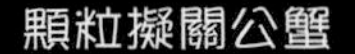

顆粒擬關公蟹

[關公蟹總科關公蟹科]

Paradorippe granulata

在本種或同科的中華關公蟹（*Dorrippe sinica*）身上，可看到額棘跟背棘分別位於前後，呈一直線延伸，身體則位於兩者間的正中央。黃色色素點狀排列在本種蚤狀幼體的背棘前端。大眼幼體的腹部跟頭胸甲對比之下顯得格外嬌小，一般認為牠在沉降海底前幾乎沒游過泳。

蚤狀幼體

體長7公釐，
大瀨崎，12月，7公尺

蚤狀幼體的蛻殼

大眼幼體（左下個體蛻殼後）

頭胸甲寬4公釐，大瀨崎，
10月，7公尺

四額蟹科未知種❶

[關公蟹總科]

Ethusidae gen. et sp.1

蚤狀幼體。關公蟹總科由本科及關公蟹科組成，其蚤狀幼體有明顯的逆V形長尾叉，尾叉內側長有一對細剛毛。至今為止觀察到的四額蟹科蚤狀幼體都有側棘，而關公蟹科的蚤狀幼體則無。

體長10公釐，青海島，5月，6公尺

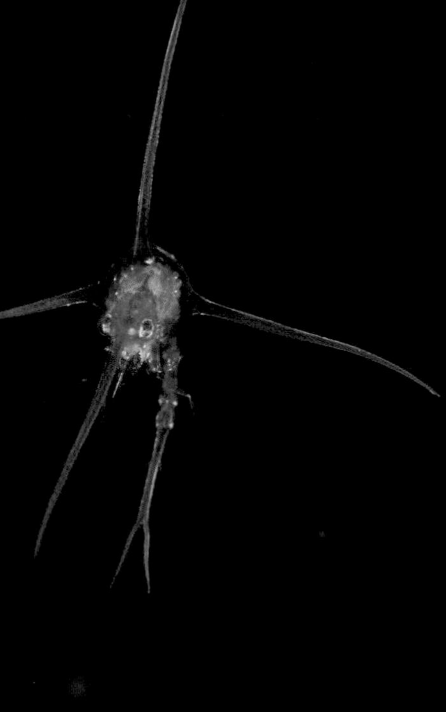

四額蟹科未知種❷

[關公蟹總科]

Ethusidae gen. et sp. 2

蚤狀幼體。本種跟關公蟹科一樣有前後一直線的長額棘加背棘，不過因為頭胸甲左右有短側棘，所以可判斷牠屬於四額蟹科。長長的腹部前後彎曲，能用尾叉碰觸全身上下任何部位。

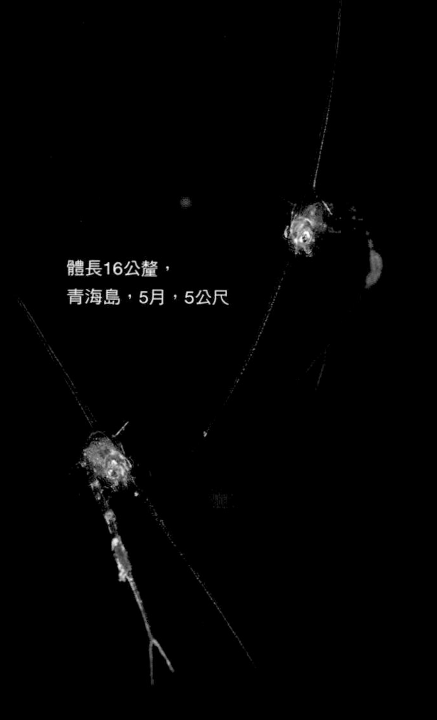

體長16公釐，
青海島，5月，5公尺

體長20公釐，
青海島，5月，7公尺

玉蟹科未知種[玉蟹總科]

Leucosiidae gen. et sp.

蚤狀幼體。頭胸甲前有額棘，背側有背棘，左右則有側棘，各自均衡生長；外形看起來像是一個四角消波塊，也有的品種是完全沒長這些棘刺的光頭蚤狀幼體。尾柄三角形不分岔是本科蚤狀幼體的共同特徵。

體長3公釐，青海島，10月，9公尺

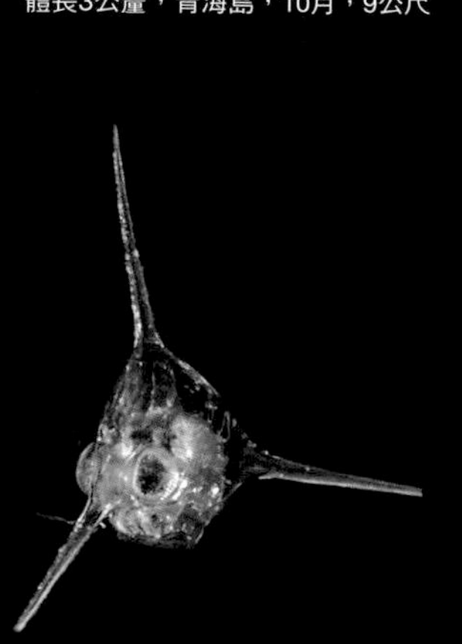

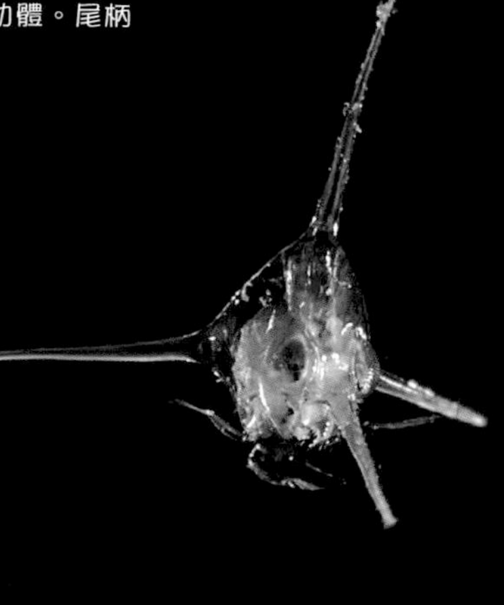

蚤狀幼體
體長4公釐，竹野，5月，8公尺

膜殼蟹科未知種［膜殼蟹總科］

Hymenosomatidae gen. et sp.

現今已知本科的蚤狀幼體不會經歷大眼幼體期，而是直接變態成稚蟹。照片中的蚤狀幼體有著長長的額棘與背棘，這些棘刺彷彿要包圍身體前後般彎曲成弓形。在本科裡面，頭胸甲沒有棘刺的光頭蚤狀幼體也不在少數。

蚤狀幼體
體長3公釐，青海島，5月，4公尺

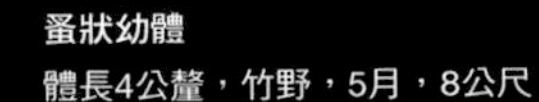

蚤狀幼體
體長4公釐，竹野，5月，8公尺

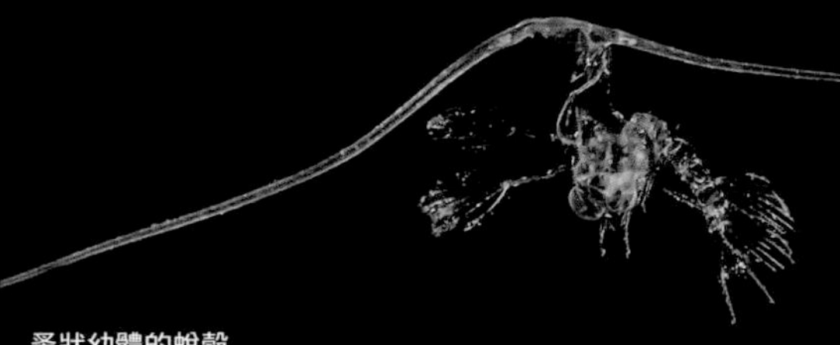

蚤狀幼體的蛻殼

稚蟹（左邊個體蛻殼後）
頭胸甲寬4公釐，青海島，10月，5公

隸屬豆蟹科的物種

［豆蟹總科］

Pinnotheridae genn. et spp.

豆蟹科為蚤狀幼體外形種類最多的一個階層。如圖所示，有長得跟玉蟹科蚤狀幼體非常像的物種，也有側棘短或光頭無棘的物種。尾柄兩邊分岔，或是呈三葉形。

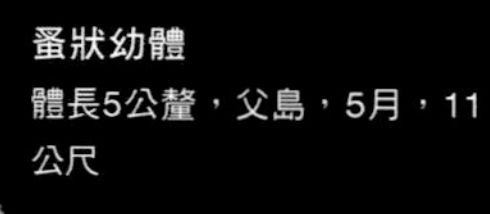

蚤狀幼體
體長5公釐，父島，5月，11公尺

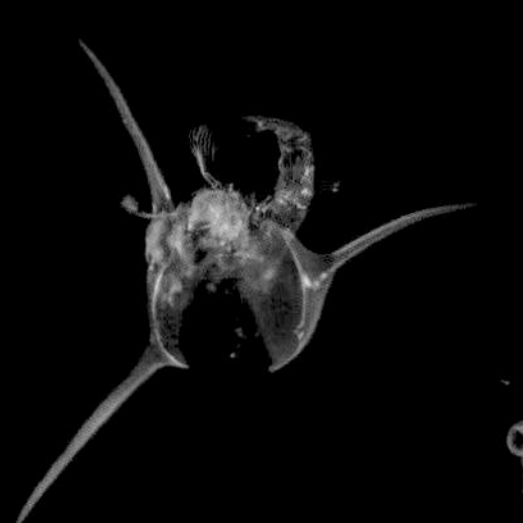

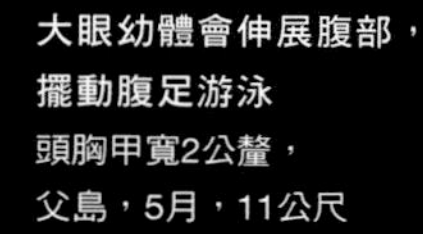

大眼幼體會伸展腹部，擺動腹足游泳
頭胸甲寬2公釐，父島，5月，11公尺

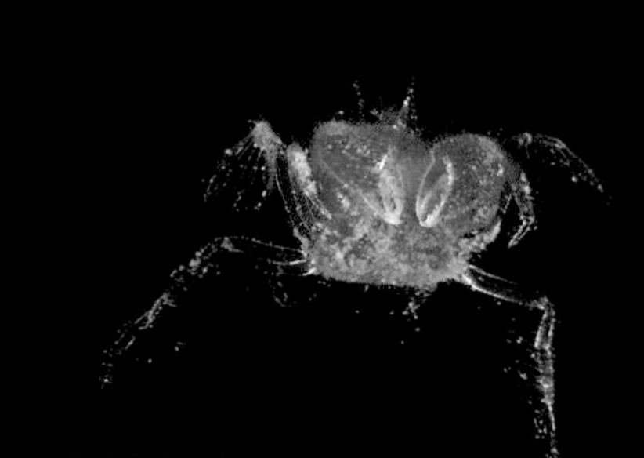

稚蟹的腹部折疊得像黏在胸部一樣
頭胸甲寬4公釐，大瀨崎，1月，4公尺

棘刺的作用是什麼?

棘刺是蟹類蚤狀幼體身上最令人興奮的特徵之一。前後長長突出的棘，向三或四個方向伸展的棘，這副簡直令人聯想到恐龍的模樣，不論大人小孩都會為之傾倒。有一次，前後有棘的蚤狀幼體聚集在我們的集魚燈光芒下，牠們的身體大小雖然約在3公釐左右，但棘的長度竟有30公釐之長。正當我架好相機看著取景器想拍下牠的前一秒，一隻全長50～60公釐的魚正張開大嘴朝著那隻蚤狀幼體衝了過去。然而，那條魚在接近蚤狀幼體的幾公分前突然改變方向，轉而搜尋起其他獵物。對於嘴巴不大的掠食者來說，長著超長棘刺的獵物肯定很難吃進去。這是沒有任何抵抗能力，也沒辦法快速逃脫的蚤狀幼體所持有的頂尖「威懾力」。

（阿部秀樹）

真蛙蟹的蚤狀幼體
體長7公釐，大瀨崎，10月，2公尺

隸屬盾牌蟹屬的物種

[方蟹總科盾牌蟹科]

Percnon spp.

額棘與背棘呈直線延伸，旁有側棘。這項特色與四額蟹科共通，不過本科的蚤狀幼體在尾叉內側有**3**對剛毛。大眼幼體的胸足粗壯發達，頭胸甲前端有三根明顯的棘刺。

蚤狀幼體
體長4公釐，
父島，5月，2公尺

蚤狀幼體
體長4公釐，
父島，5月，2公尺

大眼幼體
頭胸甲寬4公釐，
大瀨崎，11月，1公尺

隸屬斜紋蟹科的物種

[方蟹總科]

Plagusiidae genn. et spp.

蚤狀幼體。頭胸甲上的額棘、背棘跟側棘各自以絕佳的協調感延伸出去。腹部較寬，中央部上的各腹節有側突。依品種不同而有不同的體色，除了照片這樣的紅色蚤狀幼體外，還有身負深綠色色素細胞的蚤狀幼體。

體長5公釐，大瀨崎，10月，1公尺

體長5公釐，兄島，5月，10公尺

隸屬短尾下目的物種

Brachyura

除了至今介紹的那些物種以外，在拍攝過程中還觀察到頭胸甲上全部長著棘刺的蚤狀幼體、僅有背棘超長的蚤狀幼體，以及像描繪一朵花的花瓣般折疊胸足的大眼幼體等等。生活史或幼生形態尚未明瞭的蟹類仍為數眾多，等到未來其全貌清楚展現人前時，說不定就能對牠們多樣化的外形和神奇的生態有更深一層的理解。

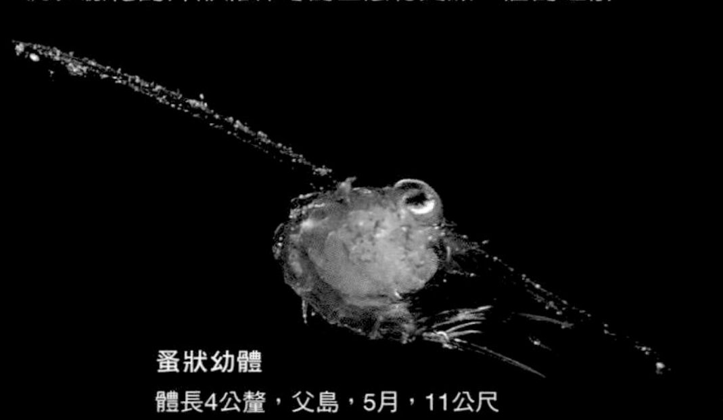

蚤狀幼體

體長4公釐，父島，5月，11公尺

蚤狀幼體

體長5公釐，兄島，5月，10公尺

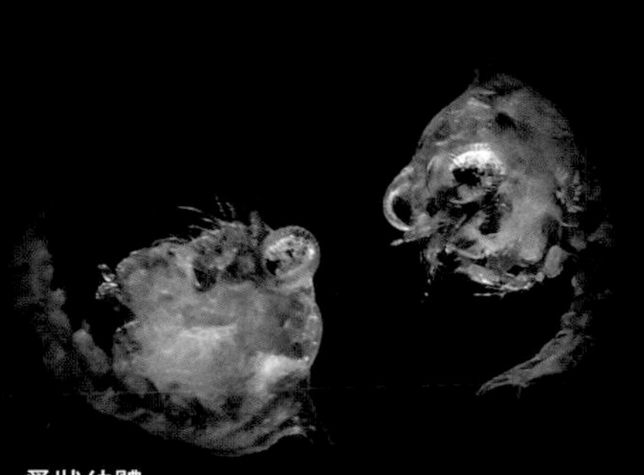

蚤狀幼體

體長3公釐，大瀨崎，3月，5公尺

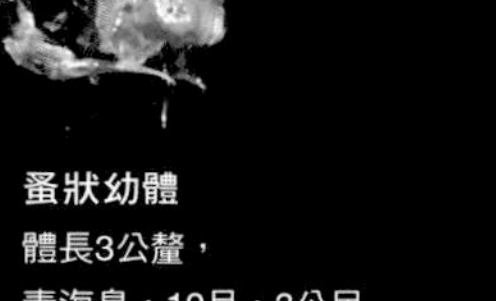

蚤狀幼體

體長3公釐，
青海島，10月，3公尺

大眼幼體

頭胸甲寬4公釐，
青海島，5月，3公尺

蚤狀幼體

體長4公釐，青海島，10月，6公尺

大眼幼體

頭胸甲寬2公釐，
青海島，10月，2公尺

蝦蛄

節肢動物門甲殼亞門軟甲綱口足目的浮游幼生和後期幼體。第二顎足巨大發達，呈鐮刀狀。這隻鐮足是蝦蛄類最顯眼的特徵，不只成體有，連孵化後只蛻殼一次或數次的年輕幼體也天生具備。

琴蝦蛄總科未知種

Lysiosquilloidea

幼體。腹尾節很寬，中間刺只有一根。琴蝦蛄總科包括琴蝦蛄科與矮蝦蛄科。目前只知道幾種琴蝦蛄科的後期幼體，生態寫真也很少。頭胸甲像氣球一樣膨脹的幼生也是已知物種。

體長20公釐，大瀨崎，12月，9公尺

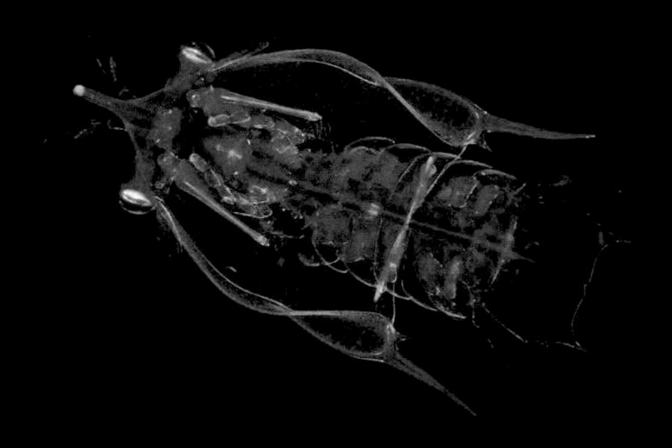

口蝦蛄［蝦蛄總科蝦蛄科］

Oratosquilla oratoria

這是日本最常見的蝦蛄類。口蝦蛄從卵孵化成幼體，在反覆蛻殼11次後成長，並朝後期幼體變態。後期幼體在半天左右的時間內蛻殼變成稚蝦蛄。日本琉球列島附近棲息著其近緣種黑斑口蝦蛄（*O. kempi*）。

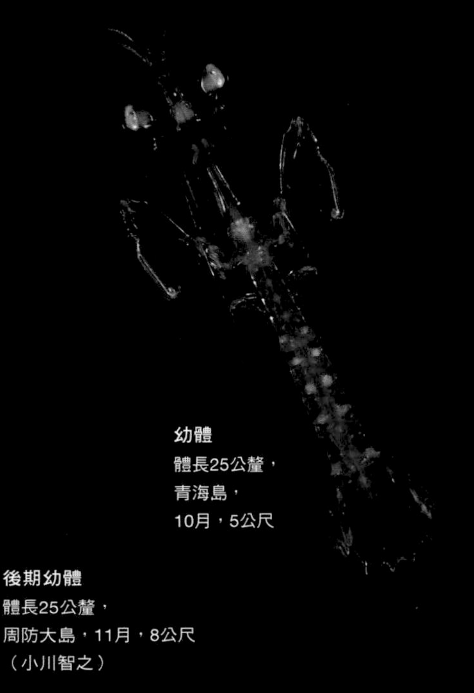

幼體
體長25公釐，
青海島，
10月，5公尺

後期幼體
體長25公釐，
周防大島，11月，8公尺
（小川智之）

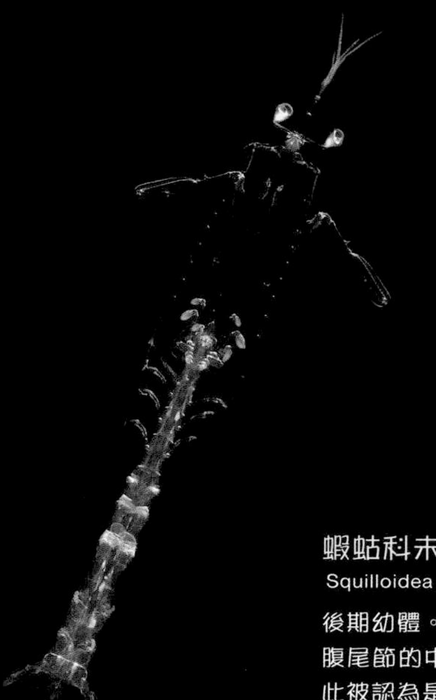

海蝦蛄屬未知種

[蝦蛄總科蝦蛄科]

Alima sp.

幼體。腹尾節的寬度很窄，約有**10**根中間刺。日本目前只有軟雕海蝦蛄（*A. hieroglyphica*）的紀錄。然後因為東方海蝦蛄（*A. orientalis*）在台灣棲息，所以日本周遭海域至少有這兩種蝦蛄的幼體出現的機會。

體長35公釐，大瀨崎，10月，7公尺

蝦蛄科未知種[蝦蛄總科]

Squilloidea gen. et sp.

後期幼體。頭胸甲的後端帶點圓形，腹尾節的中間刺有**4**根以上並列，因此被認為是隸屬蝦蛄科的物種。由於照片上個體的第一觸角比本科已知的後期幼體還短，所以很有可能是後期幼體還不明的某種蝦蛄科生物。

體長15公釐，大瀨崎，10月，5公尺

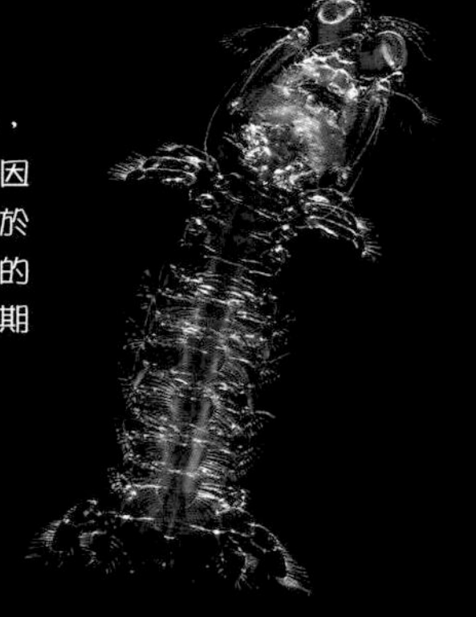

打破界線的蝦蛄類幼體

有些人會將蝦蛄類的幼生稱為阿利瑪幼體（alima larva），這樣講絕對沒錯，畢竟也有名為阿利瑪的幼生生物存在。但是，並非所有的蝦蛄類幼生都是阿利瑪幼體。阿利瑪幼體的眼柄很長，有著四對腹足，腹尾節上有四根以上的中間刺，這是只有兼備這三項特徵的蝦蛄類幼生才能被賦予的名稱。

另一方面，眼柄短、有五對腹足，而且中間刺只有一根的幼生叫作伊雷奇幼體（erichthus larva）。可是，也有基本上歸類在阿利瑪型卻有五對腹足的幼體，或是儘管被歸在伊雷奇型，卻有著複數中間刺的幼體。因為牠們無法以既定的界線劃分，所以最好的方式似乎是直接稱之為「蝦蛄幼體」。（若林香織）

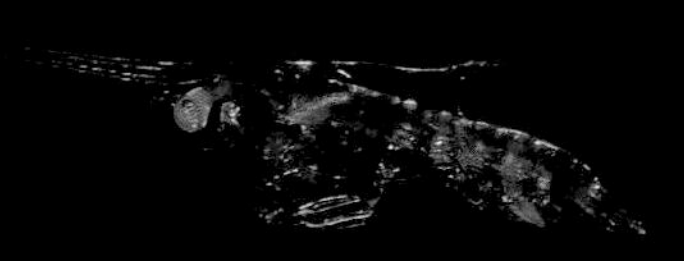

體長12公釐，大瀨崎，9月，7公尺

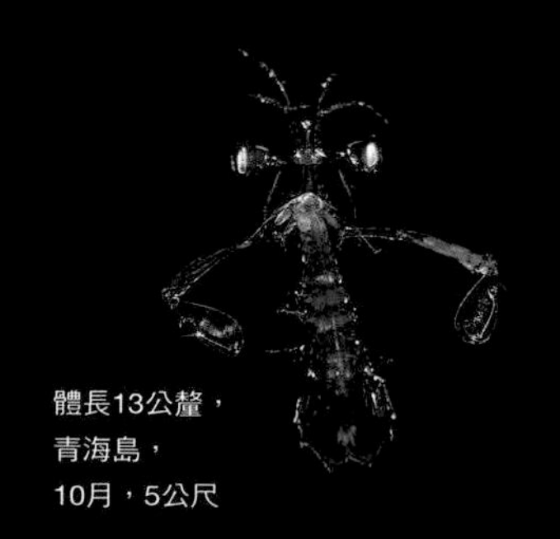

體長13公釐，青海島，10月，5公尺

蛾類

隸屬於節肢動物門甲殼亞門軟甲綱端足目蛾亞目的動物。生活史的部分或全部都附著在水母類等膠質浮游動物身上度過，以其為家或作為食物利用。通常生活在遠洋海域，從海水表層到約1,000公尺深的地方都有牠的蹤跡。

隱巧蛾

[槓蛾總科巧蛾科]

Phronima sedentaria

巧蛾類中最大型的品種就是本種。成體第五胸足腕節上的腕瘤會聚成一團，腹節後下角呈針狀延伸。雄蟲的第一觸角強壯，第二觸角則退化到極短。牠是一種擬寄生生物，會吃光紐鰓樽或嬪海樽類（p.130）的內部，保留外鞘，並在「樽」內養育幼體。口器旁邊的小眼睛與後腦勺整塊發達的大眼睛，兩者都是牠的複眼。看起來紅紅的地方是網膜，從眼睛延伸出來的晶狀體管會集中在這裡。

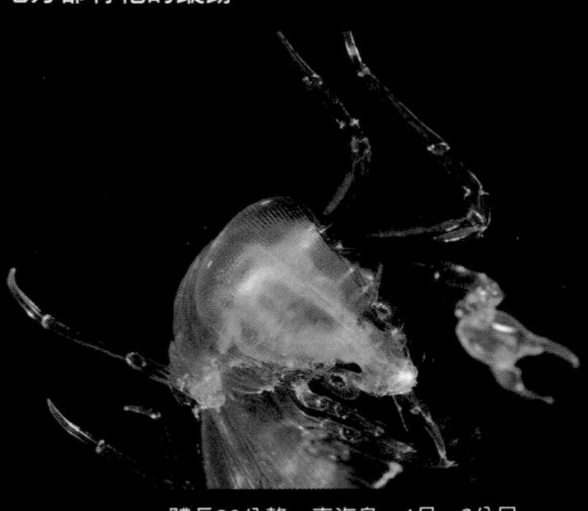

體長30公釐，青海島，4月，6公尺
（頭部長9公釐）

體長25公釐，青海島，5月，7公尺

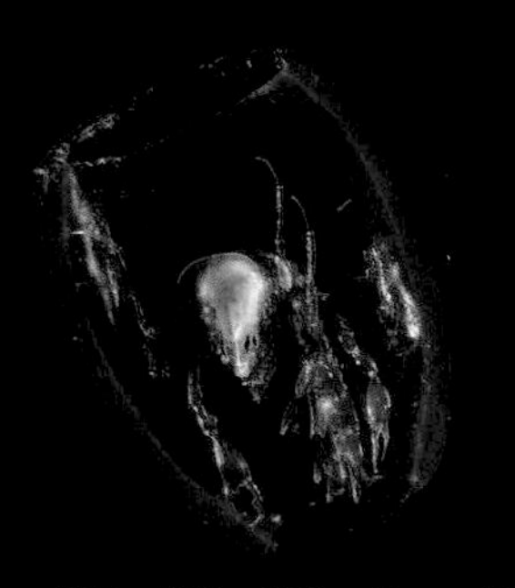

體長30公釐，父島，5月，15公尺

體長25公釐，青海島，5月，4公尺

突巧蛾

[槓蛾總科巧蛾科]

Phronima colletti

體型小，第五胸足前節的尺寸不會超過腕節前緣。第七胸節比第一腹節還長。本種是利用雙生水母科等管水母類（p.49）生物的泳鐘來做牠的樽殼。

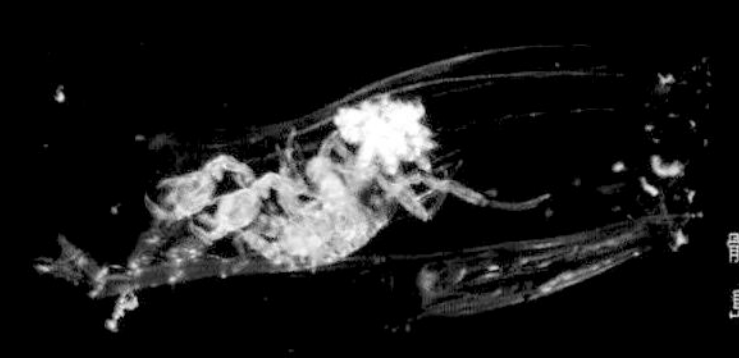

體長15公釐，青海島，5月，5公尺

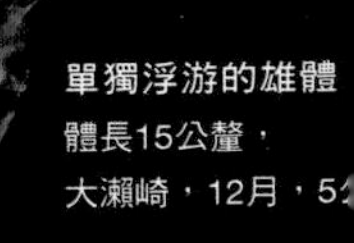

單獨浮游的雄體
體長15公釐，
大瀨崎，12月，5

鈍巧蛾

[槙蛾總科巧蛾科]

Phronima atlantica

長相與隱巧蛾雷同，不過體型稍微小一點。第五胸足腕節的腕瘤前端一分為二。腹節側板的後下角有點尖，但不像隱巧蛾是針狀的。雄蟲具有強大的第一觸角，和長又多節的第二觸角。雌雄一對都進入同一個樽殼裡的樣子極為罕見，不清楚這是否是一種繁殖行為。

在樽殼裡育兒的雌蟲
體長20公釐，青海島，4月，4公尺

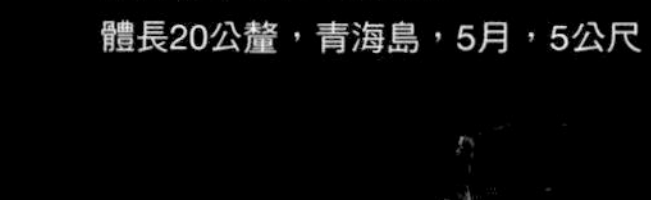

將卵抱在胸口的雌蟲
體長20公釐，青海島，5月，5公尺

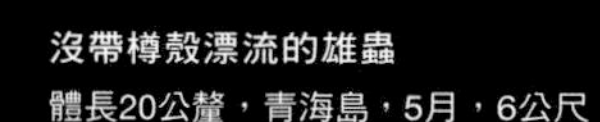

沒帶樽殼漂流的雄蟲
體長20公釐，青海島，5月，6公尺

獨自進入樽殼的雄蟲
體長20公釐，
青海島，5月，4公尺

進入同一個樽殼的雌蟲（左）與雄蟲（右）
體長25公釐（雌）、15公釐（雄），
青海島，5月，7公尺（小川智之）

刀巧蛾

[槙蛾總科巧蛾科]

Phronima stebbingi

日本周遭出沒的巧蛾類裡最小型的品種。第七胸節比它後面接的那一節（第一腹節）還短，具備這種特徵的巧蛾類只有本種而已。會運用紐鰓樽類（p.130）等浮游海樽類做樽殼。

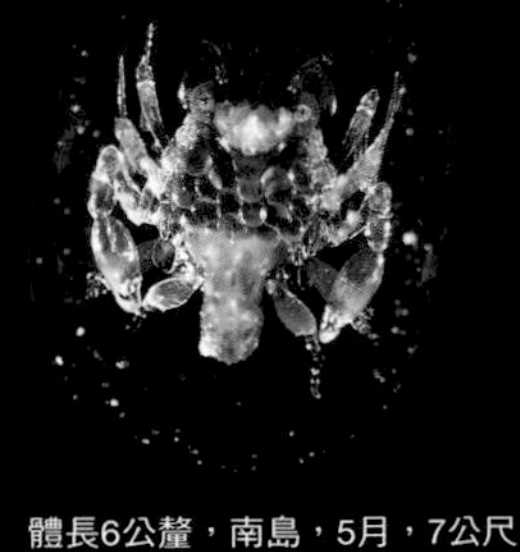

體長6公釐，南島，5月，7公尺

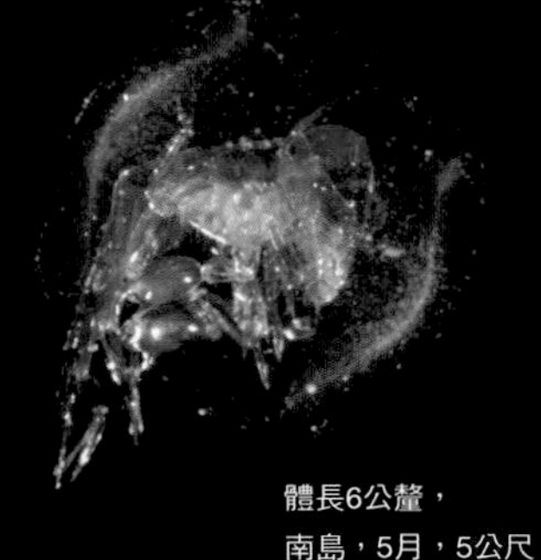

體長6公釐，南島，5月，5公尺

隸屬巧蛾屬的物種

[槙蛾總科巧蛾科]

Phronima spp.

巧蛾類的體表有色素細胞。色素細胞擴散後，全身看起來就像是上了一層顏色，不過只要收縮身體就會變透明。色素細胞愈大，體色就愈濃。似乎有褐色、黃色或桃紅色等各式各樣的巧蛾類存在。

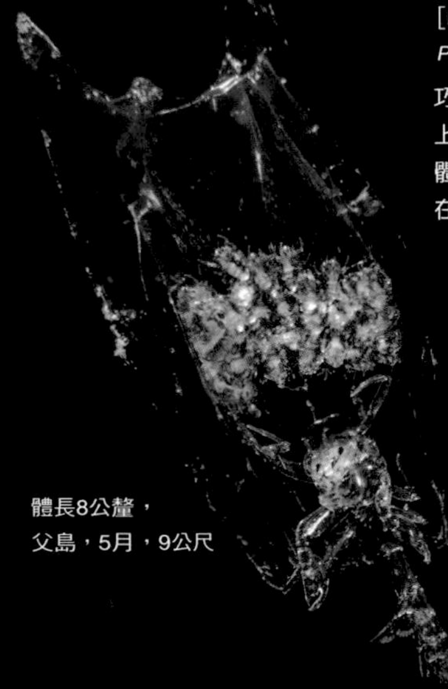

體長8公釐，父島，5月，9公尺

體長25公釐，青海島，5月，6公尺

體長15公釐，青海島，5月，4公尺

長小巧蛾

[槙蛾總科巧蛾科]

Phronimella elongata

身體或附肢比巧蛾屬還細。無論雌雄，第五胸足都很細，雄蟲的第五胸足比雌蟲還粗。在游泳的時候，大部分的巧蛾屬會把身體後半部伸出樽殼外，而長小巧蛾則是會幾乎把整個身體都伸出去，高速擺動腹足。

體長20公釐，青海島，5月，2公尺

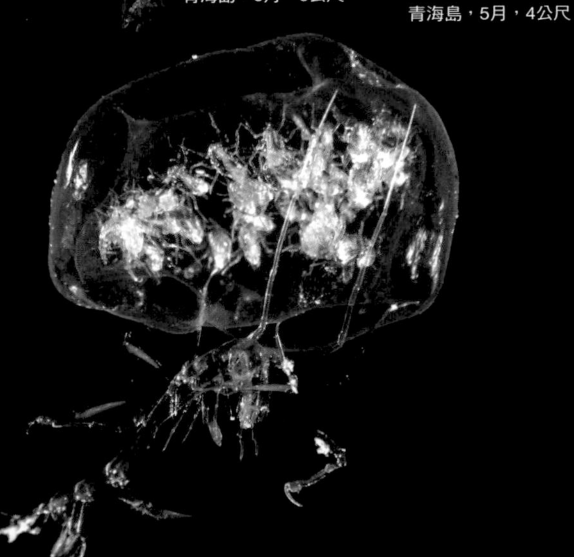

半彎靈蛾
[慎蛾總科靈蛾科]
Phrosina semilunata

身體多半呈現淡紅色，頭部左右有兩個小突起。第五、六胸足雄壯發達。雌蟲沒有頭部觸角。雄蟲頭部左右有一對又長又大的觸角。

體長8公釐，父島，5月，14公尺

慎蛾總科未知種
Phronimoidea

某種蛾類一起群據單一水母或櫛水母類個體的情況並不稀有。本種被認為是蛾科或Lestrigonidae科的一種。

體長2.0～2.5公釐，青海島，4月，6公尺

多子多孫的巧蛾

巧蛾類會吃掉紐鰓樽類或管水母類生物的身體內部，留下外鞘做成樽形的巢穴，雌蟲就會在樽殼裡養育幼蟲。連同巧蛾類在內的所有端足類雌體，在胸部上都有個叫作育卵囊的育兒袋。很多品種會把幼體放在育卵囊內守護，直到牠們長到外觀近似父母為止。有一部分的物種會在發育初期階段就生下幼體，並由雌體在體外養育照顧。巧蛾類也是如此，牠們將不成熟的幼體生在樽殼內，對自己的孩子傾注無償的愛。單次生產的幼體數量會因物種而異，隱巧蛾跟鈍巧蛾會生到100隻以上，突巧蛾與長小巧蛾則是10至30隻左右。在同一個樽殼內一同長大的幼體，其發育階段幾乎都是一樣的，因此可以知道相同時期生下來的全是兄弟姊妹。直到孩子們全部離開家門展開旅途的那一天為止，雌蟲都會持續保護著樽殼。（若林香織）

體長15公釐，父島，5月，4公尺

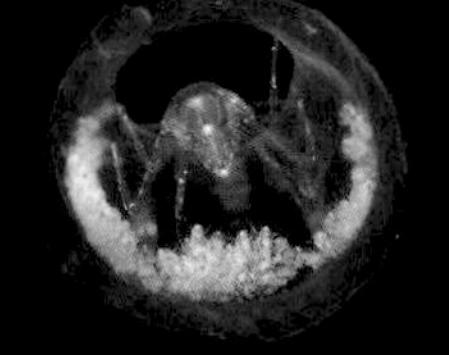

體長10公釐，青海島，5月，6公尺

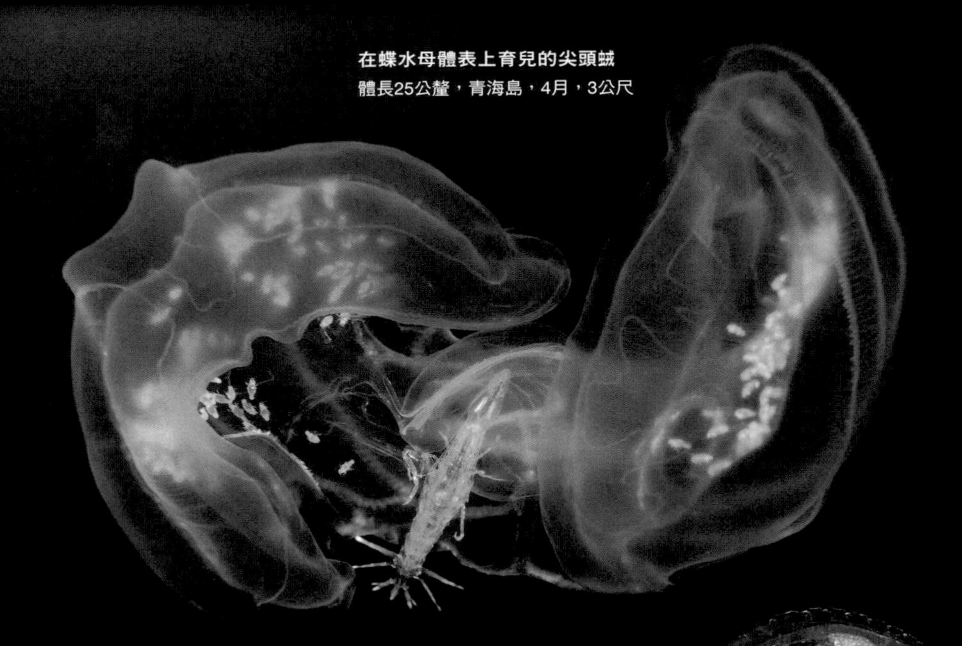

在蝶水母體表上育兒的尖頭蛾
體長25公釐，青海島，4月，3公尺

尖頭蛾

[槓蛾總科尖頭蛾科]

Oxycephalus clausi

頭部額角又長又尖。這是體長大於20公釐的大型個體，從背側看起來，額角尖端有一點圓圓的。第一至第三腹節側板上有兩根棘刺，棘刺之間呈弓狀彎入。近緣種的漁民尖頭蛾（*O. piscator*）只有一根棘刺，寬吻尖頭蛾（*O. latirostris*）則沒有棘刺。尖頭蛾會寄生在水母或櫛水母類等各式各樣的物種上，不過目前知道牠們只會在蝶水母類（p.51）的口瓣內側養育幼體。

乘坐水母Lampea pancerina的尖頭蛾
體長25公釐，青海島，5月，3公尺

舌頭蛾

[槓蛾總科尖頭蛾科]

Glossocephalus milneedwardsi

頭部呈拳頭狀且短，額角較圓。如照片所示，牠經常會將幾隻胸足前端掛在角水母（*Leucothea japonica*）這類櫛水母身上寄生。

體長20公釐，青海島，10月，3公尺

隸屬棒頭蝛屬的物種

[慎蝛總科尖頭蝛科]

Rhabdosoma spp.

身體極其纖長，尾肢長長延伸出去。本屬已知有4個物種，其中3種棲息在日本附近。辨識物種類別時，會根據第一胸足及第二、三尾肢的形態來判斷。

體長50公釐，大瀨崎，12月，6公尺

體長60公釐，父島，5月，11公尺

尖頭蝛科未知種

[慎蝛總科]

Oxycephalidae gen. et sp.

腹節側板形似漁民尖頭蝛，所以必須觀察尾柄或附肢的形態才能正確判斷。照片上的個體似乎在用帶水母的體表來養育幼體，但除了尖頭蝛外，這種育兒習性在其他品種中尚無紀錄。

體長25公釐，父島，5月，10公尺

隸屬寬腿蝛總科的物種

Platysceloidea

寬腿蝛總科裡除了有尖頭蝛這種大型蝛類以外，也包含Brachyscelidae科或麗蝛科等小型蝛類。必須用顯微鏡觀察牠們的附肢外形才能鑑定其品種。不僅水母類，牠們好像也會寄生在其他各式各樣的膠質浮游動物上。

附著在海月水母上的樣子

體長3公釐，青海島，5月，6公尺

寄生在潛水艇駝蝶螺上的模樣

體長3公釐，青海島，4月，3公尺（齋藤勇一）

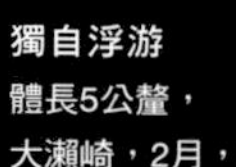

獨自浮游

體長5公釐，大瀨崎，2月，6公尺

其他無脊椎動物

本章介紹一些前面未收錄的浮游及底棲無脊椎動物的浮游幼體。在水下，我們可以觀察到多彩多姿的浮游生物，從刺胞動物到人類所屬的脊索動物，應有盡有。

隸屬角海葵亞綱的物種

[刺胞動物門珊瑚綱]

Ceriantharia

角海葵類會度過一段擁有球形或圓柱狀身體及複數觸手的浮游幼生期。發育初期稱為「cerinula幼體」，有4條觸手；觸手的數量將隨發育而增加。有些品種目前只知浮游幼體，其成體現仍不明。在Arachnactidae科部分物種的浮游個體身上看得到成熟的生殖腺，這也代表其中存在著一些已完全轉換成浮游生活的品種。

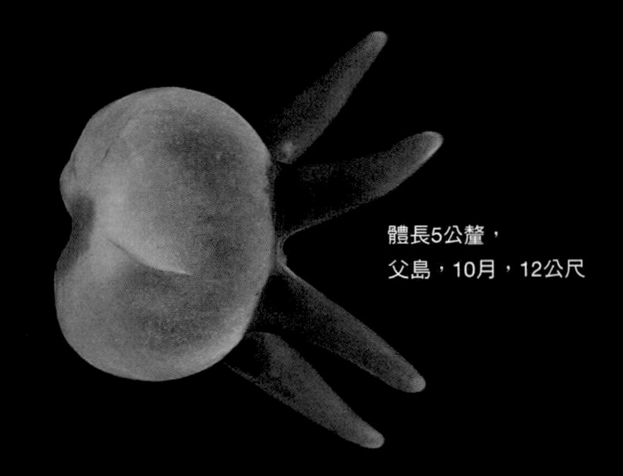

體長5公釐，
父島，10月，12公尺

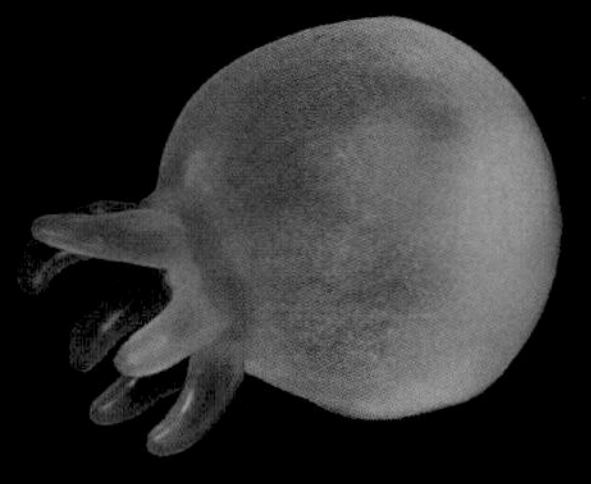

體長3公釐，青海島，5月，4公尺

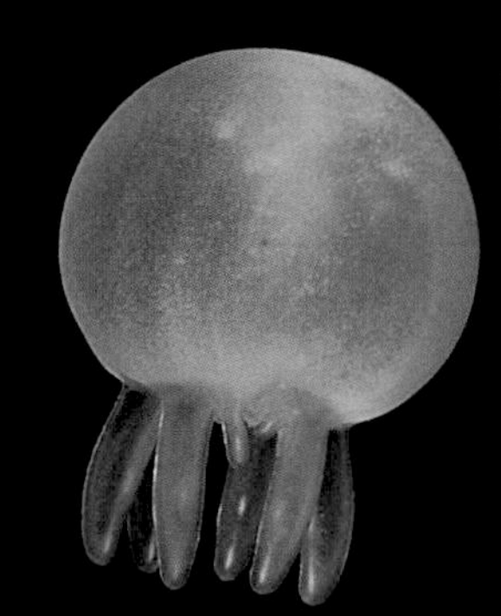

體長4公釐，
青海島，5月，5公尺

體長3公釐，
青海島，10月，6公尺

體長5公釐，
兄島，5月，7公尺

六放珊瑚目未知種

[刺胞動物門珊瑚綱六放珊瑚亞綱]

Zoantharia

直纖毛帶幼蟲（zoanthella）。已知六放珊瑚類有兩種外形相異的幼蟲：直纖毛帶幼蟲是照片上這種腹側有一條纖毛列的幼體；另一方面，身體前半部的周圍圍繞著纖毛環的幼體稱為「橫纖毛帶幼蟲」（zoanthina）。

體長7公釐，青海島，10月，7公尺

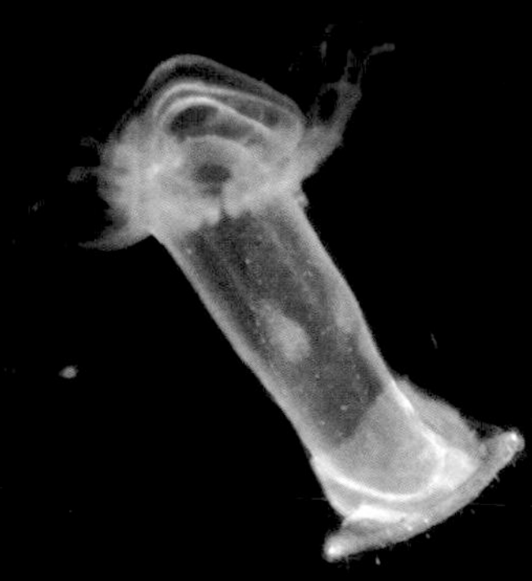

帚蟲科未知種[箒形動物門]

Phoronidae gen. et sp.

輻輪幼蟲（actinotrocha）。環繞身體前方的指狀突起是幼生觸手，本種藉由擺動觸手周圍的纖毛來游泳。幼生觸手的數量會隨發育增加。在日本較為人知的只有帚蟲屬（*Phoronis*）而已，毬形帚蟲（*P. ijimai*）的成體會把早期胚胎納入觸手冠的一部份；南方帚蟲（*P. australis*）則是將其放在黏液絲上保護後，再將幼體排放海中。

體長2公釐，青海島，3月，3公尺（中島賢友）

群居的毬形帚蟲成體

長出地表的部分高6公釐，須江，2月，水深10公尺

隸屬真哲水蚤科的物種

[節肢動物門甲殼亞門顎足綱
橈足亞綱哲水蚤目]

Eucalanidae genn. et spp.

前體部多半細長，前端呈三角形。左右的尾肢有好幾根刺毛，其中一根特別長。大部分的品種都會在海裡產卵，但也有一些雌蟲的後體部有卵囊。右下個體正被纖毛蟲類寄生。似乎很常在沿岸區域的橈足類身上看見的樣子。

體長4公釐，父島，5月，13公尺

體長3公釐，青海島，2月，2公尺
（小倉直子）

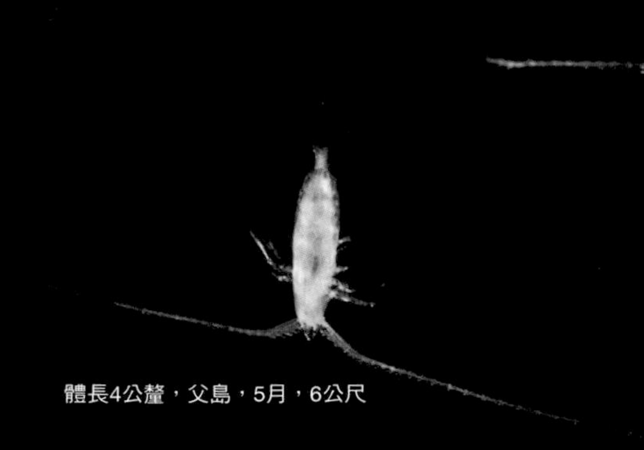

體長4公釐，父島，5月，6公尺

隸屬哲水蚤目的物種

[節肢動物門甲殼亞門顎足綱
橈足亞綱]

Calanoida

身體前後明確區分開來。大多為浮游型，出現在各式各樣的水域中。真哲水蚤科與哲水蚤目這類大型品種，可以很容易在潛水時觀察到。

體長4公釐，大瀨崎，3月，8公尺

隸屬葉水蚤屬的物種

[節肢動物門甲殼亞門顎足綱
橈足亞綱杯口水蚤目葉水蚤科]

Sapphirina spp.

左圖為雄性成體。鳥嘌呤的結晶以蜂巢狀排列在背側細胞之中，會瞬間變得透明或隨著身體角度改變而發出光澤。下圖為雌性成體，身體左右後方突出的黃色卵囊中滿是發育中的胚胎。雌性沒有鳥嘌呤結晶。目前已知有寄生於紐鰓樽或海樽類（p.130）的品種，也有在捕食宿主的同時一邊成長，過著擬寄生生活的品種。

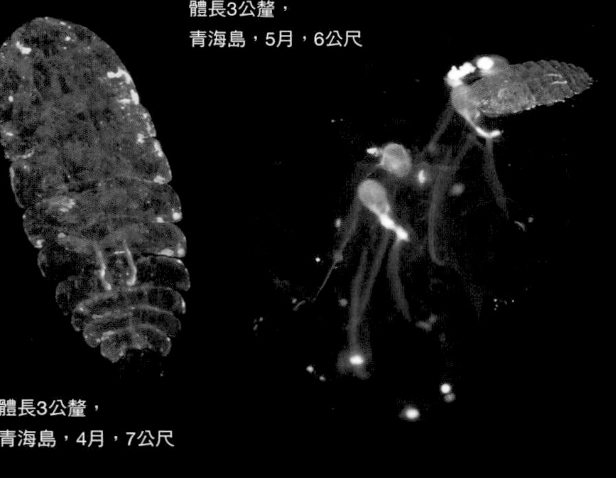

體長3公釐，
青海島，5月，6公尺

體長3公釐，
青海島，4月，7公尺

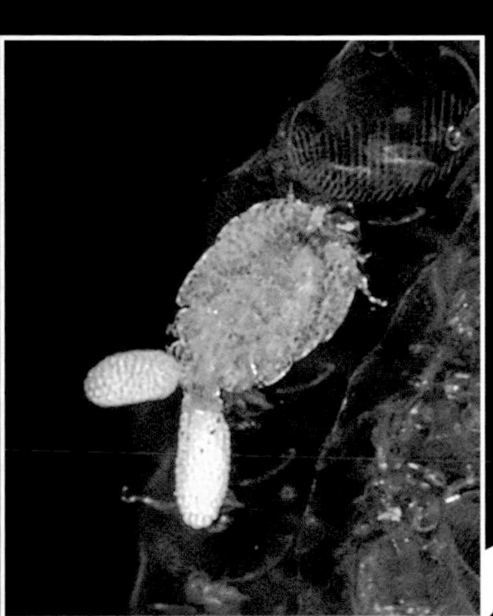

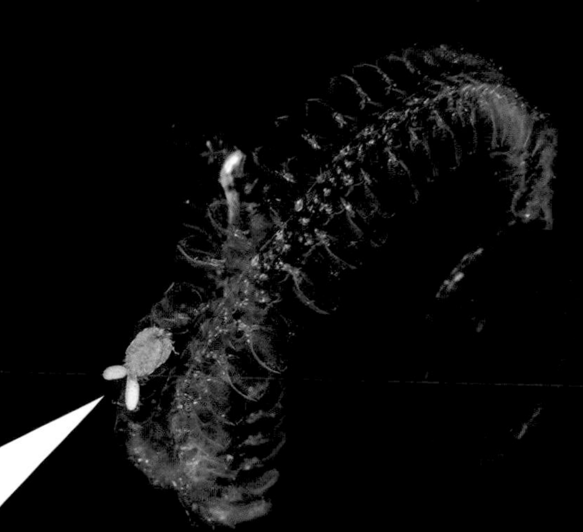

寄生於海樽類成熟無性個體的背芽莖上的葉水蚤類雌性成體
體長2公釐，青海島，5月，5公尺

為了不讓自己後悔

在浮游生物的拍攝上，大多數的拍攝對象既透明又嬌小。即使找到拍攝對象，也經常會在確認相機設定而移開視線的一瞬間看丟牠們。拍攝微小生物時，由於景深（對焦範圍）只有微微幾公釐而已，拍攝期間盡可能不要讓拍攝目標離開取景器。我也常常因過度專注於對焦跟構圖，而沒注意到拍攝對象的些微差異。也有等到拍完照片，在電腦上確認圖片時，才發現「咦？我以為拍到的是牠的正面，結果原來是背面」、「好像有什麼有趣的東西寄生在上面耶」等等，在拍攝時完全沒想到的事發生。浮游生物中，有很多拍攝對象一輩子遇不到第二次。為免遺憾，希望各位可以一開始就從各種不同的角度拍攝看看。

雖然說是這麼說，我也老是會想——「如果當時多拍幾張就好了……。」（阿部秀樹）

茗荷亞目未知種

[節肢動物門甲殼亞門顎足綱蔓足亞綱]

Lepadomorpha

無節幼蟲（nauplius）。頭部兩側的腳很長，軀幹上有超長棘刺。從尾柄延伸出來的一對尾叉也非常長，是體長的3～10倍。鎧茗荷目裡也有尾叉達體長2倍程度的品種。

體長2公釐，父島，5月，1公尺

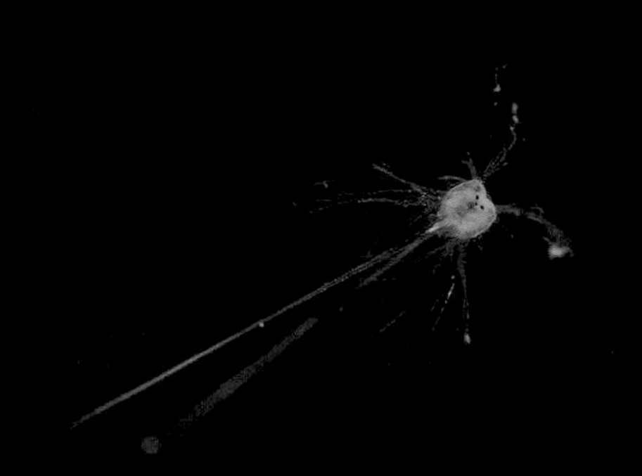

糠蝦科未知種①

[節肢動物門甲殼亞門軟甲綱糠蝦目]

Mysidae gen. et sp. 1

胸足結構相同，胸部後方的體節暴露在外，未被頭胸甲覆蓋。尾肢內肢的根部有名為「平衡胞」的球狀平衡器官。許多品種白天生活在海底附近，晚上再游入海中。照片是其蛻殼樣貌的連拍，蛻殼從上圖開始順時針進行。

體長15公釐，青海島，5月，7公尺

糠蝦科未知種❷

［節肢動物門甲殼亞門軟甲綱糠蝦目］

Mysidae gen. et sp. 2

在身體中央附近看到的白色袋狀器官是育卵囊。糠蝦類的雌性成體會在育卵囊內產卵，經過跟雄性成體的交配而受精。幼體在育卵囊內發育成長，直到附肢生長到幾乎跟成體差不多時，才會在母體蛻殼的同時游進大海。

體長25公釐，父島，3月，10公尺

隸屬疣背糠蝦屬的物種

［節肢動物門甲殼亞門軟甲綱疣背糠蝦目］

Lophogaster spp.

疣背糠蝦類過去曾是糠蝦目的一員，不過現在自己組成一個獨立的目別。腹足頗為發達，尾肢內肢沒有平衡胞。疣背糠蝦屬的額棘很短，可跟額棘明顯的顎糠蝦屬區分開來。

體長12公釐，青海島，10月，7公尺

體長12公釐，青海島，10月，7公尺

體長12公釐，青海島，10月，7公尺

體長15公釐，大瀨崎，12月，6公尺

藤鉤蝦科未知種

[節肢動物門甲殼亞門軟甲綱端足目]

Ampeliscidae gen. et sp.

本科鉤蝦類的頭部較長，許多品種都像照片上的個體一樣有著**2**對眼睛。白天要潛水尋找鉤蝦類是很難的一件事，但在夜潛時，偶爾牠們會聚集到整群覆蓋住燈罩的程度。

體長6公釐，大瀨崎，2月，5公尺

古漣蟲屬未知種

[節肢動物門甲殼亞門軟甲綱漣蟲目]

Eocuma sp.

漣蟲類平常是潛在泥沙底下生活，不過據目前所知，其成熟個體會在晚上群游到靠近海洋表層處交配。跟糠蝦類或鉤蝦類一樣，本種雌性會在育卵囊育兒。古漣蟲屬的頭甲兩側邊緣有角形的突起。

體長15公釐，周防大島，10月，9公尺（中村宏治）

磷蝦科未知種

[節肢動物門甲殼亞門軟甲綱磷蝦目]

Euphausiidae gen. et sp.

胸足的根部有樹狀鰓裸露在外，或是也有像照片個體這樣胸足不太發達的品種。腹足發達，就有助於游泳。腹部側面有大量的發光器。尾肢內肢不具平衡胞，尾柄末端長著*1*對棘刺。

體長10公釐，大瀨崎，3月，9公尺

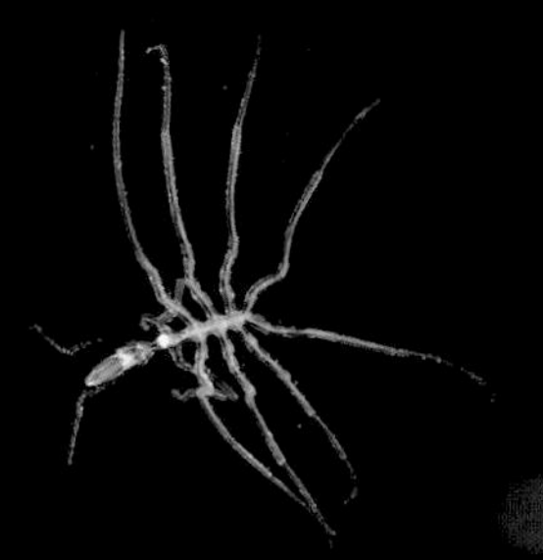

體長7公釐，青海島，10月，7公尺

體長6公釐，青海島，6月，5公尺（齋藤勇一）

隸屬海蜘蛛目的物種

[節肢動物門螯肢亞門海蜘蛛綱]

Pantopoda

海蜘蛛類不屬於含有大量海產節肢動物的甲殼亞門，而是跟鱟類和陸生蜘蛛類一樣屬於螯肢亞門的一員。可用各附肢的節數或外型來分類。也有發現會寄生在水母類（**p.38**）身上生活的品種。

無殼側鰓科未知種

[軟體動物門腹足綱側鰓目]

Pleurobranchaeidae gen. et sp.

外套膜包裹著幼殼，面盤寬大且極其迂迴。這隻幼體在攝影當下變態成稚無殼側鰓。從頭膜短、觸角明顯和尾巴尖端的突起，可判斷牠是一隻藍無殼側鰓（*Pleurobranchaea brockii*）。要正確判別物種，必須調查面盤幼蟲的幼殼形態等資訊。

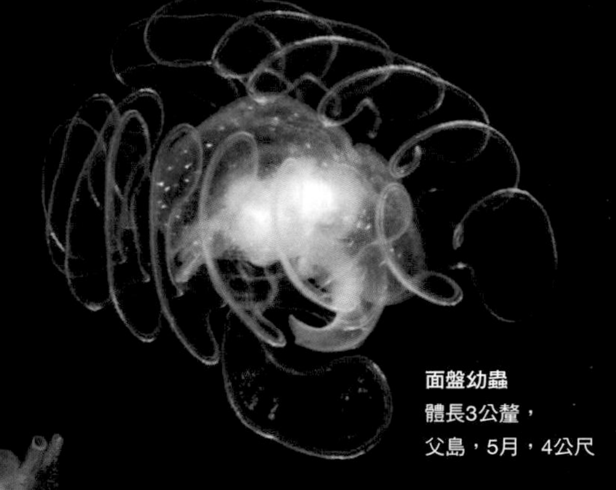

面盤幼蟲
體長3公釐，
父島，5月，4公尺

剛變態完的個體
體長3公釐，父島，5月，4公尺

龍翼箭蟲

[毛顎動物門箭蟲綱翼箭蟲科]

Pterosagitta draco

肌肉發達，身體有些不太透明。肥厚的泡泡狀組織從頸部覆蓋到體後。尾節有1對側鰭。本科目前只有龍翼箭蟲一種為世人所知，因此儘管照片上的個體體長是既有紀錄最長體長（12公釐）的2倍，這裡還是將牠視為本種看待。

體長20公釐，
父島，5月，5公尺

體長25公釐，父島，5月，11公尺

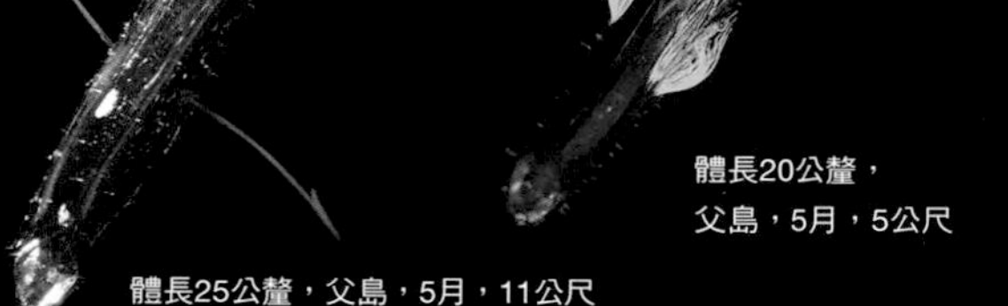

Flaccisagitta hexaptera

[毛顎動物門箭蟲綱箭蟲科]

身體柔軟透明。尾節長度是體長的15～25%。身上沒有泡狀組織。有前後2對側鰭，前鰭明顯比後鰭小很多。同屬的肥胖箭蟲（*F. enflata*）前後鰭幾乎等長。

體長20公釐，青海島，5月，4公尺

箭蟲屬未知種

[毛顎動物門箭蟲綱箭蟲科]

Zonosagitta sp.

身體堅硬，不太透明。尾節的長度為體長的20～23%。頸部有泡狀組織，亦有前後2對側鰭。本屬中，如照片般前鰭比後鰭大的品種是拿卡箭蟲（*Z. nagae*）或美麗箭蟲（*Z. pulchra*）；百陶箭蟲（*Z. bedoti*）則是兩鰭長度近乎相同。

體長25公釐，大瀨崎，10月，6公尺

砂海星屬未知種

[棘皮動物門海星綱砂海星科]

Luidia sp.

羽腕幼蟲（bipinnaria）。口前葉和羽腕各自延伸。平常會用身上叢生的纖毛來捕食和游泳，不過有時也會把口前葉蜷縮起來游動。身體後方長有成體雛形，像砂海星（*L. quinaria*）等五腕品種會長出**5**條小腕，類似斑砂海星（*L. maculata*）這種多腕物種則會形成**8～9**條小腕。

體長15公釐，青海島，5月，5公尺

砂海星的成體

輻長23公釐，滑川，2月，水深20公尺

猥團目未知種 [棘皮動物門海膽綱]

Spatangoida

海膽長腕幼蟲（echinopluteus）。由碳酸鈣構成的骨頭支撐著從身體延伸出來的腕。普通海膽類的海膽長腕幼蟲有左右**4**對腕，但本目的幼體身上會長出**6**對腕，並在身體後端形成一根突起。

體長3公釐，父島，5月，1公尺

長拉文海膽（*Lovenia elongata*）的成體

體長5公分，大瀨崎，8月，水深7公尺

錨參科未知種[棘皮動物門海參綱]

Synaptidae gen. et sp.

耳狀幼蟲（auricularia）。體型相較於一般海參類的浮游幼生大多了，因此又有「巨型耳狀幼蟲（giant auricularia）」的別稱。有關這種幼體的資訊很少，在日本，最新的學術見解已經是大約80年前的紀錄。身體中央白色的棒狀器官是消化道，散布全身的白點是海參類特有的骨片。

體長10公釐，青海島，5月，3公尺

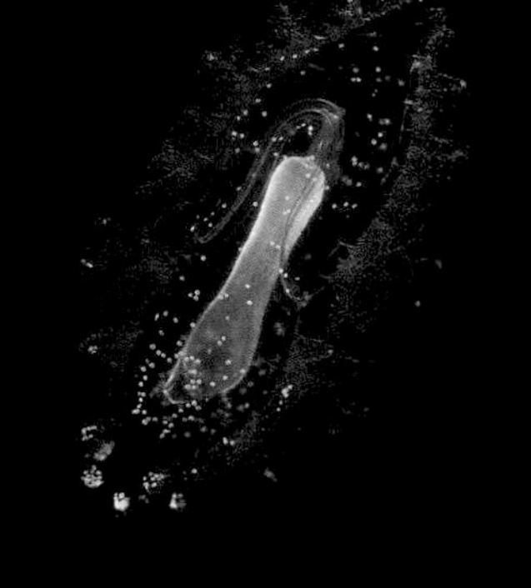

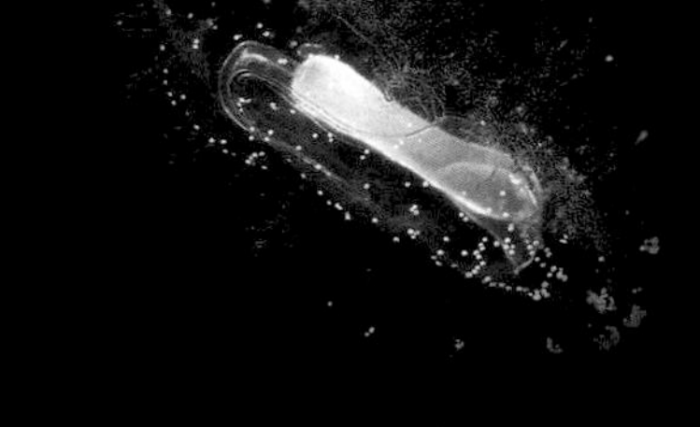

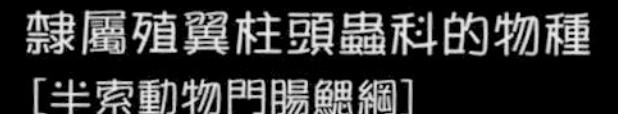

隸屬殖翼柱頭蟲科的物種

[半索動物門腸鰓綱]

Ptychoderidae genn. et spp.

柱頭幼體（tornaria）。依發育狀況分為穆勒期（Muller）、海德爾期（Haider）、梅契尼科夫期（Metchnikov）等等，均以著名生物學家的名字命名。左邊的照片是最成熟的庫隆期（Kron） 有著曲折繞過體表的明顯纖毛帶。下圖則是鄰近變態的阿格西期（Agassiz），可看到前方的黑色眼點。

體長8公釐，青海島，5月，5公尺

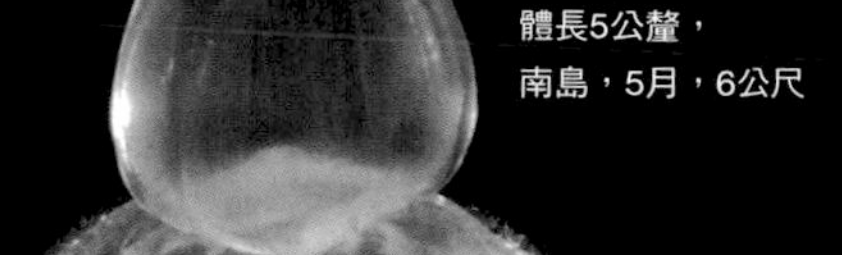

體長5公釐，南島，5月，6公尺

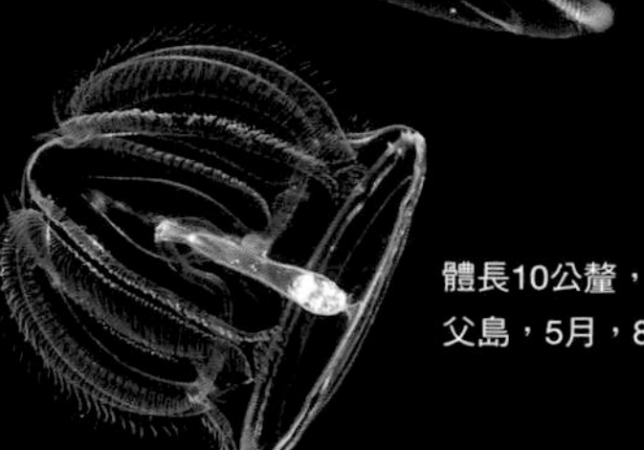

體長10公釐，父島，5月，8公尺

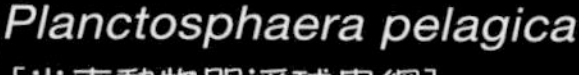

Planctosphaera pelagica

[半索動物門浮球蟲綱]

幼生生物。利用遍布體表的樹狀纖毛帶獵食。身體構造跟柱頭幼體很像，所以被認定是柱頭蟲類的一種未知品種；然而，目前尚未發現本種的成體。在大西洋和夏威夷群島附近都有幼體出沒的紀錄，但在日本近海附近也許還是第一次。

體長15公釐，父島，5月，8公尺

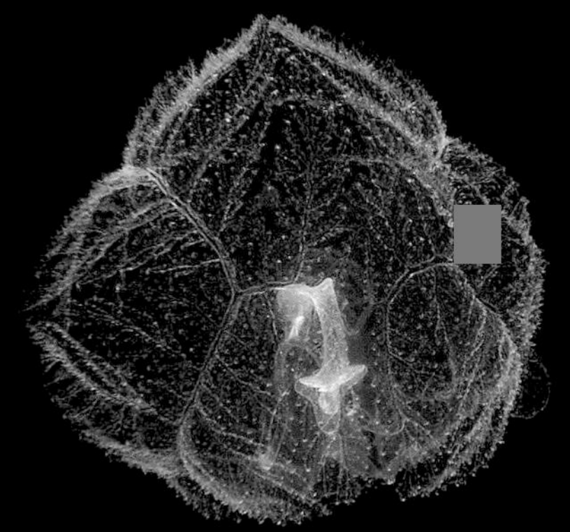

隸屬住囊蟲科的物種［脊索動物門尾海鞘綱］

Oikopleuridae genn. et spp.

住囊蟲類的身體由軀幹和尾部組成。住囊蟲科的軀幹通常呈卵形，各器官的位置與發育狀況會因物種而異。最常見的是住囊蟲屬（*Oikopleura*），有**10**種以上棲息在日本附近。住囊蟲屬底下分成尾部有索下細胞的「*Vexillaria*亞屬」，以及不具索下細胞的「*Coecaria*亞屬」兩種。

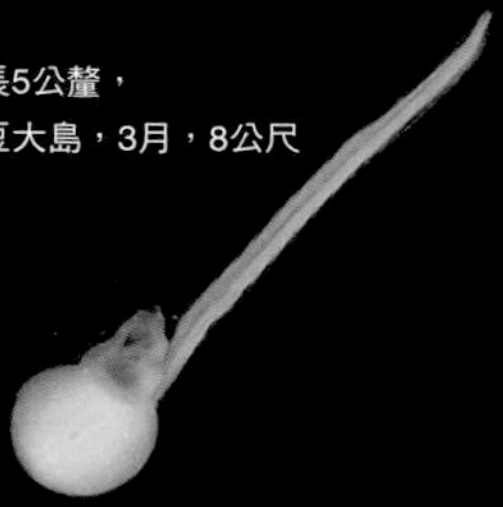

體長5公釐，
伊豆大島，3月，8公尺

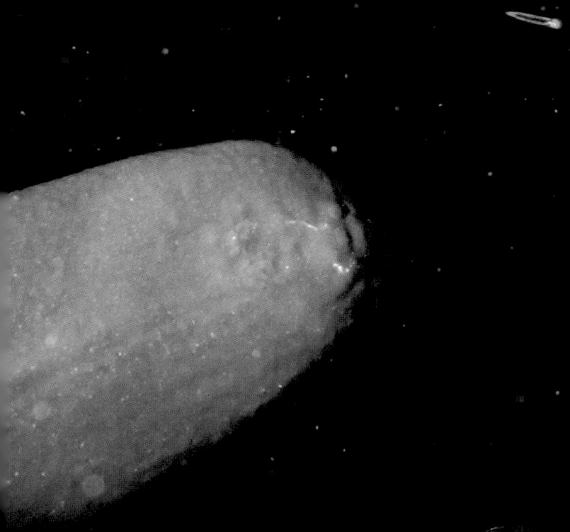

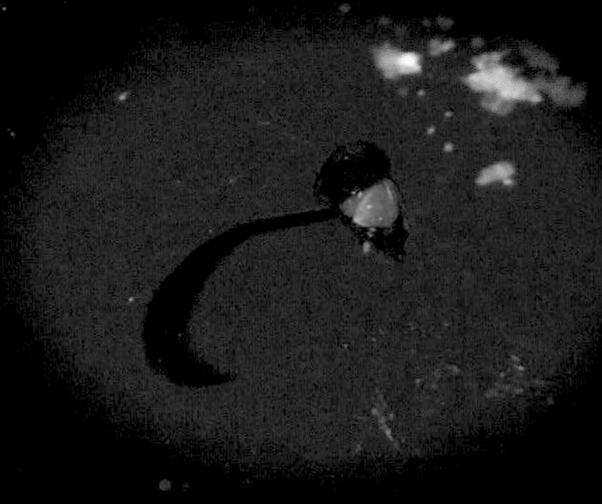

體長3公釐，青海島，2月，
3公尺（齋藤勇一）

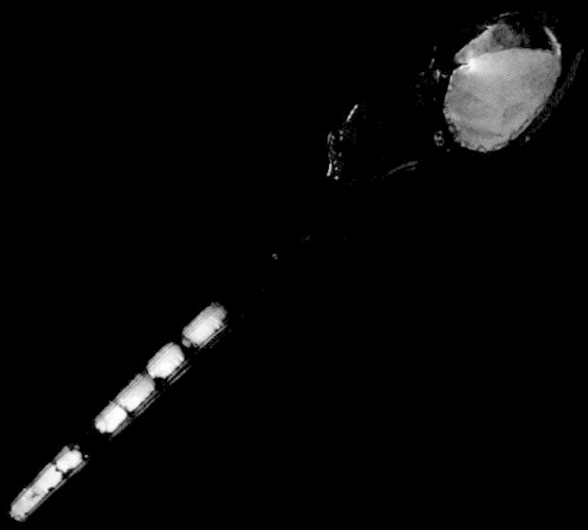

體長8公釐，
柏島，11月，4公尺

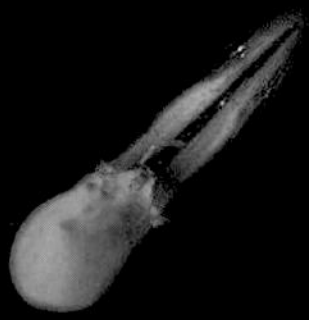

體長3公釐，
青海島，4月，5公尺

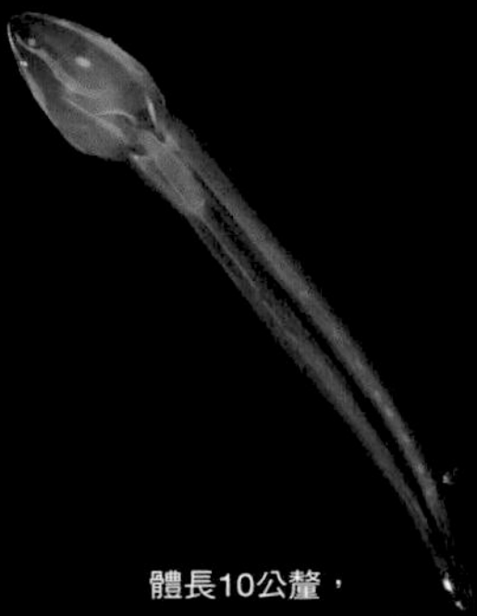

體長10公釐，
柏島，11月，4公尺

住囊蟲之家

住囊蟲類會製造一個包住全身的「住囊（house）」。住囊由膠質構成，住囊蟲科會將住囊內部做成漁網形，長尾住囊蟲（*Oikopleura longicauda*）一類則是會在住囊內建造出一個甜甜圈形濾網。住囊蟲類會擺動尾部，將新鮮的海水送入住囊裡頭，然後再將隨著海水流入其中，被濾網卡住的粒子取下來吃。住囊一天能重做好幾次，隨時會被丟棄。每天都有大量廢棄的住囊沉入海底，因此便能將海水表層的有機物帶去深層。此外，廢棄住囊下沉時也會變成魚類等生物的餌食，在海洋生態系中擔任了很重要的角色。（若林香織）

體長8公釐，柏島，11月，4公尺

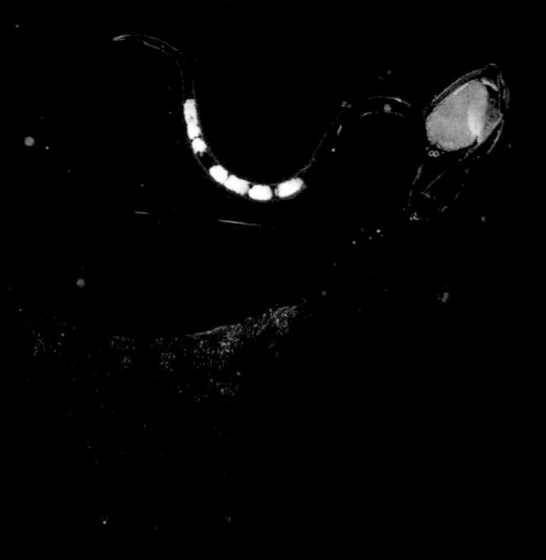

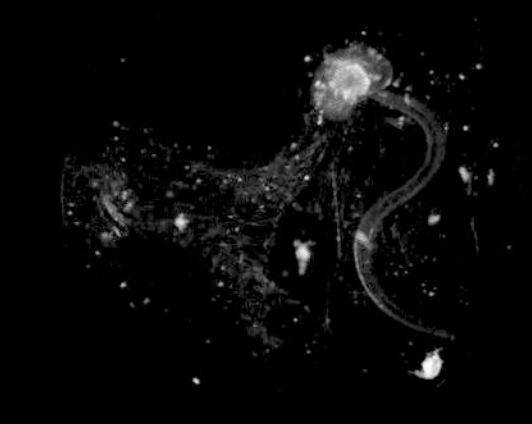

體長6公釐，柏島，11月，5公尺

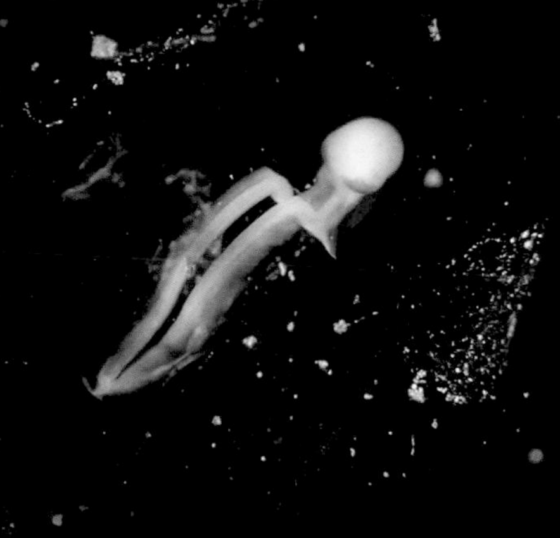

體長5公釐，大瀨崎，12月，6公尺

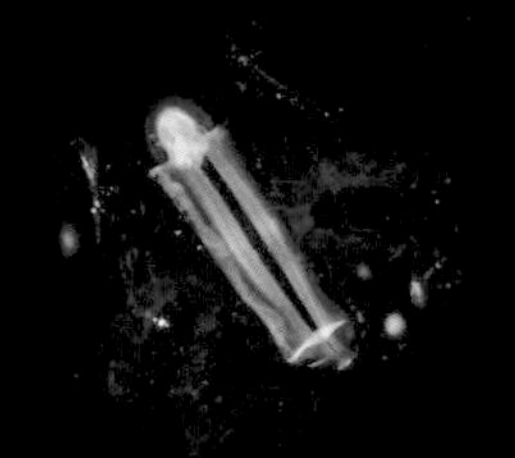

直徑25公釐，大瀨崎，12月，7公尺

體長5公釐，柏島，11月，3公尺

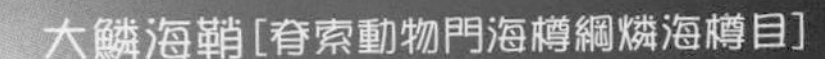

大鱗海鞘[脊索動物門海樽綱燐海樽目]

Pyrostremma spinosum

整個群體長度長到超過20公尺，一旦受到刺激，就會排放出閃著青綠色光芒的分泌物。有時小型魚類或者是蝦類會待在本種旁邊隱匿身跡。

體長1.2公尺，大瀨崎，11月，27公尺

梭形紐鰓樽

[脊索動物門海樽綱紐鰓樽目]

Salpa fusiformis

有單獨個體與連環個體兩種形態。單獨個體是因有性生殖而從受精卵發育而成，長大後會從體內的出芽部位無性生殖出連環個體。連環個體為雌雄同體，因此會在體內孕育受精卵。有時能觀察到長達1公尺以上的密集群體。

右上方附著尖頭蛾的單獨個體

體長40公釐，青海島，5月，6公尺

連環個體

各個個蟲體長30公釐，大瀨崎，3月，10公尺

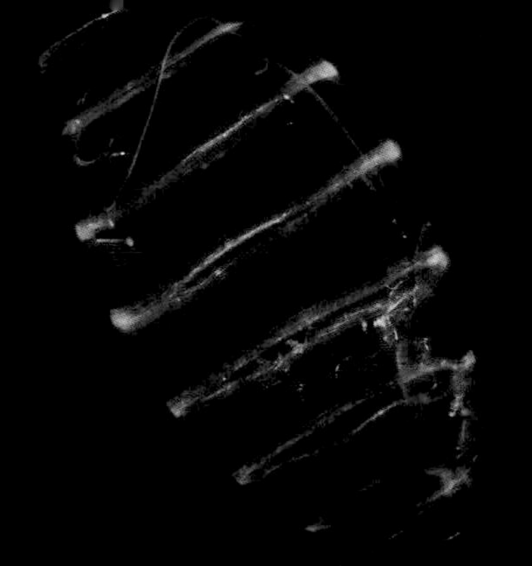

Dolioletta gegenbauri var. tritonis
[脊索動物門海樽綱海樽目]

有性生殖個體。有八條環繞身體的體壁肌。內部的網狀鰓壁從前面數來第三條體壁肌的附近開始生長。跟本種一樣常在日本附近看到的小齒海樽（*Doliolum denticulatum*）則是始於第二條附近。

體長7公釐，青海島，5月，1公尺

體長30公釐，青海島，5月，6公尺

隸屬擬海樽屬的物種
[脊索動物門海樽綱海樽目]
Dolioletta spp.

成熟無性個體，是海樽類無性世代的其中之一。成熟無性個體後面延伸的背芽莖會生出一種可無性繁殖有性生殖個體的無性世代個體（育體）。成熟無性個體本身的消化道已然退化，不過生長在背莖外側的營養個蟲（食體，trophozooid）會為成熟無性個體的運動或育體的生產提供必要的能量。

體長10公釐，青海島，5月，2公尺

仔魚與稚魚

仔魚是從孵化後到鰭條數量等同成魚為止的階段，幾乎沒什麼游泳能力，身體一部分或全身透明的品種很多。稚魚是從鰭條長齊至生活方式調整到跟成魚一樣為止的階段，形態跟體色都與仔魚時期不同。

日本鰻鱺

[鰻形目鰻鱺科]

Anguilla japonica

又被稱作「鰻苗」的稚魚。體表面積約為仔魚的1/3左右。背鰭始於肛門之前。脊椎骨數量超過110塊。等到骨骼變得更堅固，佔全身的比重增加之後才沉降海底。

全長60公釐，大瀨崎，3月，3公尺

剛沉降海底的日本鰻鱺稚魚

全長70公釐，江之島，2月，水深2公尺

鯙科未知種

[鰻形目]

Muraenidae gen. et sp.

鰻魚類仔魚的頭部比身體還小，原文名為「Leptocephalus」，意思是「纖細的頭部」；中文稱作「柳葉鰻」，畢竟它的身體就像葉子一樣扁平。鯙科柳葉鰻的吻部跟尾部都很圓。照片上的個體，其頭部到肛門之間的肌節約在90節左右，全身總共有約140節上下。

全長60公釐，大瀨崎，10月，1公尺

蛇鰻亞科未知種

[鰻形目蛇鰻科]

Ophichthinae gen. et sp.

蛇鰻科柳葉鰻的體高很短，吻部略長。消化道中有**3**個以上的隆起部位。照片中的個體擁有尖銳的吻部，以及隆起部位之間明顯彎曲的消化道，這些都跟蛇鰻亞科的特徵如出一轍。另外，還可在體表及消化道的隆起部位看到色素細胞。

全長20公釐，青海島，10月，5公尺（中島賢友）

油鰻亞科未知種

[鰻形目蛇鰻科]

Myrophinae gen. et sp.

吻部微尖。跟蛇鰻亞科的柳葉鰻一樣，消化道裡有**3**個以上的隆起部位。油鰻亞科柳葉鰻的消化道不像蛇鰻亞科那般明顯彎曲，消化道後段的隆起部位比較小。

全長70公釐，大瀨崎，10月，1公尺
（頭部長6公釐）

隸屬糯鰻屬的物種

[鰻形目糯鰻科]

Conger spp.

體高低矮，頭部短，吻部圓。眼睛下面有著半圓形的黑色素細胞，消化道側面或正上方則有整排黑色素細胞列。全身具有140到150節肌節。照片中的柳葉鰻被認定是日本糯鰻（*C. japonicus*）或繁星糯鰻（*C. myriaster*），這兩者可用體表的色素細胞分布來辨別。

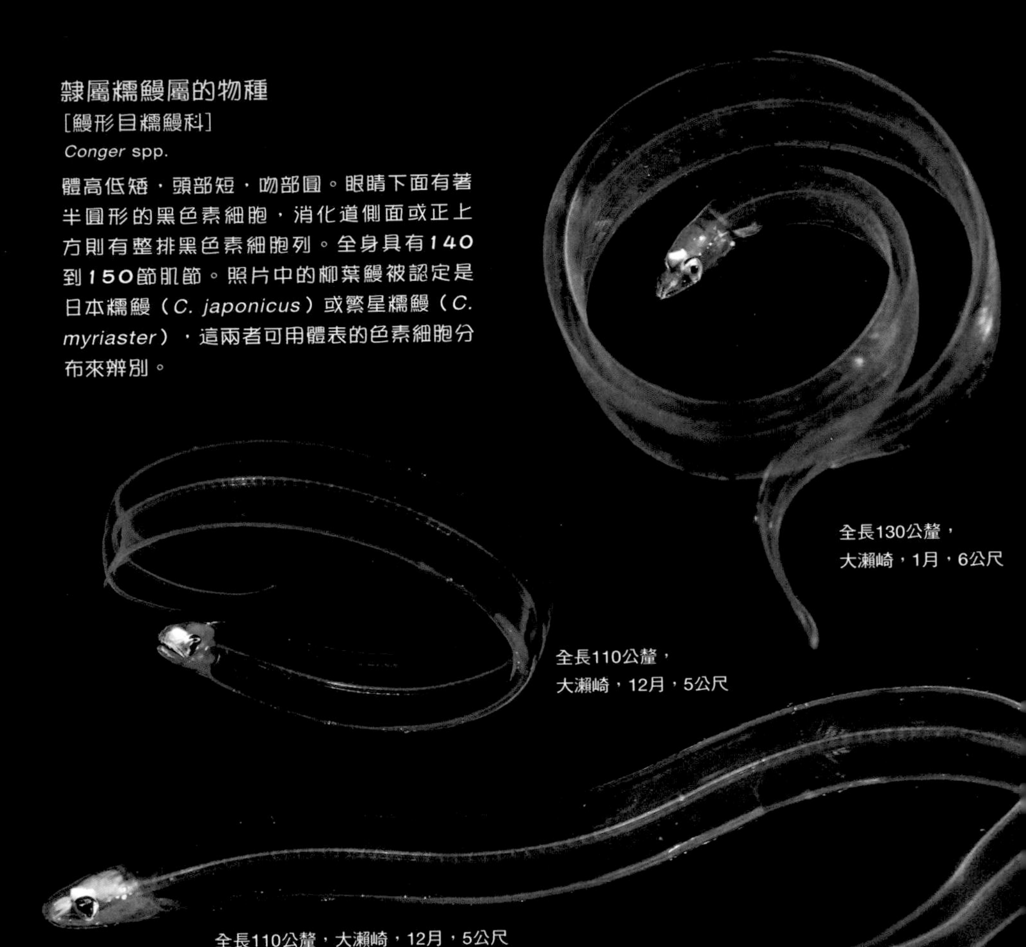

全長130公釐，大瀨崎，1月，6公尺

全長110公釐，大瀨崎，12月，5公尺

全長110公釐，大瀨崎，12月，5公尺

頜吻鰻屬未知種

[鰻形目糯鰻科]

Gnathophis sp.

頭部較長，略呈圓形，吻部尖。體表幾乎沒什麼色素，不過消化道側面有小小的黑色素細胞列。在全長超過80公釐的柳葉鰻中，異頜頜吻糯鰻（*G. heterognathos*）的體高約為體長的12～13%左右，穴頜吻鰻（*G. ginanago*）則是超過15%以上。

全長70公釐，大瀨崎，10月，1公尺

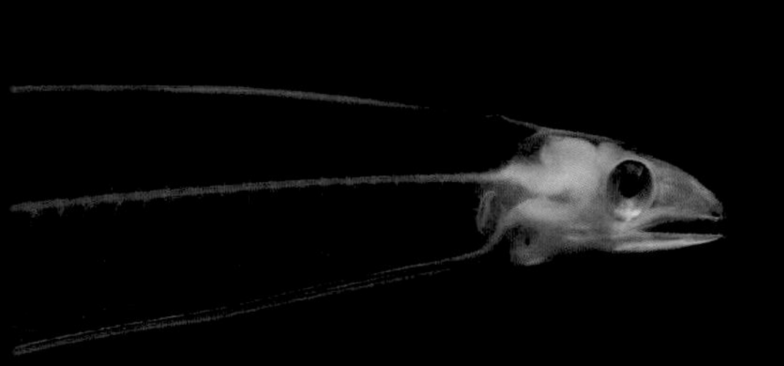

蜥鰻屬未知種
［鰻形目鴨嘴鰻科］
Saurenchelys sp.

身形細長，體高為體長的10%以下。吻部微尖，消化道有兩個隆起部位。頭部、體側、消化道的隆起部位都有大量的黑色素細胞。

全長80公釐，大瀨崎，12月，1公尺

柳葉鰻令人意外的真實樣貌

我第一次見到柳葉鰻是在高中的時候。當時的我只顧盯著放入水桶裡的柳葉鰻，絲毫都不感到厭倦，當時的那種興奮與喜悅，至今仍鮮明地留存在我心裡。

從內灣到外海，連卸貨碼頭的斜坡板上都有牠的蹤跡。能這麼頻繁見到的浮游仔稚魚類，大概也只有牠們了吧。

雖然經常看得到柳葉鰻，但牠卻比所謂的魚形仔稚魚還難拍攝。儘管牠的身形非常纖細，身上沒什麼肌肉，感覺動作也很慢，可實際上，牠卻是一個泳速超快的頂級游泳高手。平常牠會彎曲身體緩慢浮游，不過非常時期就完全變了樣——牠會將身體幾乎拉成一條直線，然後以相當快的速度朝水面游去。如果我們在對焦的同時還要左右追趕牠的身影的話，就一定會以慘敗收場。是一種拍攝難度極高的魚類。

拍好柳葉鰻的訣竅是：一開始先慢慢靠近，不要刺激到牠，然後跟潛水導遊合作，請他在拍攝對象不會受驚的狀態下誘導魚的前進方向，最後再在牠最接近的時候按下快門。能用照片表現出牠柔韌肢體時的快樂，那又是另一種不同的滋味。（阿部秀樹）

全長90公釐，久米島，3月，7公尺

全長110公釐，大瀨崎，1月，8公尺

柔身纖鑽光魚

[巨口魚目鑽光魚科]

Sigmops gracilis

頭部稍微比軀幹還高。眼睛很大，呈橢圓形。胸鰭小，其基部靠近腹側。相較於背鰭那短短的基底，臀鰭基底約佔體長的**40%**。魚鰾大，位於肛門前方。體表毫無色素細胞，身體腹側有發光器。

全長30公釐，伊豆大島，3月，6公尺

智利串光魚

發光的樣子

[巨口魚目巨口光燈魚科]

Vinciguerria nimbaria

腹側眼睛後方有發光器，臀鰭前端在背鰭前後端之間——這些都是串光魚屬的特徵。本種在下顎前端還有一對小小的發光器。

全長40公釐，八丈島，11月，8公尺

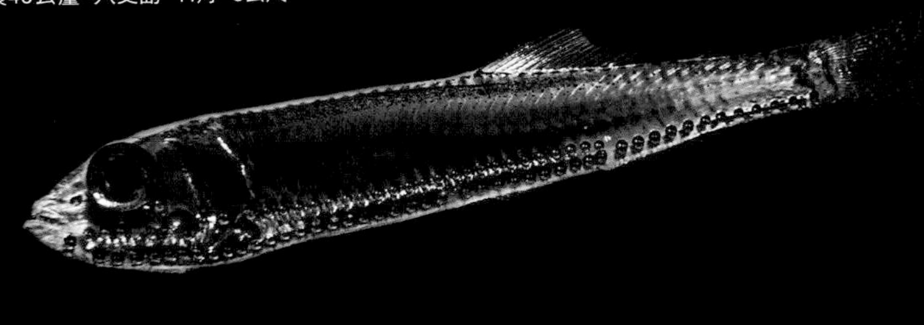

串光魚屬未知種

[巨口魚目巨口光燈魚科]

Vinciguerria sp.

身形細長。仔魚初期的頭部略顯縱扁，不過變態期間傾向側扁，變態後的稚魚就會完全變成側扁了。當全長超過**12**公釐時，身體腹側便會長出白色發光器，這個發光器會隨著變態而變成藍色。

全長35公釐，大瀨崎，1月，6公尺

食星魚科未知種

[巨口魚目]

Astronesthidae gen. et sp.

頭部小而平。嘴大，上顎呈鑷子形。有外腸，有時會變得又大又長。背鰭位置比臀鰭還靠前許多，背鰭後方有脂鰭，脂鰭相當發達。

全長30公釐，兄島，5月，10公尺

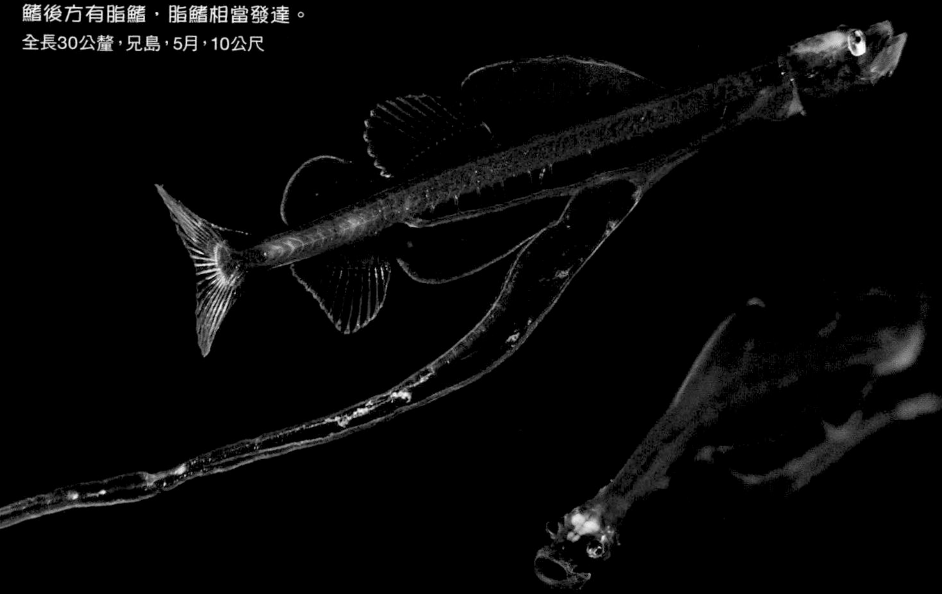

「外腸」是什麼？

「這是什麼東東!?」一隻仔魚的外形，讓人即使在含著呼吸調節器的當下，仍舊不由自主地叫出聲。那是一隻有外腸的仔魚。腸子什麼的消化器官一般都是在體內，而外腸則是露出體外。到底為什麼會長成這樣呢？

外腸並不是一種異常的狀態，它是在某些物種的正常發育過程中會看到的一種現象。外腸的表面積比普通的腸子還大，人們認為它能夠有效率地消化及吸收。再說，體表面積大一點，在維持身體的浮游狀態上似乎也很有幫助。

外腸分為尾腸型（trailing hind-gut）與非尾腸型（exterilium）兩種。尾腸型仔魚的腸子會赤裸裸地突出體外，例如巨口魚類就有具備長外腸的尾腸型仔魚（p.137-138）。

另一方面，非尾腸型仔魚則是腸子延伸導致腹部突出，腸子不會完全暴露在外，有時突出的腹部前端還會發育出色素細胞或像緞帶一樣的裝飾。隱魚類（p.145）跟舌鰨類（p.165）的仔魚便是有著非尾腸型的外腸。（若林香織）

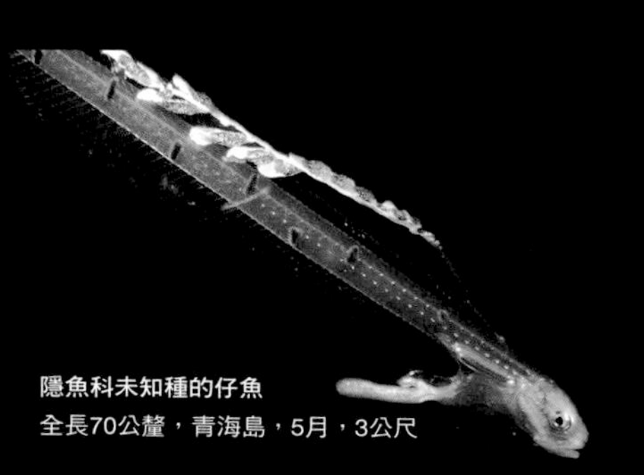

隱魚科未知種的仔魚
全長70公釐，青海島，5月，3公尺

黑巨口魚科未知種

[巨口魚目]

Melanostomiidae gen. et sp.

體型側扁。消化道很粗，在後半形成外腸。背鰭位置非常靠後，跟腹側的臀鰭正相對。樣貌跟成魚時的形態大相逕庭，會在仔魚後期時急遽變態。

全長35公釐，父島，5月，3公尺

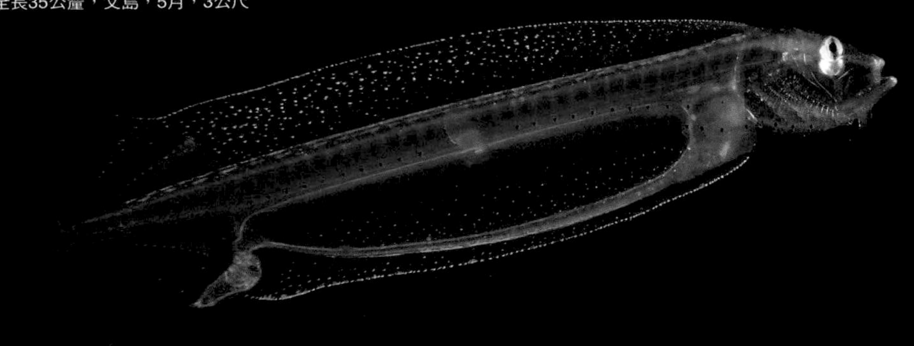

軟腕魚科未知種

[軟腕魚目]

Ateleopodidae gen. et sp.

雙眼突出，頭部長寬大致相等。腹鰭很小，就在頭部正後方。背鰭與胸鰭的鰭條長長延伸出去。身體細長，橘色的斑紋整齊排列在腹側之上。目前幾乎沒有類似這張照片的仔魚期紀錄，所以極為珍貴。

全長40公釐，真榮田岬，6月，7公尺（小山麗子）

蛇鯔屬未知種

[仙女魚目合齒魚科]

Saurida sp.

大部分合齒魚科仔魚的身體都長成棒狀，吻部短，腹部有6個以上的色素斑。蛇鯔屬仔魚則有7個色素斑。從前面數來第3個色素斑前面是腹鰭的起點。本種沒有肛門前的鰭褶。

全長40公釐，大瀨崎，1月，7公尺

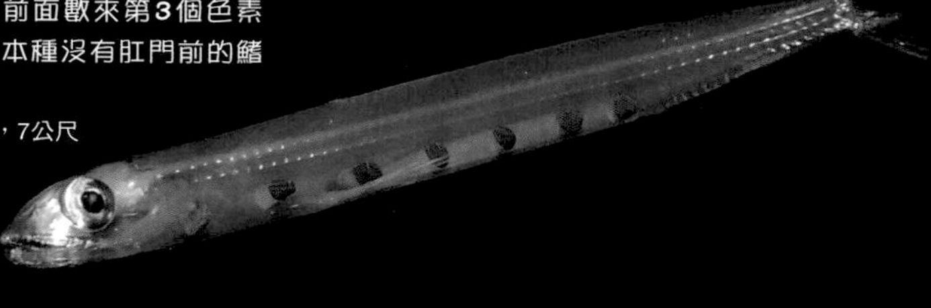

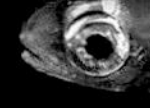

全長30公釐，八丈島，11月，8公尺

隸屬狗母魚屬的物種

[仙女魚目合齒魚科]

Synodus spp.

跟蛇鯔屬一樣，腹鰭的起點在前面數來第3個色素斑的正前方。肛門前有膜狀的鰭，不過這片鰭將在變成稚魚前就消失。身體腹側有8個以上的色素斑，肩斑狗母魚（*S. hoshinonis*）是8個，褐狗母魚（*S. fuscus*）跟革狗母魚（*S. dermatohenys*）則會有10個以上。

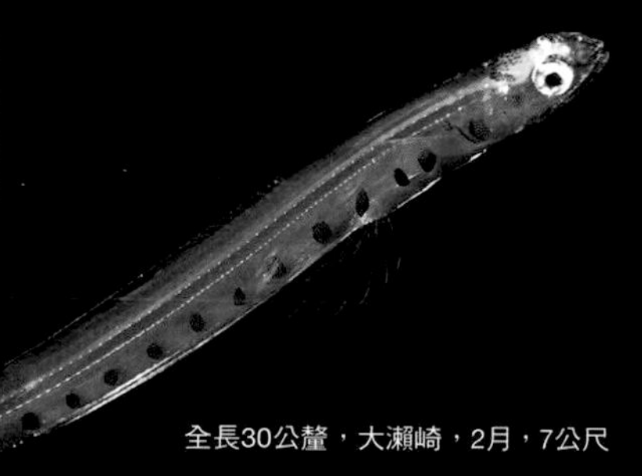

全長30公釐，大瀨崎，2月，7公尺

準大頭狗母魚

[仙女魚目合齒魚科大頭狗母魚屬]

Trachinocephalus myops

腹部有6個巨大色素斑，小的色素細胞則聚集在尾部末端，甚至擴散到尾鰭上。位在臀鰭基底後面的色素細胞，在仔魚初期時較為顯著。身體透明且略帶點白，不過有時依照明角度的不同可以看得到結構色。

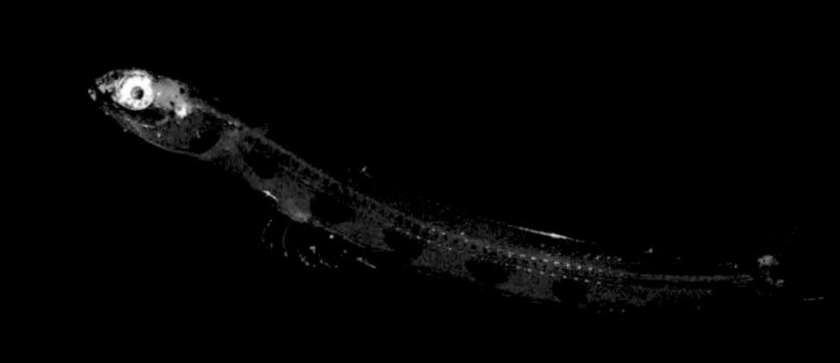

全長20公釐，大瀨崎，9月，7公尺

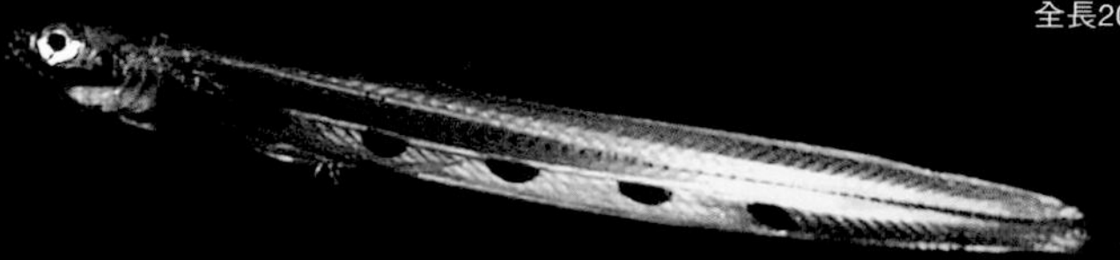

全長25公釐，大瀨崎，9月，3公尺

深海狗母魚屬未知種

[仙女魚目爐眼魚科]

Bathypterois sp.

各個部位的鰭都又大又發達，尤其胸鰭很明顯特別長。肛門就在臀鰭前面，臀鰭的起點就在背鰭終點更往前一點的地方。腹側和背側的尾鰭基底位置不同，兩者之間有高低差。

全長30公釐，父島，5月，3公尺

北極魣鱈

[仙女魚目魣蜥魚科]

Arctozenus risso

吻部尖銳。消化道會隨著發育而增長，肛門則大幅後退。全長35公釐左右的仔魚，其腹側有8個色素斑。鄰近變態前的仔魚全長會超過80公釐，具脂鰭，尾部則有色素沉澱。

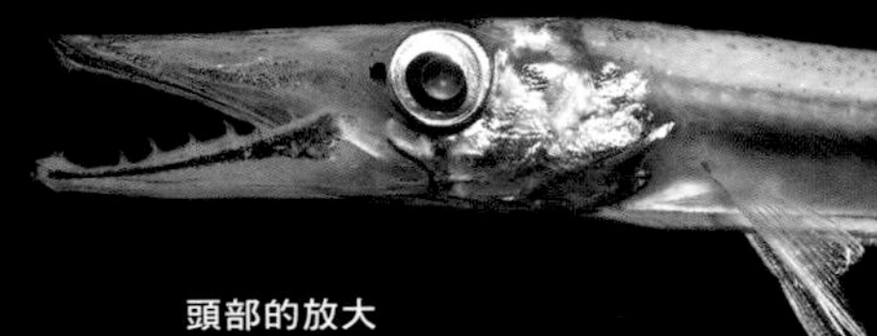

頭部的放大

全長110公釐，大瀨崎，10月，0.5公尺

（頭部長19公釐）

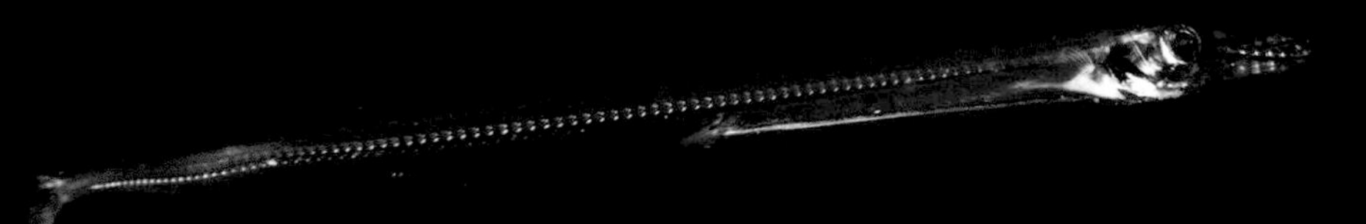

全長90公釐，大瀨崎，9月，7公尺

隸屬盜目魚屬的物種

[仙女魚目魣蜥魚科]

Lestidiops spp.

身形呈棒狀延展。腹側有多個色素斑，除了最前面的色素斑外，大部分的色素斑都以相同的大小排列。可利用「肛門正後方的色素細胞組合」跟「有無色素斑的差異」來辨別其品種。

全長35公釐，大瀨崎，2月，4公尺

全長30公釐，八丈島，11月，7公尺

燈籠魚屬未知種

［燈籠魚目燈籠魚科］

Myctophum sp.

身體為紡錘形，體高很高。仔魚初期吻部尖銳，不過會隨著發育而逐漸帶點圓潤，到仔魚後期時則變成圓形。黑色素細胞以頭部為中心遍布全身。當全長長到12公釐左右時，腹側長有發光器的鱗就完全發育成熟。照片中的魚外表很像粗鱗燈籠魚（*M. asperum*）的仔魚。

全長11公釐，大瀨崎，12月，10公尺

（堀口和重）

隸屬燈籠魚科的物種

［燈籠魚目］

Myctophidae genn. et spp.

燈籠魚類的身體側面或腹部長有發光器。牠們會發出微弱的光芒隱藏身體的輪廓，而且這樣一來，從下方往上看的掠食者似乎就無法察覺到牠們。發光器的分布依品種而異，因此也有人認為發光器有助於與同類交流聯絡。

全長45公釐，伊豆大島，8月，7公尺

拍攝發光生物

「發光生物」，這真是一個令人著迷的詞彙。大海之中——尤其是深海——就是發光生物的寶庫。目前已知有許多棲息在500公尺以下深度的浮游魚類或甲殼類會發光。夜潛時因為會開著水底燈，所以不太能發現牠們發出的微量光芒。很多時候是等拍完，把照射拍攝對象的燈移開的瞬間，才會看見牠們輕輕飄出藍白微光游走的身影。不管是武裝魷（p.72）還是燈籠魚類，都是要暫時關燈拍攝的對象。（阿部秀樹）

燈籠魚科未知種

可看到眼睛底下的發光器發出藍白光芒。這是我過去唯一一次在水下確認到這種發光景象。

全長60公釐，大瀨崎，3月，1公尺

多斑扇尾魚

[月魚目粗鰭魚科]

Desmodema polystictum

背鰭跟腹鰭上有延伸鰭條。這些鰭條會隨著發育退化，不過腹鰭的退化速度最慢——就算成長到全長超過150公釐，腹鰭也仍舊很長。要一直等到成魚後，才會變得不明顯。

全長55公釐，大瀨崎，10月，近水面下方

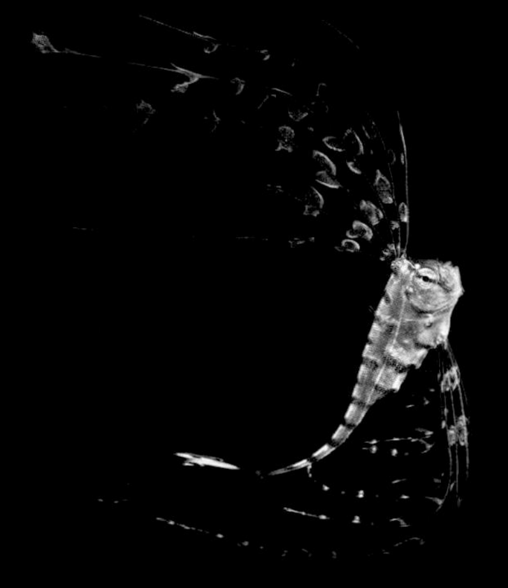

冠絲鰭魚

[月魚目粗鰭魚科]

Zu cristatus

身體後段較細，腹部看起來有些隆起。背鰭前段跟腹鰭會從仔魚期開始延伸，進入稚魚期後也會繼續拉長，最長的鰭條將超過魚身總長。尾鰭很小，上頭有1根鰭條會長得比較長。體表上有大大小小的色素橫紋。

全長50公釐，兄島，5月，8公尺

石川粗鰭魚（*T. ishikawae*）的成體

全長3公尺，青海島，6月，1公尺（齋藤勇一）

粗鰭魚屬未知種

[月魚目粗鰭魚科]

Trachipterus sp.

有著粗鰭魚科典型的大眼，以及下顎後方的突出、背鰭及腹鰭的延伸鰭條等特徵。尾鰭發達，有許多長長的鰭條。身體背側整片都長著大大小小的斑紋。

全長50公釐，大瀨崎，10月，11公尺

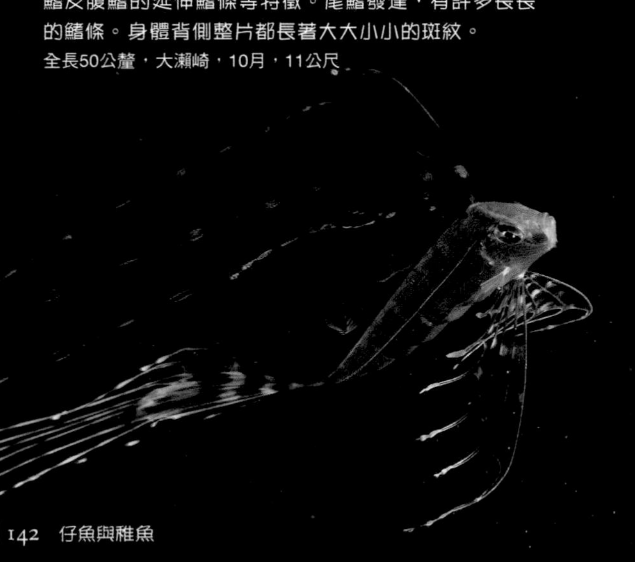

粗鰭魚科未知種

[月魚目]

Trachipteridae gen. et sp.

雖然粗鰭魚科的仔魚各個品種之間都很相似，但牠們會隨著發育產生顯著變化。背鰭前段與腹鰭的鰭條長長地延伸出去，其中間或前端隆起後會出現黑色素細胞。當全長超過**15**公釐時，背鰭就開始發達，它會像波浪一樣起伏以游動身體。

全長12公釐，南島，5月，10公尺

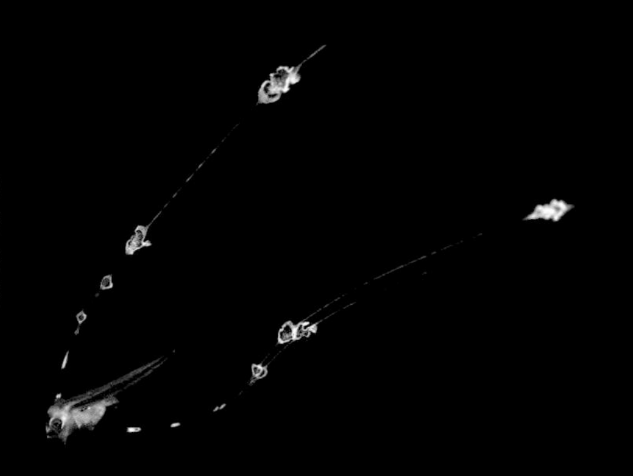

勒氏皇帶魚

[月魚目皇帶魚科]

Regalecus russelii

背鰭前端的**6**根鰭條明顯長得很長。腹鰭僅由**1**條鰭條構成，同樣也是相當長。黑色色素斑分散在體表表面。游泳時多半會將頭部傾向水面。仔魚全長大概是**15**公釐，成魚全長則超過**5**公尺。

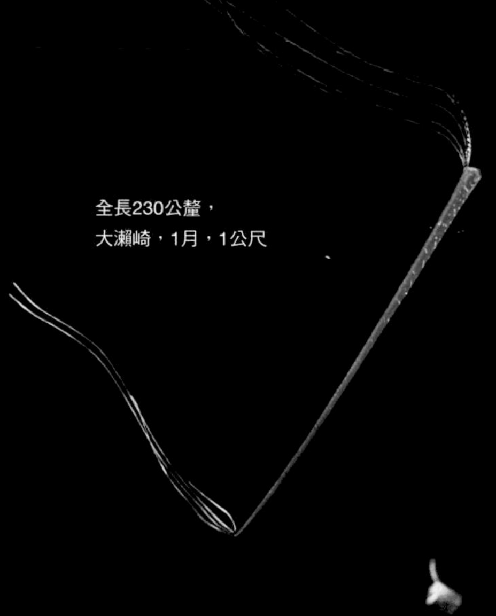

全長230公釐，
大瀨崎，1月，1公尺

全長1.2公尺，青海島，5月，8公尺

藏在櫛水母底下的樣子
全長15公釐，青海島，4月，6公尺

小瘤鱈
[鱈形目稚鱈科]
Guttigadus nana

體形細長，頭部也偏長，頭長約佔體長的30%左右。眼睛大，吻部短。下顎有一根鬚。胸鰭大又發達，相對地，腹鰭僅有2根鰭條。尾鰭後端圓潤。常常在水母類（p.38）或櫛水母類（p.50）身下游動。

躲在管水母下面的模樣
全長18公釐，青海島，5月，6公尺

隸屬海鰗鰍屬的物種
[鱈形目海鰗鰍科]
Bregmaceros spp.

初期的仔魚頭部會比軀幹還高。隨著發育，頭部逐漸縮小，仔魚後期時，體高最高的部位就變成了軀幹。頭部後面有1根頭頂鰭，腹鰭長長延伸，其前端會超過臀鰭的起點。色素的顯現方式會依品種而有各式各樣的樣貌。

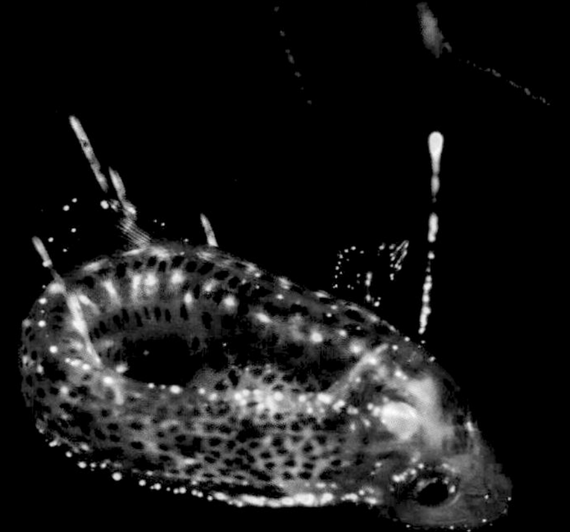

全長15公釐，大瀨崎，12月，2公尺
（野中 聰）

全長30公釐，大瀨崎，12月，4公尺

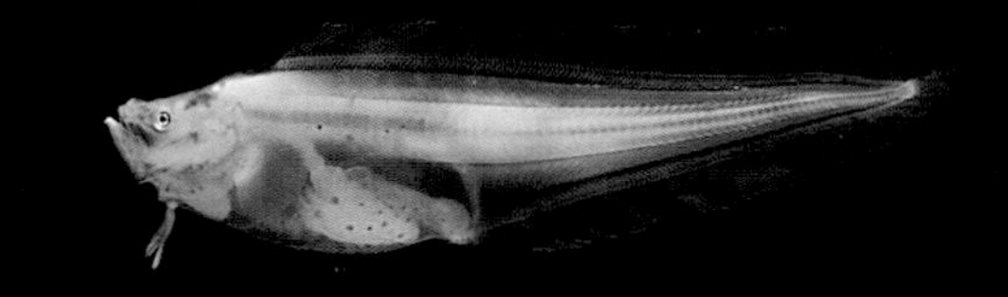

五線鼬鳚

[鼬魚目鼬鳚科]

Spectrunculus grandis

稚魚體高很高，近似成魚外形。鼬鳚科的仔稚魚多半具有纖長的消化道。雖然也有會形成外腸的品種，不過有些像本種一樣，會將長長的腸子彎起來收在腹腔裡面。

全長60公釐，大瀨崎，3月，5公尺

隱魚科未知種

[鼬魚目]

Carapidae gen. et sp.

背鰭前方有1根發育完全的延伸鰭條。因為看起來很像一面羽旗，所以這種仔魚也叫作「羽狀浮游幼體」（vexillifer：請參考本頁下方的專欄）。據目前所知突吻隱魚屬（*Eurypleuron*）和底潛魚屬（*Echiodon*）的仔魚會長出外腸。浮游期結束後將進入底棲期，此時身體退化，且背鰭的延伸鰭條會從身上脫落。

全長60公釐，青海島，5月，4公尺

唯獨隱魚類才有的高性能鰭條

隱魚科仔魚背鰭上的延伸鰭條被額外命名為「羽瓣」（vexillum）。在英文上似乎是「軍旗」的意思，大概是鰭條上的許多裝飾令人不由得作此聯想吧。這些裝飾非常適合欺騙掠食者的目光。請將照片中的羽瓣跟左邊管水母類的群體比比看，你會發現牠們十分相像。如果像這樣揮舞著軍旗前進，說不定沒有任何人敢阻礙牠的道路。

羽瓣的功能不只如此。與其他種仔魚的延伸鰭條相同，它被認為可以增加水阻以減緩沉降，還能讓自己體型看起來更大，有威嚇對方的效果。再加上，羽瓣內部也長有血管跟神經，好像能做為感覺器官來運用。不知是獵物的氣味？還是敵方的動靜？總之牠們可以透過羽瓣感覺到什麼，這一點無庸置疑。（若林香織）

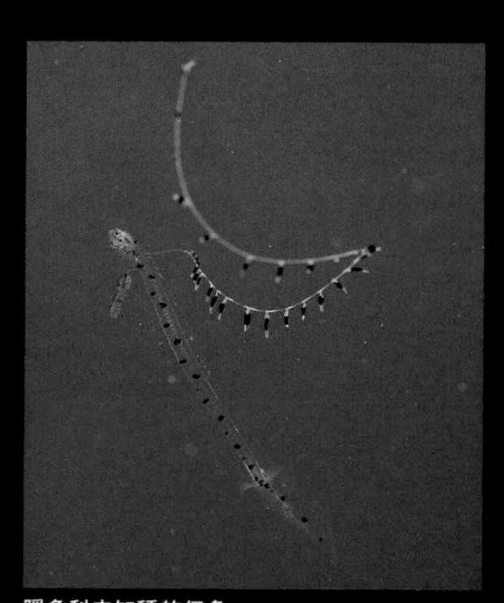

隱魚科未知種的仔魚

全長60公釐，青海島，4月，1公尺

黃鮟鱇

[鮟鱇目鮟鱇科]

Lophius litulon

仔魚頭部有大量黑色素細胞，身上則有**3**條色素橫紋。稚魚期時各個部位的鰭都會大大發揮作用，前背鰭條與腹鰭條也會長得很長。魚鰭平滑擺動的樣子，乍看之下甚至有可能被誤認成水母類的傘部或觸手。稚魚初期的身體呈黃色，在發育的過程中逐漸增加黑色部分。

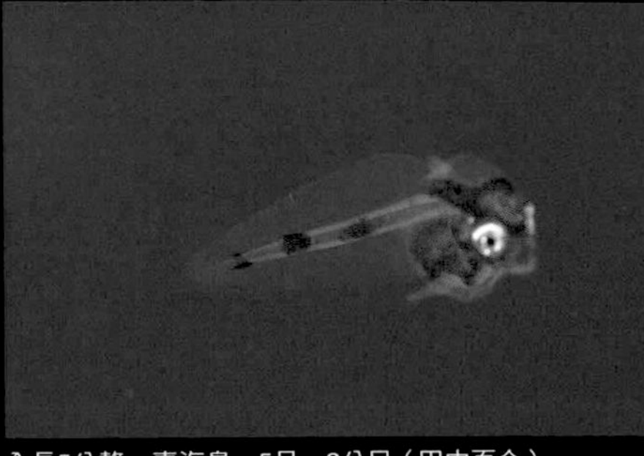

全長5公釐，青海島，5月，2公尺（田中百合）

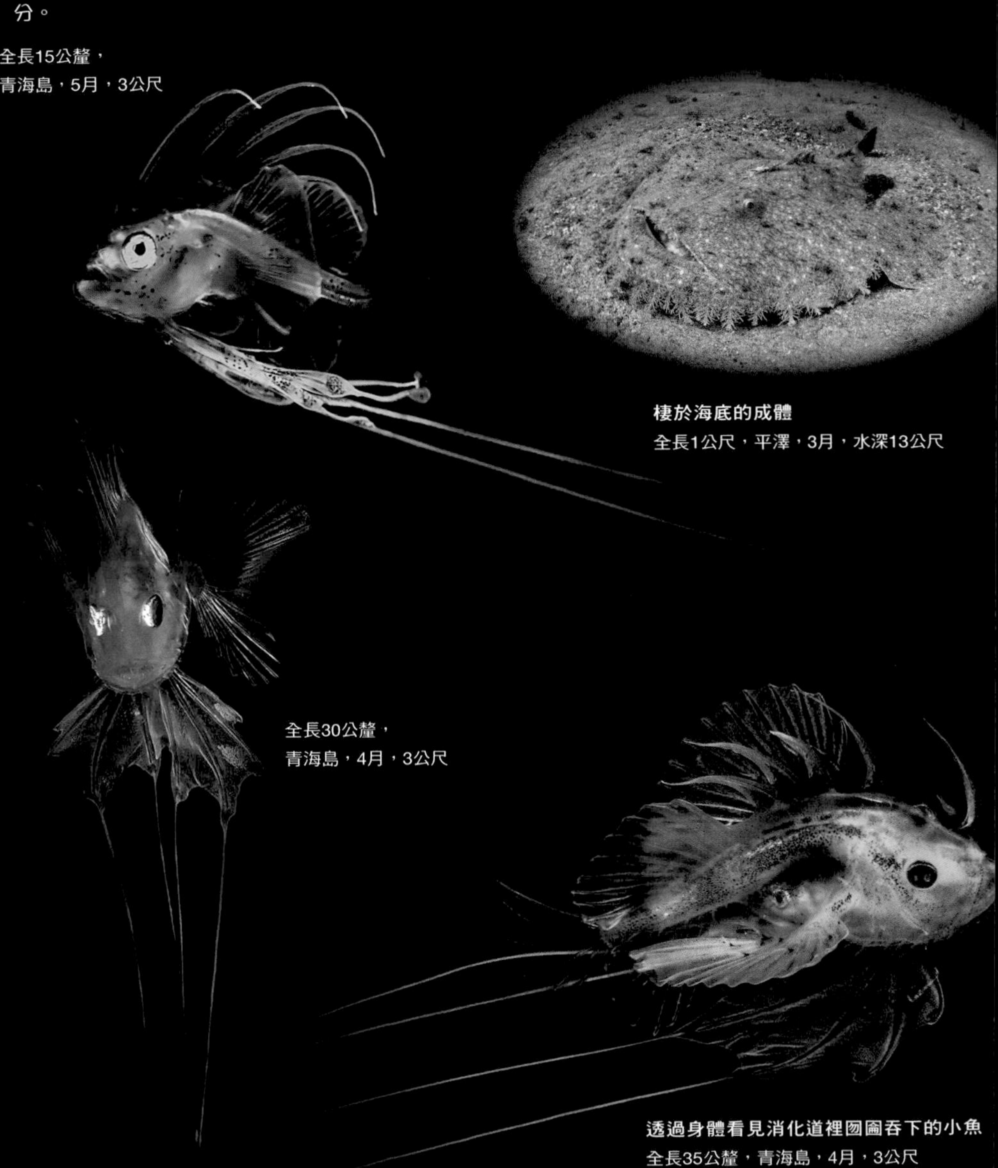

全長15公釐，
青海島，5月，3公尺

棲於海底的成體
全長1公尺，平澤，3月，水深13公尺

全長30公釐，
青海島，4月，3公尺

透過身體看見消化道裡囫圇吞下的小魚
全長35公釐，青海島，4月，3公尺

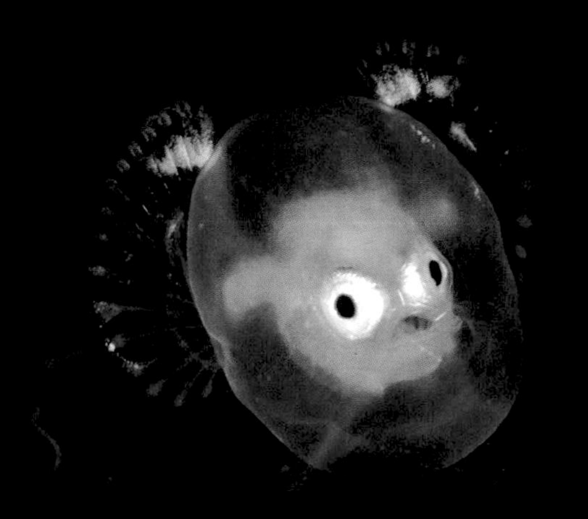

蝙蝠魚科未知種

[鮟鱇目蝙蝠魚亞目]

Ogcocephalidae gen. et sp.

大大膨脹的皮膜從頭部覆蓋到尾部，整體偏圓。皮膜表面上叢生許多小刺，具備腹鰭。外形類似單棘躄魚科（*Chaunacidae*）的仔魚，不過本科仔魚身上有著膨脹的皮膜與發達的大胸鰭這兩樣特色。

全長10公釐，屋久島，4月，3公尺（野中 聰）

隸屬巨棘鮟鱇屬的物種

[鮟鱇目角鮟鱇亞目巨棘鮟鱇科]

Gigantactis spp.

皮膜像是要從頭到尾包覆全身般膨大。沒有腹鰭，胸鰭大而發達。背鰭鰭條在10根以下。黑色素細胞呈條紋狀分布在身體表面，有時會密集出現在背鰭的前半部及胸鰭基底部位。

全長10公釐，父島，5月，1公尺

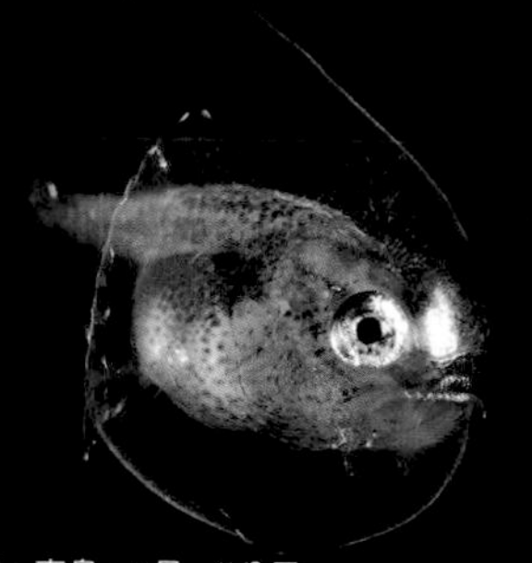

全長15公釐，南島，5月，8公尺（小山麗子）

全長10公釐，父島，5月，1公尺

角鮟鱇亞目未知種

[鮟鱇目]

Ceratioidei

皮膜微脹，但又不到巨棘鮟鱇屬的程度。胸鰭相對較小，沒有腹鰭。背鰭鰭條少於10根以下。黑色素細胞的分布並不濃密。

全長9公釐，父島，5月，5公尺（小山麗子）

鋸鱗魚屬未知種

[金眼鯛目金鱗魚科]

Myripristis sp.

金鱗魚科的物種會經歷名為「銀口幼魚」（rhynchichthys）的仔魚期。銀口幼魚的頭部具有強壯發達的棘刺，其成長為稚魚後，後頭部的短棘或尖銳突出的吻部即是那些棘刺殘存下來的痕跡。

全長13公釐，大瀨崎，8月，4公尺

遠東海魴

[的鯛目的鯛科]

Zeus faber

吻部短，幾乎與頭部前端垂直。下顎後端朝下突出，魚口大幅傾斜。全身覆蓋色素細胞。當全長達到7公釐左右時，鰭條即發育完成，而且在身體側面可見到頗具特色的色素帶。

全長7公釐，大瀨崎，12月，10公尺

全長5公釐，青海島，5月，4公尺

線菱鯛科未知種

[的鯛目]

Grammicolepididae gen. et sp.

體形側扁，背鰭的第一鰭條長長地延伸出去。上顎短，下顎往上傾斜。照片中的個體身形較為修長，腹鰭鰭條也很長。這些特徵與迄今為止所記錄的本科仔稚魚略有不同，有可能是因品種或發育階段的差異導致。

全長7公釐，大瀨崎，1月，6公尺

隸屬海龍科的物種
[刺魚目]

Syngnathidae genn. et spp.

海龍科的物種會在雄性的腹部育卵囊保護雌性生下來的受精卵，待養到仔魚或稚魚的時候再讓孩子誕生至海中。如今關於本科仔稚魚的資訊依然匱乏，附帶觀察地點或體型大小等情報的照片將成為重要的知識見解。

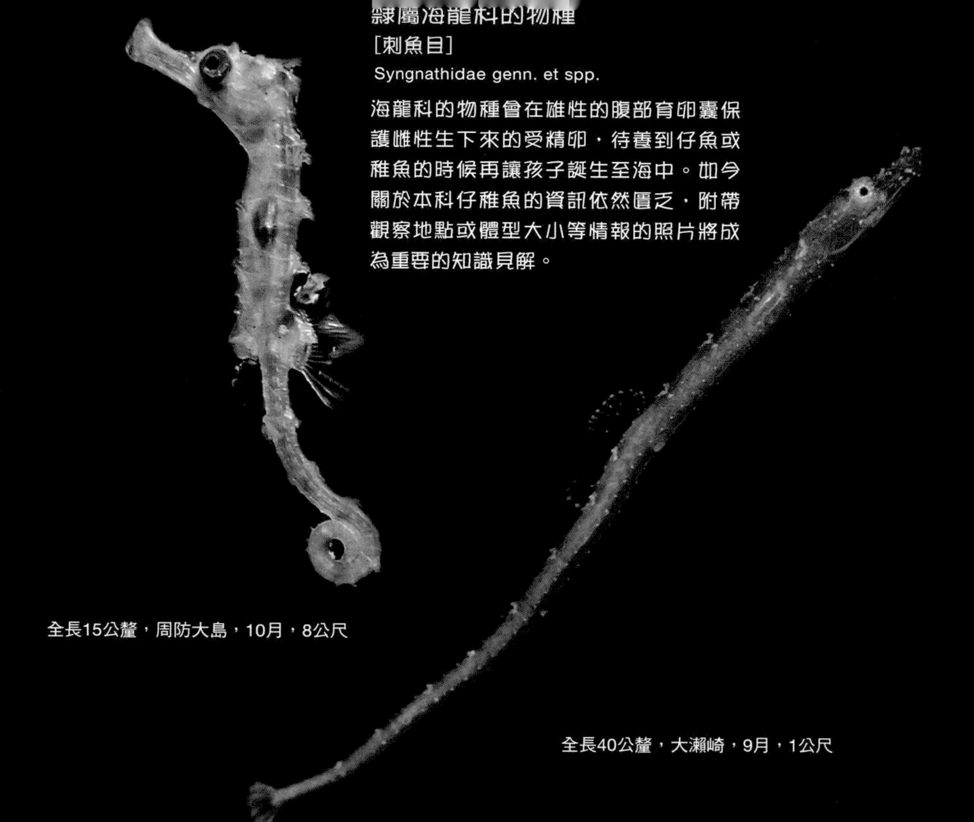

全長15公釐，周防大島，10月，8公尺

全長40公釐，大瀨崎，9月，1公尺

相遇地點的百次巡禮

有些地方和季節十分適合觀察拍攝浮游生物，其中最棒的地點是「在潮汐多變的場所附近，有海潮匯集的地方」，不過自然條件時時刻刻都會出現變化就是了。有時即使海流沒有大幅變動，表層的海水也會被風帶向岸邊；或是出現上升流，將棲息在深海的浮游生物送到沿岸。

那些曾經讓我們獲得不錯成果的地方，就算只碰過一次，也應該藏有某些正面因素；但也不保證去了那裡就一定會有好成績。有時也能藉由多次前往的經驗，察覺到好日子出現的傾向。就算沒有成果的日子持續下去也不要因此而鬱悶失望，頻繁往返就會增加相遇的機會。（阿部秀樹）

全長35公釐，兄島，5月，10公尺

筑紫飛魚

[鶴鱵目飛魚科]

Cypselurus doederleinii

體形較細，頭部頗小。當全長來到**15**公釐時，下顎會長出**1**對鬍鬚狀器官。本種的鬍鬚狀器官又寬又短。身體、胸鰭及腹鰭上頭，濃淡色素細胞呈帶狀排列。背鰭的色素細胞將隨成長發育而增加。

全長40公釐，八丈島，2月，6公尺（石野將太）

隸屬飛魚科的物種

[鶴鱵目]

Exocoetidae genn. et spp.

飛魚類各品種的成魚體色很相近，但仔稚魚的色素細胞排列組合卻是豐富多姿。尤其出現在背鰭、胸鰭、腹鰭上的色素細胞排列方式會被運用在物種的判定上。

全長35公釐，兄島，5月，9公尺

全長15公釐，父島，5月，1公尺

全長12公釐，沖永良部島，11月，8公尺

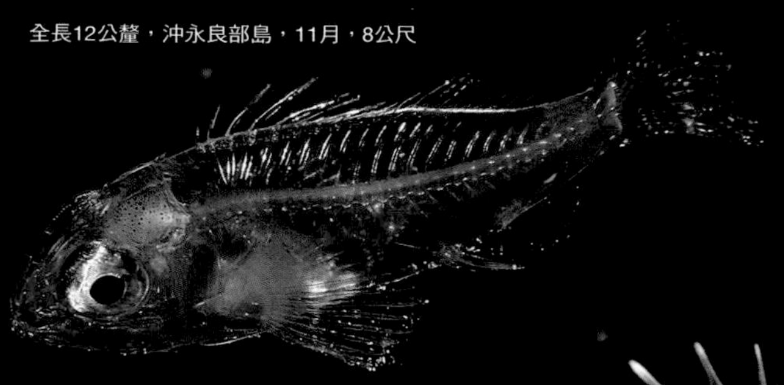

隸屬鮋科的物種

[鮋形目鮋亞目]

Scorpaenidae genn. et spp.

鮋類仔稚魚的頭部會出現很多短棘，短棘的有無與長度是鑑定品種的重要情報。身體跟魚鰭上出現的色素斑，其分布也因品種而異。大多數鮋科仔稚魚的胸鰭會呈扇形大大展開。

全長13公釐，大瀨崎，10月，1公尺

稜鬚蓑鮋

[鮋形目鮋亞目鮋科]

Apistus carinatus

身形略為細長。胸鰭大而發達，常常會將胸鰭朝與身體垂直的方向展開來游泳。尾鰭後緣帶點圓。頭部有黑色素色帶，其以眼睛為中心朝3個方向呈放射狀延伸。身體側面也有從頭部蔓延到尾部的3條色素帶。

全長15公釐，父島，5月，6公尺

單指虎鮋

[鮋形目鮋亞目毒鮋科]

Minous monodactylus

下顎稍微突出，魚嘴傾斜。胸鰭上有12根鰭條，鰭條展開呈扇形。單指虎鮋的背鰭第一鰭條跟第二鰭條幾乎等長，同屬的細鰭虎鮋（*M. pusillus*）則是第一鰭條比第二鰭條還短。尾部背腹兩側會有色素斑形成。

全長10公釐，青海島，5月，4公尺

棘黑角魚

[鮋形目鮋亞目角魚科]

Chelidonichthys spinosus

頭部偏大，吻部有些突出。扇形展開的胸鰭完全被黑色素細胞所包覆。沉降海底後，只要再進一步發育，胸鰭就會變成鮮豔的藍色。胸鰭的鰭條在整段仔稚魚時期都不會長長。

全長13公釐，周防大島，6月，3公尺（中島賢友）

鱗角魚屬未知種

[鮋形目鮋亞目角魚科]

Lepidotrigla sp.

頭部比棘黑角魚還高，寬度也比較寬。魚嘴很大，吻部向前突出。胸鰭呈扇狀開展，第三鰭條明顯向後延伸。比起同時期的棘黑角魚，其色素細胞的形成較為不足。

全長10公釐，大瀨崎，3月，3公尺（野中聰）

黃魴鮄科未知種

[鮋形目鮋亞目]

Peristediidae gen. et sp.

頭頂部位或鰓蓋上長有帶鋸齒列的強壯棘刺，發育後的稚魚，其吻部突起會變得相當明顯。胸鰭鰭條向外延伸，跟角魚科的仔稚魚比起來，尾部更為細長。

全長40公釐，青海島，5月，3公尺

棘屬針鮋屬的物種

［鮋形目鮋亞目針鮋科］

Hoplichthys spp.

頭部很大，且極度縱扁；身軀纖細。魚嘴大張，眼睛稍微外凸。消化道後端很粗，並往下突出。隨著鰭條的分化，背鰭的起點會漸漸向後退。胸鰭呈扇形大大展開。

全長8公釐，青海島，5月，5公尺

全長20公釐，青海島，5月，6公尺

雙馬尾偶像

春天的海洋不斷上演著浮游生物們的激烈人氣之爭。在仔稚魚裡頭，黃鮟鱇與牙鮃是不變的人氣王。

角魚科的仔魚不像黃鮟鱇那麼華美，也沒有牙鮃的透明感。不管怎麼說，牠都是既嬌小又不起眼的那隻。只不過，牠們那副雙馬尾向後飄揚，拚命又跌跌撞撞的泳姿實在很可愛。是只要看過一次就會想一直看下去的存在。

雙馬尾的真面目是長長延伸的胸鰭鰭條，長度似乎會隨品種而有所差異。也有像圖片這樣，雙尾後端呈緞帶狀延展的品種。每次游動時都會左右搖擺，看上去很像水母的觸手。這是剛出生不久的仔魚獨有的魅力所在。

黃魴鮄科的仔魚也有很長的胸鰭鰭條，不過牠們頭上有兩根大棘，可藉此區分。角魚科的仔魚則是頭部棘刺很短。（若林香織）

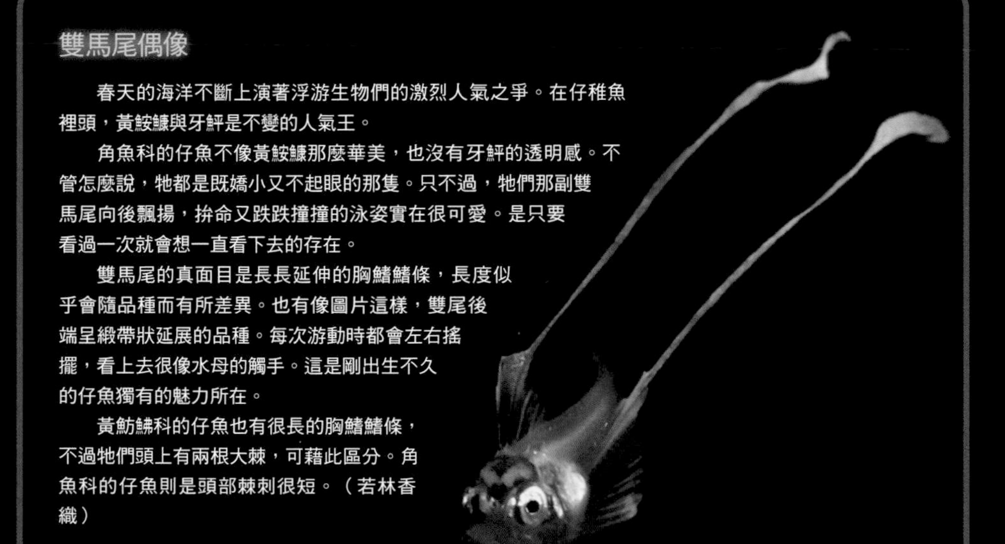

角魚科未知種的仔魚
全長7公釐，青海島，5月，2公尺

隸屬天竺鯛科的物種

[鱸形目鱸亞目]

Apogonidae genn. et spp.

外形千變萬化，從細長到體高很高的品種都有；其共通點是口大、眼與鰾也大。鰾的背面有黑色素細胞。也存在著消化道有發光器的物種。

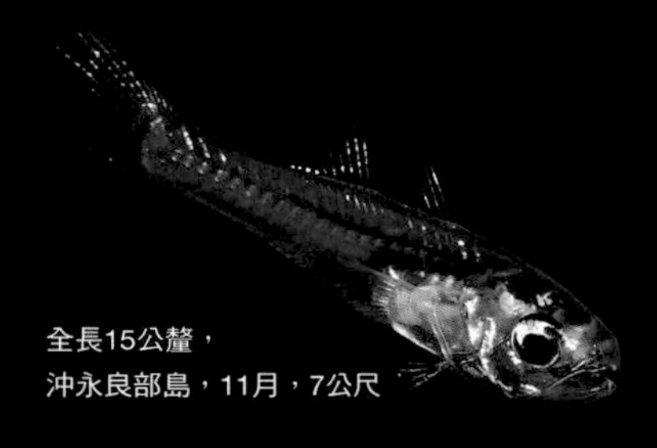

全長17公釐，沖永良部島，11月，8公尺

全長20公釐，沖永良部島，11月，10公尺

全長15公釐，沖永良部島，11月，7公尺

鰺科未知種

[鱸形目鱸亞目]

Carangidae gen. et sp.

仔魚時期發達成熟的頭部棘刺，大致上會在稚魚期的時候消失。黑色素細胞密集出現在身體側面，這一點經常有助於判斷種別。鰺科稚魚會緊貼水母類或櫛水母類以藏匿身形。照片裡的稚魚正挨著水母*Lampea pancerina*不走（P.50）。

全長15公釐，青海島，5月，7公尺（齋藤勇一）

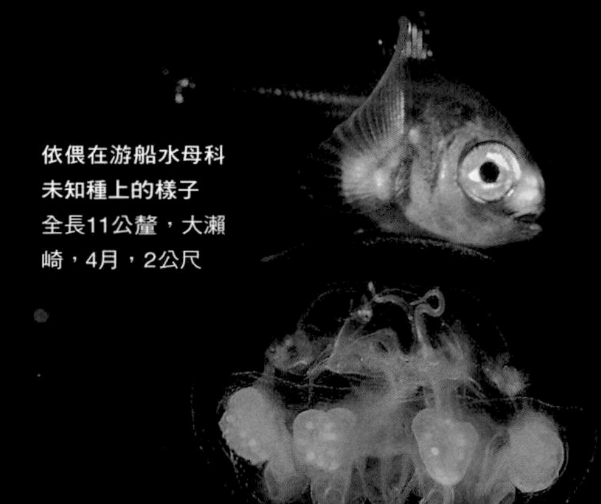

依偎在游船水母科未知種上的樣子

全長11公釐，大瀨崎，4月，2公尺

隸屬烏魴科的物種

[鱸形目鱸亞目]

Bramidae genn. et spp.

頭部和眼睛非常大。胸鰭發達，烏魴屬（*Brama*）身上的背鰭跟臀鰭也將愈來愈大。目前知道部分烏魴科的仔稚魚還會利用水母類等生物作為藏身之處。

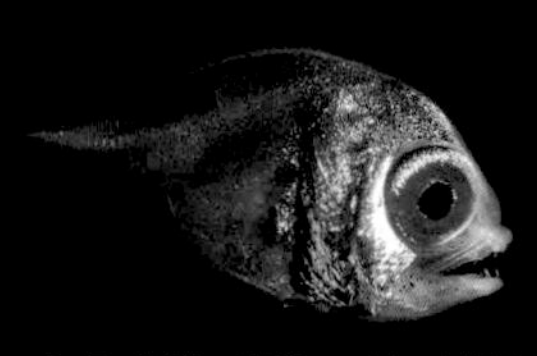

全長7公釐，南島，5月，8公尺

星點笛鯛

[鱸形目鱸亞目笛鯛科]

Lutjanus stellatus

笛鯛科仔稚魚的身體側面及背鰭的色素斑、鰭條的生長狀態都會因物種而異。在前往海底附近地區生活的過渡時期，笛鯛科稚魚的背鰭鰭條整體來說都很長，第二、三、四根鰭條長度幾乎相等。

全長20公釐，伊豆大島，8月，8公尺

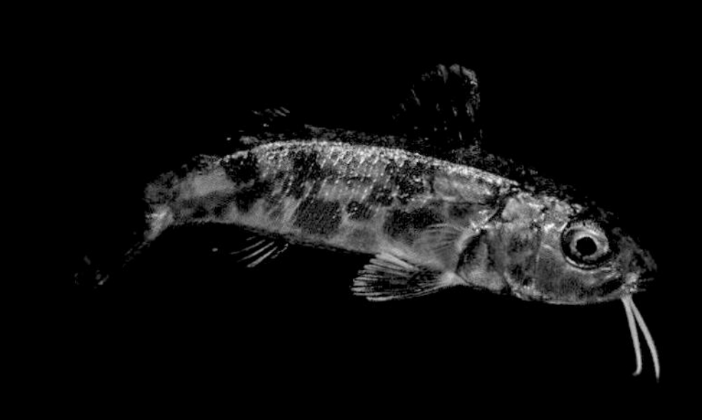

日本緋鯉

[鱸形目鱸亞目鬚鯛科]

Upeneus japonicus

仔魚在海中過著浮游生活。全長長到16公釐時就會變成稚魚，從浮游生活改換成在海底附近的生活模式。稚魚體表會出現紅色或茶褐色的斑紋，最後下顎變形成鰓條骨，長出魚鬚。

全長24公釐，大瀨崎，12月，2公尺

隸屬擬金眼鯛屬的物種

[鱸形目鱸亞目擬金眼鯛科]

Pempheris spp.

體形側扁。背鰭與胸鰭不大也不太發達。頭部長出茂密的黃色或橘色色素細胞的情況很多。黑色素細胞會出現在尾部，其分布模式是鑑別品種的重要資訊。

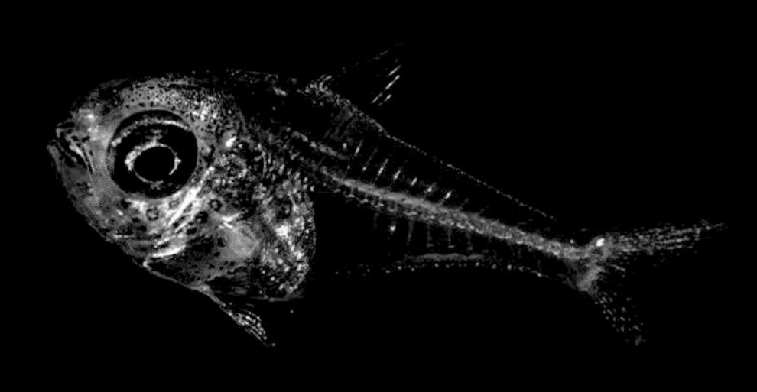

全長10公釐，沖永良部島，11月，9公尺

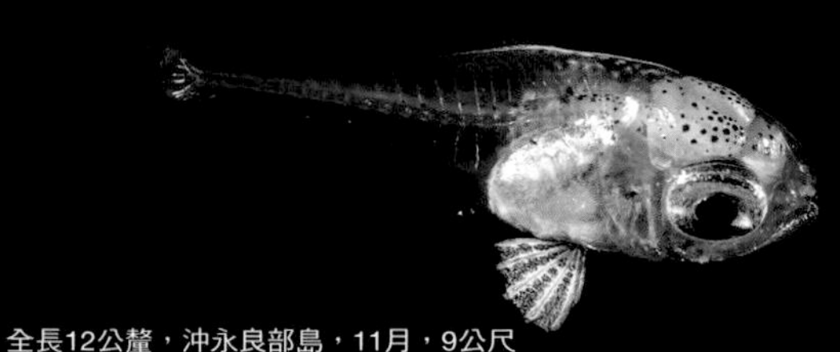

全長12公釐，沖永良部島，11月，9公尺

棘屬蝴蝶魚科的物種

[鱸形目鱸亞目]

Chaetodontidae genn. et spp.

整個頭部被骨質板所包覆，構成鰓蓋的前骨（前鰓蓋骨）向後突出。因為展現出這般特異的外形，所以蝴蝶魚科的仔稚魚又叫作「棘盾幼魚」（tholichthys）。

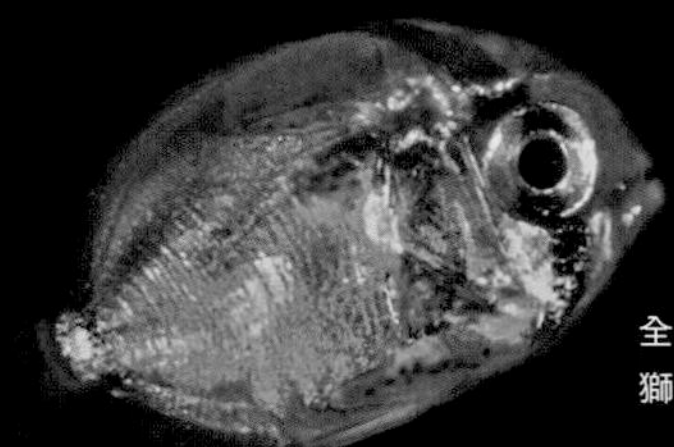

全長9公釐，獅子濱，10月，10公尺

全長15公釐，大瀨崎，10月，2公尺

全長12公釐，大瀨崎，4月，6公尺

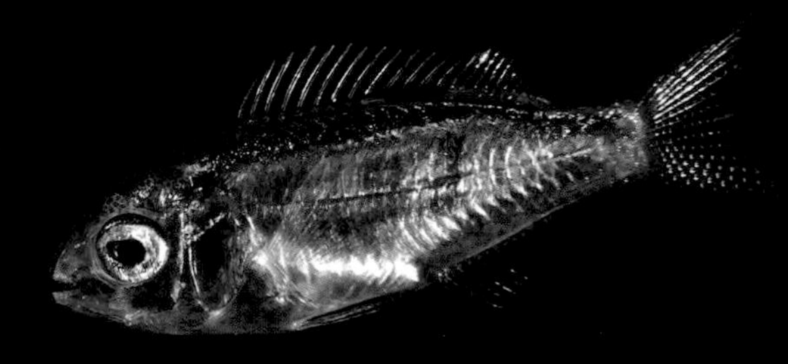

雀鯛科未知種

[鱸形目鱸亞目]

Pomacentridae gen. et sp.

經常看到黑色素細胞密集出現在頭部或尾部的中線上。照片裡的個體吻部較圓，身體接近橢圓形。從色素細胞的分布方式與背鰭的棘數來看，牠可能是光鰓雀鯛屬（*Chromis*）的未知品種。

全長13公釐，沖永良部島，11月，8公尺

日本櫛鯧

[鱸形目鯧亞目長鯧科]

Hyperoglyphe japonica

頭部偏圓，背鰭是一座前低後高的山。全身被細小的黑色素細胞所籠罩。與其體形相似的刺鯧（*Psenopsis anomala*）則是身體前段會出現大型黑色素細胞。已知本種會捕食水母（p.38）及櫛水母（p.50）。

全長11公釐，大瀨崎，1月，5公尺

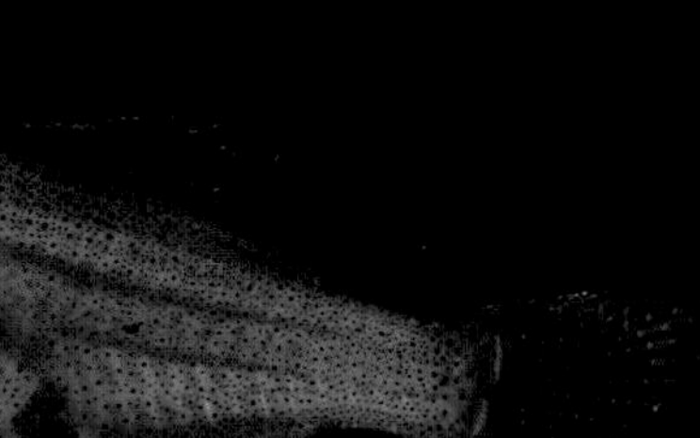

項鰭魚屬未知種

[鱸形目隆頭魚亞目隆頭魚科]

Iniistius sp.

身體纖長，相當側扁。眼與口都非常小。背鰭的第一鰭條明顯伸長，第二鰭條跟第三鰭條之間稍微有段距離。若是洛神項鰭魚（*I. dea*）或巴父項鰭魚（*I. pavo*），則連成魚身上都看得到背鰭的延伸鰭條。另一方面，也有仔稚魚期時第一鰭條不會長得特別長的品種。

全長20公釐，沖永良部島，10月，8公尺

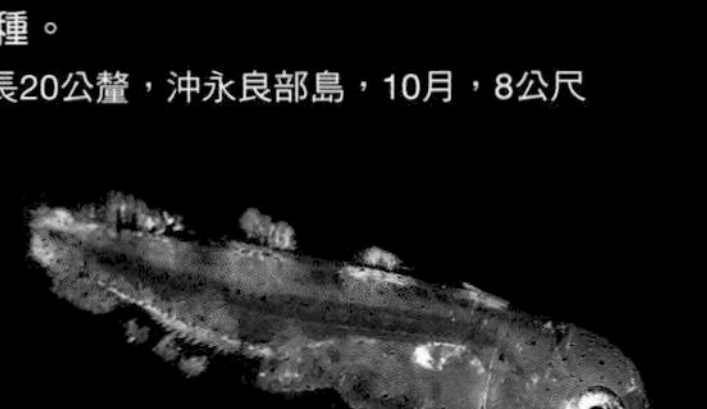

全長11公釐，青海島，4月，3公尺

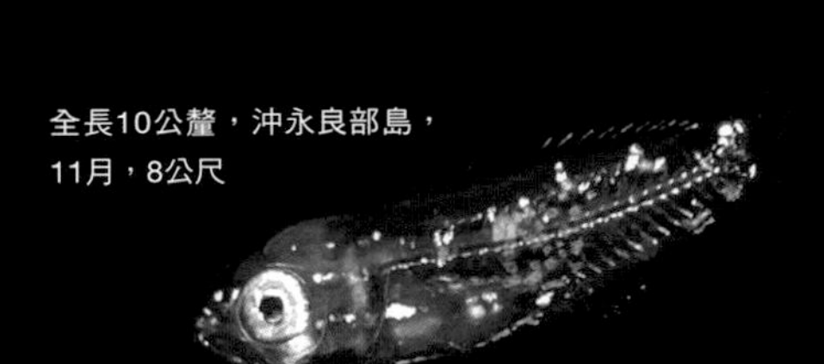

全長10公釐，沖永良部島，11月，8公尺

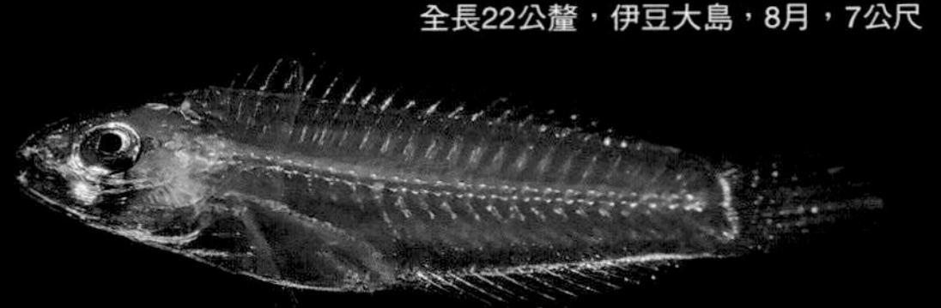

全長22公釐，伊豆大島，8月，7公尺

隸屬隆頭魚科的物種

[鱸形目隆頭魚亞目]

Labridae genn. et spp.

身形通常細長側扁。魚嘴很小，兩顎後端未達眼睛前緣。背鰭的基底非常長，幾乎涵蓋了整個軀幹背側。缺乏色素，多是身體透明的狀態。

攝影工夫　之1

在以大自然為對象的攝影上，與拍攝對象的相遇可說是一生一次。活動範圍在水中，而且時間也有限的水下攝影就更不用說了；一生只會見一次面的拍攝對象也很多，機會就僅只那麼一次。為了抓住這個機會，必須先好好思考器材設備的安排，並自行予以嘗試。過去我所想出來的方案，真正用到的不曉得有沒有十分之一。有時候荒謬至極的想法也可能會發揮絕佳良效，不管任何靈感最好都去試試看。為了拍出好的浮游生物照片，在拍攝器材上下工夫是最重要的事項之一。（阿部秀樹）

閃光燈與水底燈的燈罩

藉由這種「假魚」外形，在背光使用時可讓拍攝對象朝向鏡頭，發揮出超乎想像的成效。

杜父魚科未知種

[鮋形目杜父魚亞目]

Cottidae gen. et sp.

身形細長，頭部雖小，眼睛卻很大。在鑑別品種時，會用頭部的棘刺與黑色素細胞分布模式來判斷。仔魚期的肛門位於身體前段。照片中的個體消化道膨脹，可依稀看見內部被捕食的仔魚的眼睛。

全長15公釐，青海島，4月，2公尺（中島賢友）

獅子魚屬未知種

[鮋形目杜父魚亞目獅子魚科]

Liparis sp.

身體短，頭部大。全身被柔嫩皮膚包覆。剛孵化出來的仔魚在左右兩邊有扇形的胸鰭。胸鰭基底會隨發育逐漸朝腹側延伸。

全長5公釐，青海島，4月，5公尺（中島賢友）

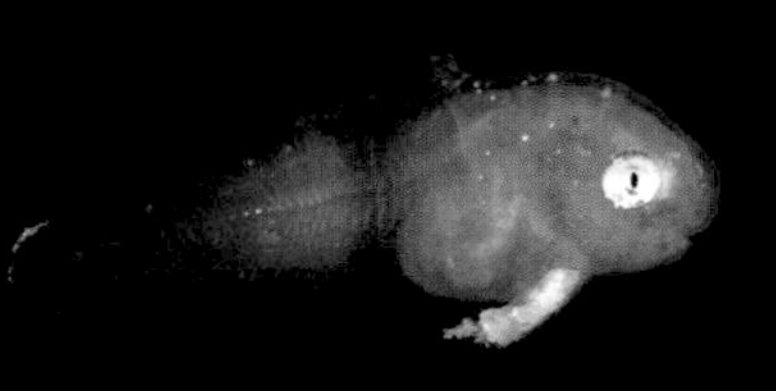

昂氏棘吻魚

[鱸形目鱷鰧亞目鱸騰科]

Acanthaphritis unoorum

身體細長，頭部縱扁，吻部長長延伸。仔魚期位於頭部側面的眼睛，會在稚魚期移動到頭頂，左右兩眼彼此揹近。臀鰭的基底很長，其起點在背鰭起點的前面。

全長15公釐，青海島，10月，6公尺

鱷齒魚屬未知種

[鱸形目鱷鰧亞目鱷齒魚科]

Champsodon sp.

從鰓蓋中伸出線狀或緞帶形的附屬物。頭部很大，魚嘴傾斜，下顎略顯突出。有著非常大的鰾，可長到佔據大部分的腹腔。

全長15公釐，大瀨崎，12月，5公尺（堀口和重）

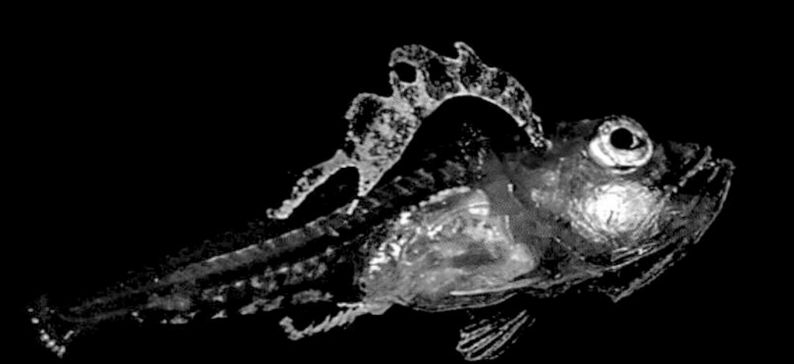

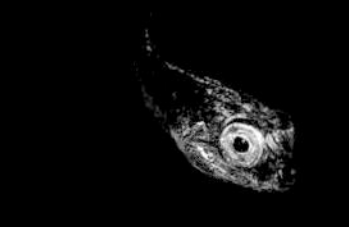

帶鯯屬未知種

[鱸形目鯯亞目鯯科]

Xiphasia sp.

尾部修長延展，體形像鰻魚般細長。頭部高度比體高還高，寬度也很寬。稚魚期的尾鰭呈扇形舒展，但以成魚來看，尾鰭前端將會變細或變窄。

全長90公釐，八丈島，11月，3公尺

鼠鰤科未知種

[鱸形目鰤亞目]

Callionymidae gen. et sp.

相對於尾部，頭部及身軀頗大。仔魚初期時，眼睛在頭部的側面；仔魚後期時則移動到背面。

全長6公釐，大瀨崎，1月，3公尺

攝影工夫　之2

明明沒有游動逃走的速度，卻會「從眼前消失」——浮游生物是一種令人頭痛的拍攝對象。最重要的是，不要看丟拍攝對象。如果可以兩人一組進行拍攝，其中一人就能在旁邊支援、打光，同時充當把風的。只要每隔幾分鐘輪替角色來拍照，就比較不會看丟拍攝對象。假使是三人攝影小組，那跟丟拍攝對象的風險就會變得更低。雖然這很理所當然，但我們的拍攝對象並不會「看鏡頭」，牠們眼中的我們就是掠食者的樣子。如果相機面向牠們靠近，牠們就會馬上轉身背對。不過，若能從三個方向包圍拍攝，三人之中就至少有一個人能拍到牠的正面。只要稍微拍攝一段時間，拍攝對象便會再轉向別處。拍完的人先退後一步避免擋到，其他兩人之中的一人就再向前一步拍攝。也許三人小組「前進後退的取捨」聽起來很困難，但漏拍的情況會比一個人拍攝時少上許多。（阿部秀樹）

鰗鰕虎魚屬未知種

[鱸形目鰕虎亞目蚓鰕虎科]

Gunnellichthys sp.

身形明顯拉長，體高矮。頭部小，吻部圓。下顎比上顎更突出。背鰭的基底非常長，幾乎佔據身體的整個背側。腹鰭很小。鰕虎類仔稚魚的鰾一般是在腹腔前方，但蚓鰕虎科的鰾會隨發育階段往腹腔後方移動。

全長30公釐，伊豆大島，8月，6公尺

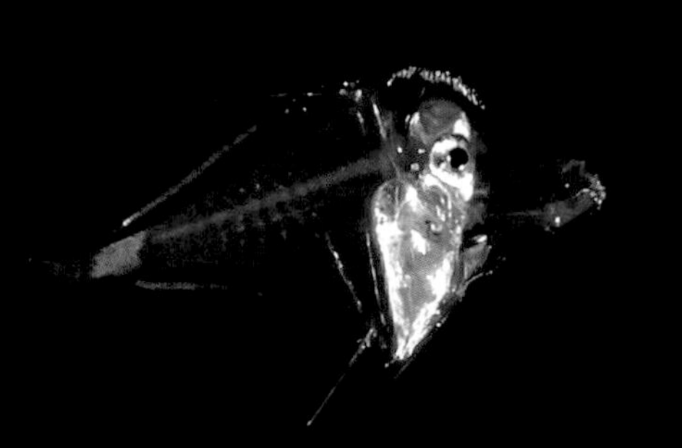

鼻魚屬未知種

[鱸形目刺尾魚亞目刺尾鯛科]

Naso sp.

身體相當側扁，吻部明顯向前凸。腹部將隨著發育朝下突出，因此體形會變得近似菱形。具備這種特徵的仔魚又名為「keris幼魚」。背鰭與臀鰭的第一鰭條、連同腹鰭條都會明顯伸長，這些鰭條上有著很多小齒列。腹腔內部有色素細胞。

全長6公釐，沖永良部島，11月，7公尺

隸屬刺尾鯛科的物種

[鱸形目刺尾魚亞目]

Acanthuridae genn. et spp.

除了鼻魚屬以外的刺尾鯛科仔魚，其吻部短而突出，腹部帶點圓形。這個階段的仔魚稱作「acronurus幼魚」。出生時全長2公釐左右，長到60公釐時便轉入稚魚期。

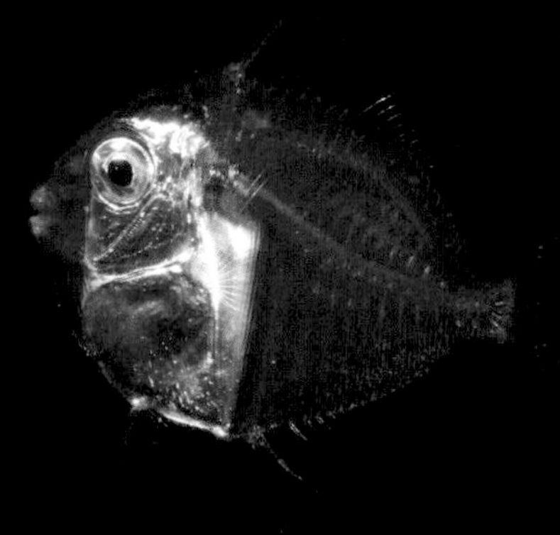

全長25公釐，八丈島，11月，8公尺

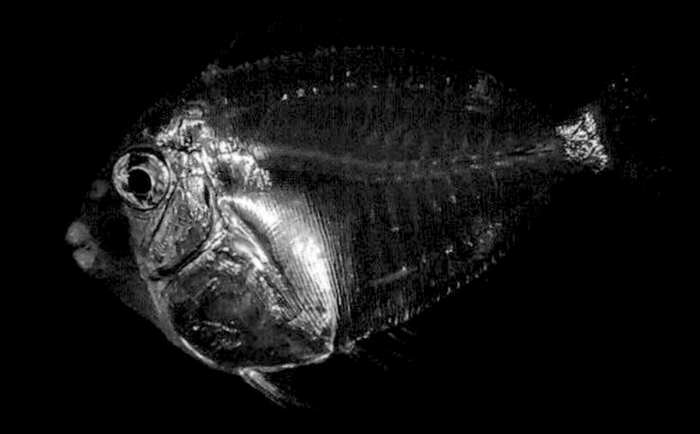

全長30公釐，伊豆大島，8月，5公尺

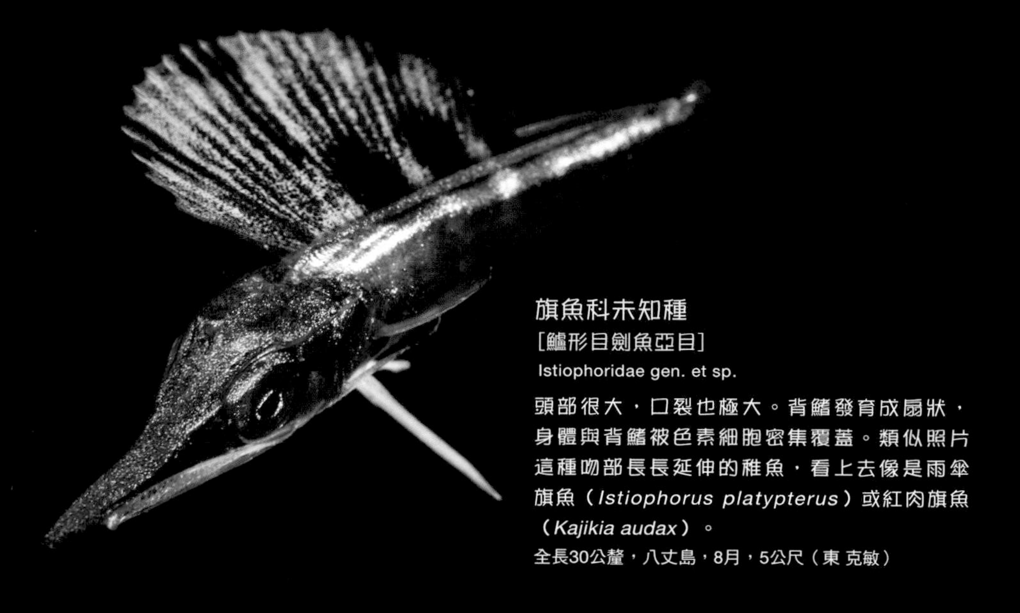

旗魚科未知種

[鱸形目劍魚亞目]

Istiophoridae gen. et sp.

頭部很大，口裂也極大。背鰭發育成扇狀，身體與背鰭被色素細胞密集覆蓋。類似照片這種吻部長長延伸的稚魚，看上去像是雨傘旗魚（*Istiophorus platypterus*）或紅肉旗魚（*Kajikia audax*）。

全長30公釐，八丈島，8月，5公尺（東 克敏）

日本帶魚

[鱸形目鯖亞目帶魚科]

Trichiurus japonicus

頭部在仔魚時期就已經很長，吻部朝前突出。背鰭的鰭條從前段開始逐漸分化。臀鰭基底幾乎擴展到整個腹側後方，鰭條極短。肛門在仔魚初期時位於身體前段，之後隨著發育慢慢退到中央附近。仔魚期的身體稍微有些透明感，進入稚魚期後，身上會覆蓋一層帶魚特有的美麗銀色。

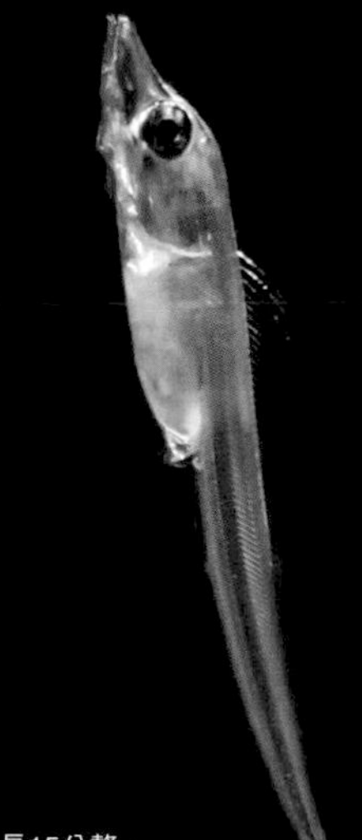

全長15公釐，
周防大島，10月，9公尺

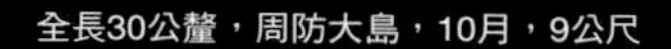

全長30公釐，周防大島，10月，9公尺

牙鮃

[鰈形目牙鮃科]

Paralichthys olivaceus

初期的仔魚，背鰭前端有5根較長的鰭條。全長超過10公釐時會再多長1根，後期仔魚共有6根延伸鰭條。右邊4張圖由上往下按發育進展排列，依序是仔魚初期、仔魚後期、稚魚期和成體期。

全長4公釐，青海島，5月，5公尺（中島賢友）

全長15公釐，青海島，5月，6公尺

全長10公釐，青海島，5月，5公尺

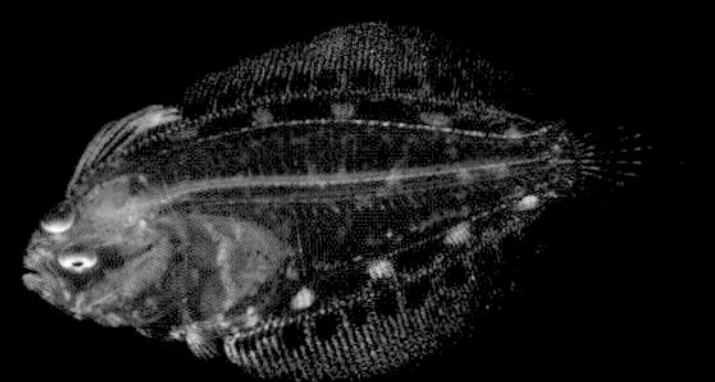

全長18公釐，大瀨崎，4月，3公尺

全長8公釐，青海島，5月，3公尺

全長60公分，須江，11月，水深24公尺

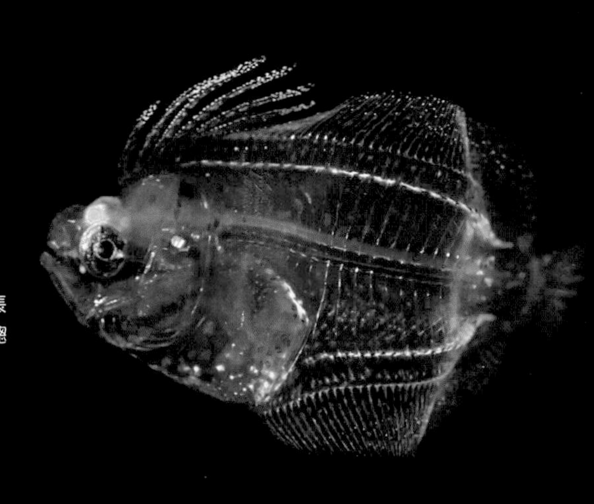

五眼斑鮃

[鰈形目牙鮃科]

Pseudorhombus pentophthalmus

初期仔魚背鰭前端的6根鰭條特別長。全長超過10公釐時會再延長1根，後期仔魚總計具有7根延伸鰭條。

全長15公釐，大瀨崎，1月，5公尺

多斑羊舌鮃

[鰈形目鮃科]

Arnoglossus polyspilus

背鰭前端上有1根鰭條極為纖長，這根延伸鰭條上有好幾個分支。本種仔魚的背鰭跟臀鰭基部排列著又多又大的色素斑，相對的，同屬其他品種的仔魚就看不到這項特點。仔魚的特徵與分布資訊是本種被載為新品種的契機。

全長45公釐，青海島，4月，3公尺

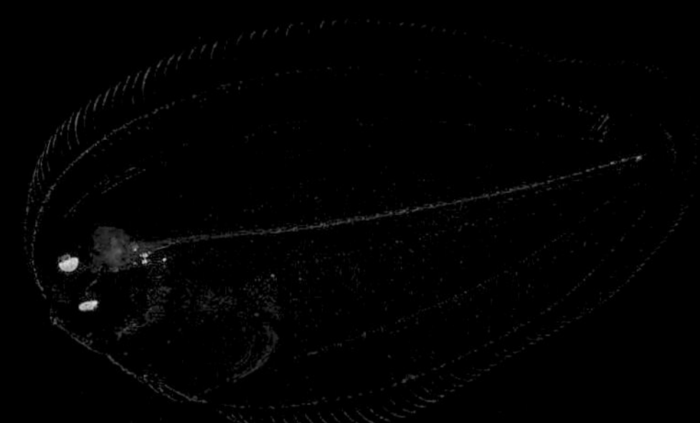

鮃屬未知種

[鰈形目鮃科]

Bothus sp.

仔魚初期的身體呈延長形，背鰭前段有延伸鰭條。變態期的體形為巨大蛋圓形，延伸鰭條退化成與後方鰭條等長。從下顎到肛門的體緣上沒有棘狀突起。右眼將移動到軀體左側。

全長50公釐，八丈島，11月，10公尺

在水母搖籃的保護下

如果說海藻是海底生活仔稚魚的搖籃，那麼或許也可以說，水母是浮游仔稚魚們的搖籃。在水母與櫛水母類周遭生活的仔稚魚非常多，只要我們一靠近，仔稚魚們就必定會躲到水母的背後。等我們繞到水母背後，牠們又往水母前面奔逃。感覺就像是在跟牠們玩捉迷藏一樣。如果仔稚魚們肚子餓了，牠們就會從水母那裡分些食物。與其自己一隻一隻收集橈足類那種小型浮游生物，不如從水母收集的一整團橈足類「飯糰」中分一口吃，這樣更有效率。要是還不夠，有的仔稚魚甚至會直接咬一口水母來吃呢。（若林香織）

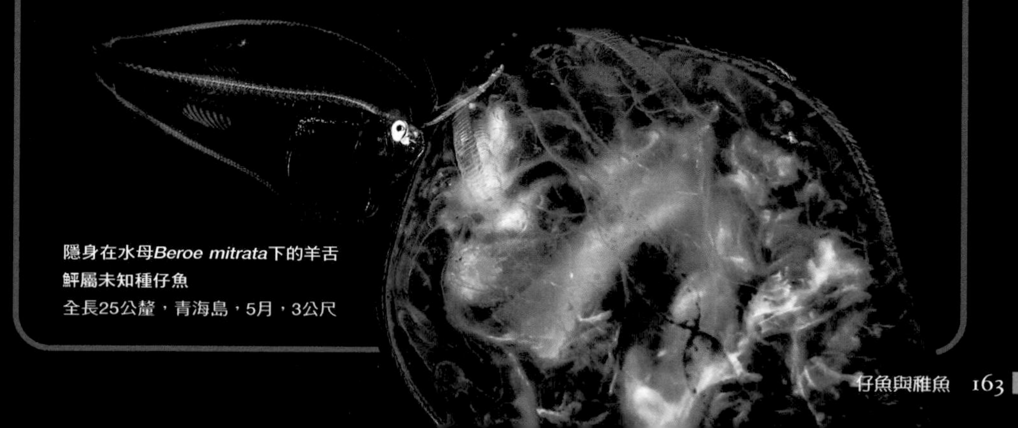

隱身在水母*Beroe mitrata*下的羊舌鮃屬未知種仔魚

全長25公釐，青海島，5月，3公尺

[鰈形目]

Bothidae gen. et sp.

身體呈卵形，背鰭前方有1根短短的延伸鰭條，從下顎到肛門的體緣無棘。有這些特徵的仔魚可在鱗鮃屬（*Psettina*）或雙線鮃屬（*Grammatobothus*）看到。

全長25公釐，大瀨崎，1月，5公尺

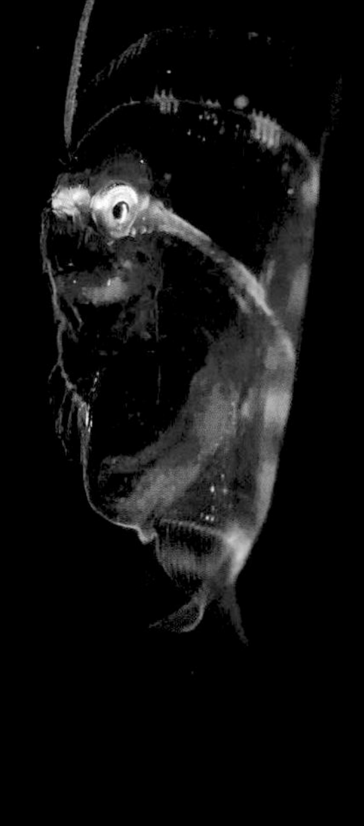

長鰈

[鰈形目鰈科]

Tanakius kitaharai

鰈科的大部分物種，左眼都會在變態期往身體右側移動。體表出現的色素細胞分布有助於確定屬別跟種別。本種的色素細胞會出現在後頭部及下顎等處，並在背鰭跟臀鰭上呈斑紋狀排列。胸鰭根部不會出現色素細胞。

全長20公釐，青海島，4月，5公尺（齋藤勇一）

日本擬鰨

[鰈形目鰨科]

Pseudaesopia japonica

左眼會緩緩朝身體右側移動。背鰭、臀鰭、尾鰭邊緣密集叢生紅褐色或黃色的色素細胞。在本種的仔魚身上，背鰭、臀鰭及尾鰭的分界明顯，但斑紋條鰨（*Zebrias zebrinus*）就只會稍微錯開一點點。

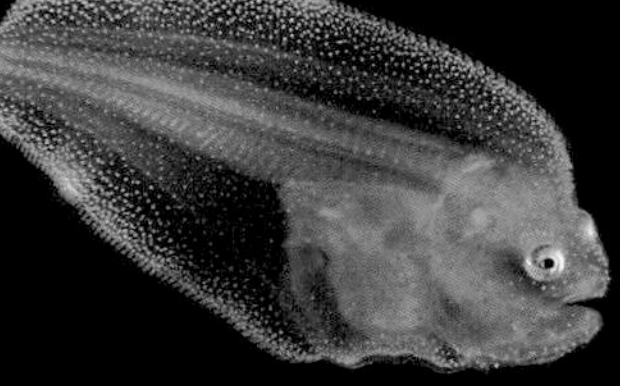

全長10公釐，
青海島，5月，4公尺

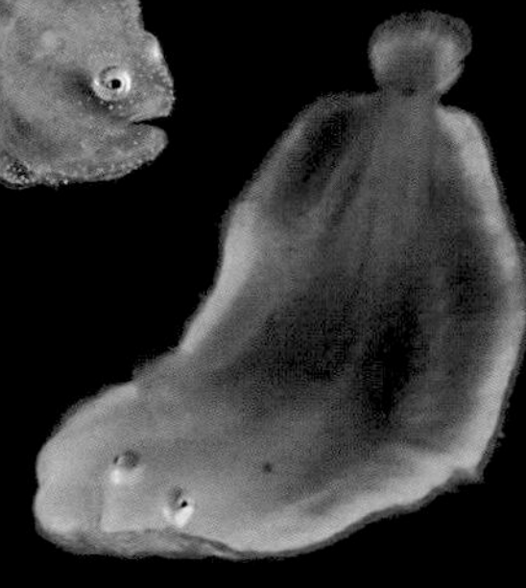

全長12公釐，青海島，5月，1公尺

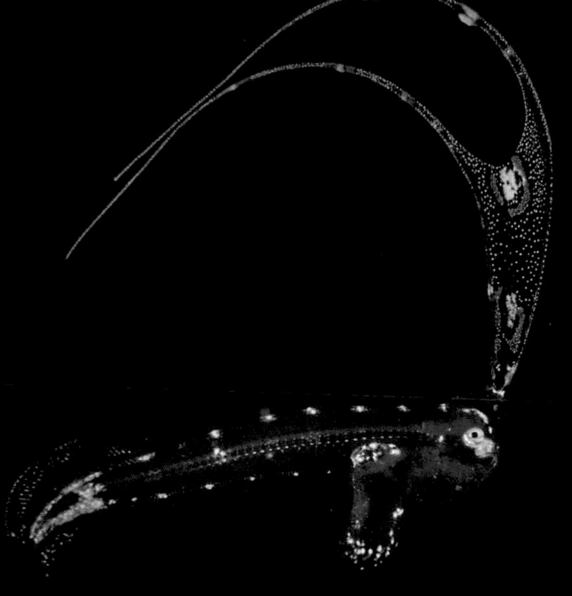

舌鰨科未知種

[鰈形目]

Cynoglossidae gen. et sp.

身體細長側扁，腹部往下隆起。頭部前方呈拳狀突出，上頭有兩條明顯伸長的延伸鰭條。隨著成長發育，身體更加側扁；右眼經過吻部上方，移動到左側。

全長17公釐，周防大島，11月，8公尺

粗皮單棘魨

[鰈形目單棘魨科]

Rudarius ercodes

身形側扁，略帶點圓。在單棘魨類的稚魚之中，很多品種身上的背鰭條都長得像角一樣長；不過本種的背鰭條很短。會與漂流藻或水母類（p.38）一起游泳，藉此隱匿身形。偶爾也會捕食水母類。

全長10公釐，大瀨崎，10月，2公尺

放射蟲

隸屬原藻界有孔蟲界放射蟲門的單細胞浮游生物。牠們捕食各種生物，從接近自己身邊的小型甲殼類到細菌，無所不吃。備有由蛋白石和硫酸鍶所構成的內骨骼，其形態多樣而美麗。

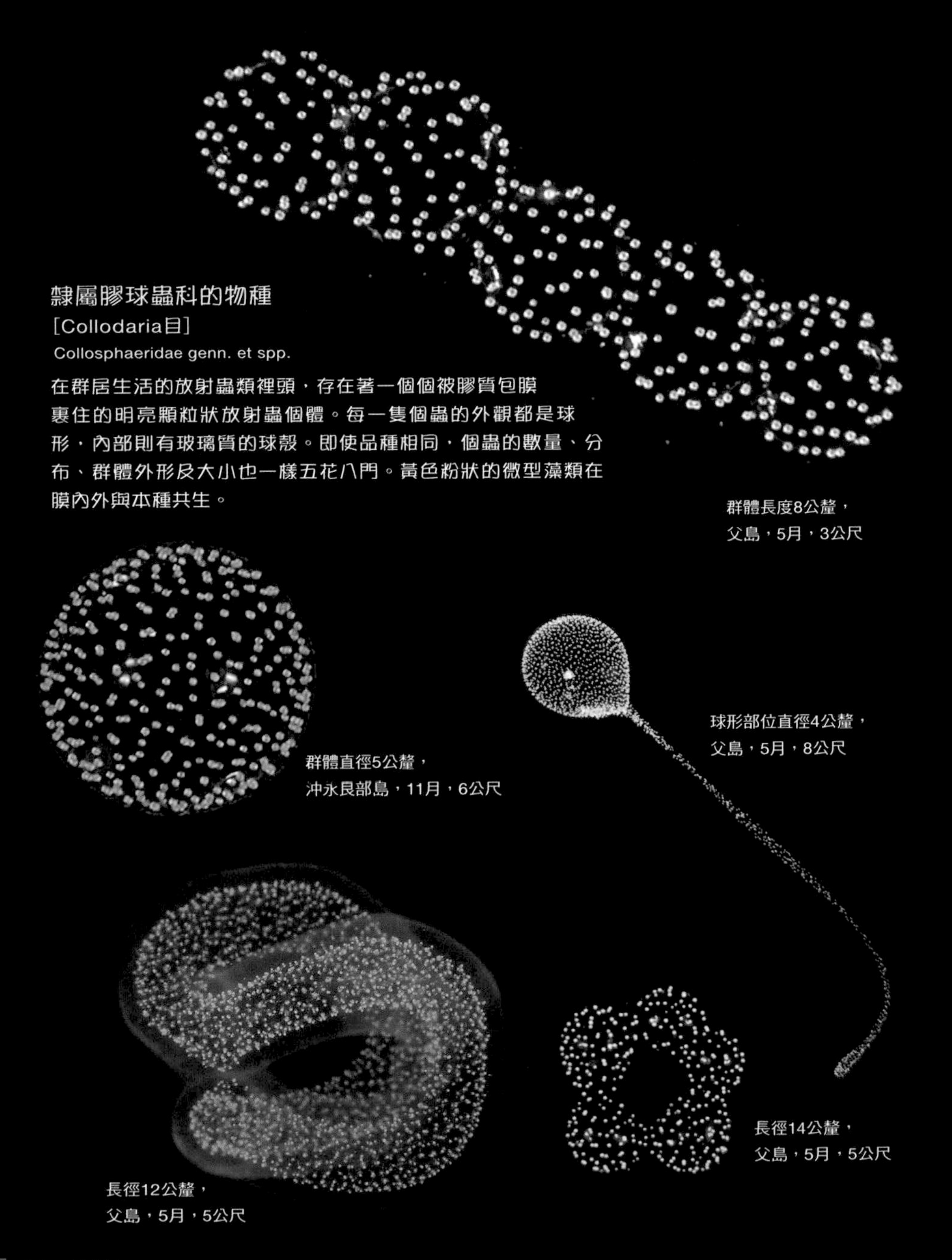

隸屬膠球蟲科的物種

[Collodaria目]

Collosphaeridae genn. et spp.

在群居生活的放射蟲類裡頭，存在著一個個被膠質包膜裹住的明亮顆粒狀放射蟲個體。每一隻個蟲的外觀都是球形，內部則有玻璃質的球殼。即使品種相同，個蟲的數量、分布、群體外形及大小也一樣五花八門。黃色粉狀的微型藻類在膜內外與本種共生。

群體長度8公釐，
父島，5月，3公尺

球形部位直徑4公釐，
父島，5月，8公尺

群體直徑5公釐，
沖永良部島，11月，6公尺

長徑14公釐，
父島，5月，5公尺

長徑12公釐，
父島，5月，5公尺

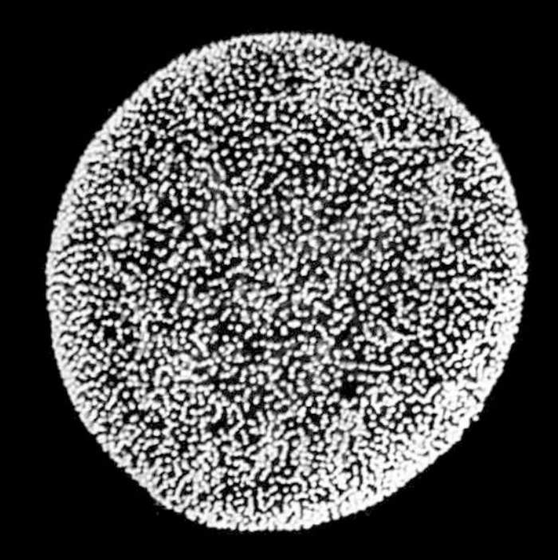

動球蟲科未知種

[Collodaria目]

Sphaerozoidae gen. et sp.

在與微型藻類共生的膠質包膜中，大量的個蟲形成一個聚合群體。個蟲周圍有一些玻璃質的針，形狀類似2個交錯重合的四角消波塊。此科放射蟲外表看起來像是整個群體都布滿了針。

直徑4公釐，青海島，5月，6公尺

*Collophidium*屬未知種

[Collodaria目Collophidiidae科]

Collophidium sp.

好幾隻個蟲像串珠一樣串連在一起，形成一條繩狀群體。德國生物學家恩斯特．海克爾以熱愛放射蟲並為其繪製圖解而聞名，本種即是他所發現的其中一種放射蟲。

直徑4公釐，父島，5月，2公尺

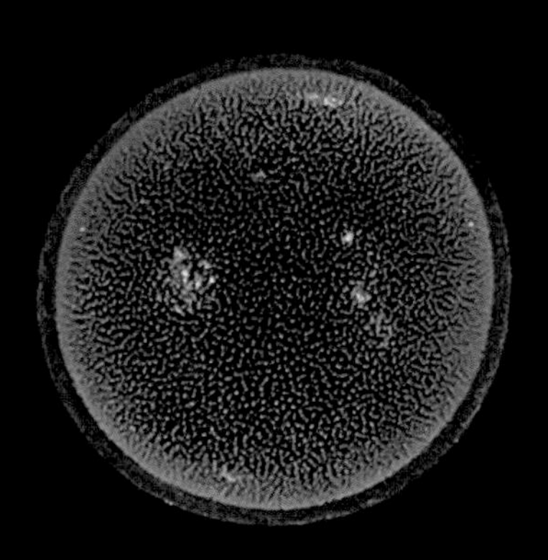

Thalassicolla nucleata

[Collodaria目膠體蟲科]

球心位置有一個放射蟲本體，被大量的液泡圍繞，再被膠質包膜所包覆。球形的包膜令人聯想到皮球。另外，共生藻類像是灑滿了黃豆粉似的分布在本種的包膜上。貼附在左下圖個體上，那隻帶有紅珠的生物是稀孔蟲類（*Phaeodaria*；棚球蟲科未知種）。

直徑4公釐，父島，5月，5公尺

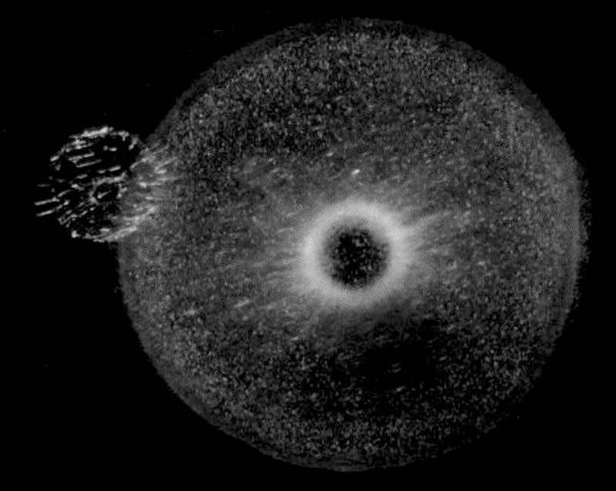

直徑5公釐，父島，5月，7公尺

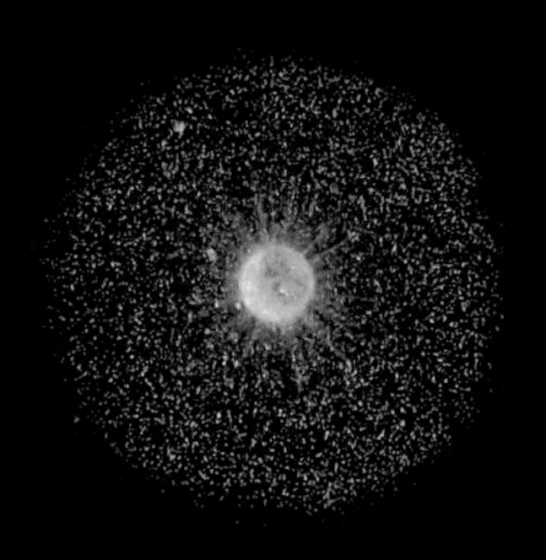

直徑5公釐，父島，5月，5公尺

隸屬*Thalassicollidae*科的物種

[Collodaria目]

Thalassicollidae genn. et spp.

中央清晰可見的球形構造是放射蟲的本體。每半天至數天間，牠會不斷重複包覆、脫除、重製新膠質包膜的行為。蝦類幼生等小型甲殼類似乎會利用牠的存在，但目前對其之間的利益關係尚未明瞭。

直徑5公釐，大瀨崎，12月，6公尺

個蟲正在生產膠質包膜

直徑3公釐，大瀨崎，12月，5公尺

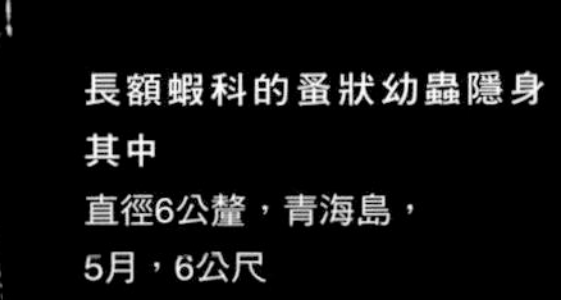

長額蝦科的蚤狀幼蟲隱身其中

直徑6公釐，青海島，5月，6公尺

剛脫掉膠質包膜的個蟲

直徑3公釐，青海島，5月，5公尺

Collodaria目未知種

Collodaria

許多**Collodaria**目的物種會將各種形狀的細胞集中在膠質團的中間，並組成一個群體。這隻放射蟲類似乎形成了一個沒什麼厚度的圓盤形群體。

直徑15公釐，父島，5月，4公尺

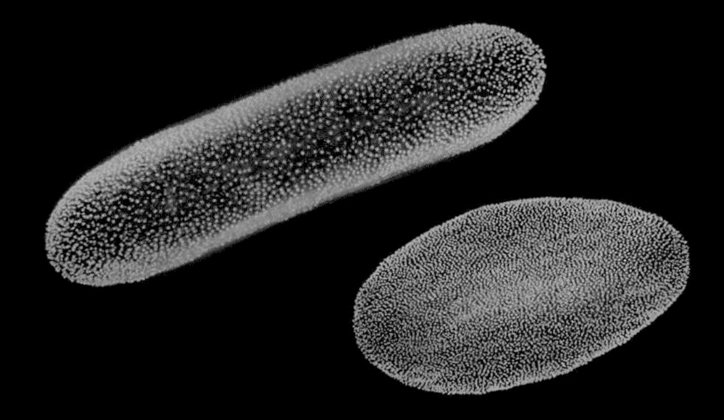

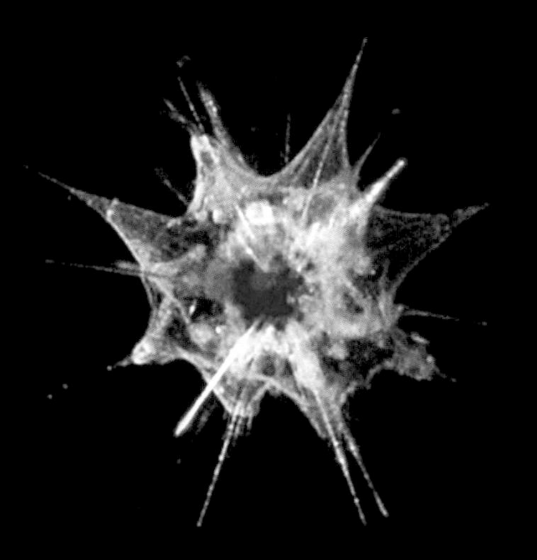

Acanthometroids類未知種

[等輻骨蟲目]

Acantharia (acanthometroids)

中央紅色球形的物體是細胞本體，其周圍有著黃色或金色的共生藻類。此物種族群的分類階層尚未訂定，因此在本書中稱為「類」。

直徑1.5公釐，能登島，9月，2公尺

Litholophids類未知種

[等輻骨蟲目]

Acantharia (litholophids)

外表跟前述的Acanthometroids類未知種很像，不過細胞本體周圍沒有共生藻類，可藉此區分兩者。整體看上去偏藍綠色。此物種族群的分類階層尚未訂定，因此在本書中稱為「類」。

直徑2公釐，能登島，9月，2公尺

數位相機與放射蟲

Collodaria類是在潛水上浮前做減壓停留動作時經常見到的放射蟲。牠們不會游泳，外形也沒什麼特色。因為可以看到內部有黃色的顆粒，所以我本來還以為是某種生物的卵團，結果並不是。單單只是漂浮在海中的牠，讓那時的我不認為其本身就是一種生物。「那到底是什麼東西？」雖然當時抱持著這樣的疑問，但在拍攝照片張數有限的底片相機時代，牠從不曾勾起我的拍攝慾望。

如今已經是數位相機的全盛時期，甚至還可以在水下放大確認當下拍到的圖片。換言之，只要氣瓶裡還有空氣，就可以狂按快門按到自己滿意為止。正因為有了數位相機，放射蟲才能被我們所捕捉到。也可以說，多虧有了數位相機，我們才得以踏入放射蟲這個未知領域。（阿部秀樹）

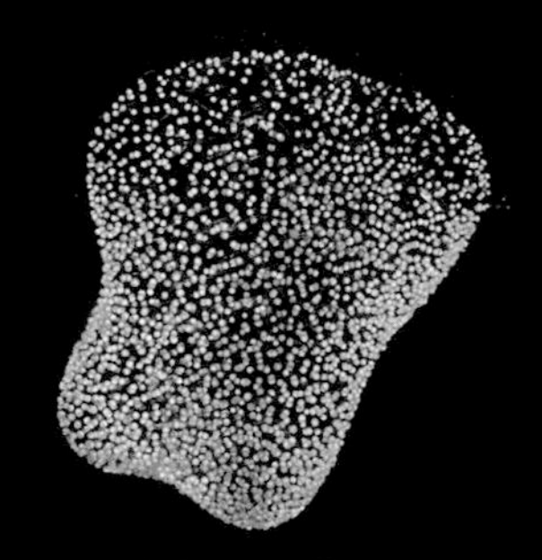

Collodaria目未知種

長度15公釐，父島，5月，6公尺

Stauracon pallidum
[等輻骨蟲目地位未定*]

具備4根超長棘刺，細胞本體則縮小聚集在中央，這4根長棘令人想起南十字星。
（＊Incertae sedis：生物分類學術語，指某一分類群與其他分類群在分類學上的大致關係尚未確定。）
中心部位直徑1公釐，南島，11月，2公尺

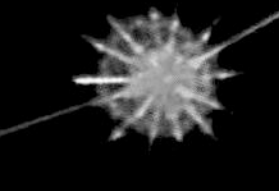

隸屬等輻骨蟲目的物種
Acantharia

本目的特徵是從細胞本體中規律生長並延伸出來的**20**根棘刺，同時這些棘刺以名為天青石的礦物所製成。雖然發現棘刺尖端有像黃色喇叭狀的結構，但到目前為止這樣的品種不曾有過紀錄。

真蝦下目的蚤狀幼體正乘坐其上
直徑4公釐，柏島，10月，4公尺

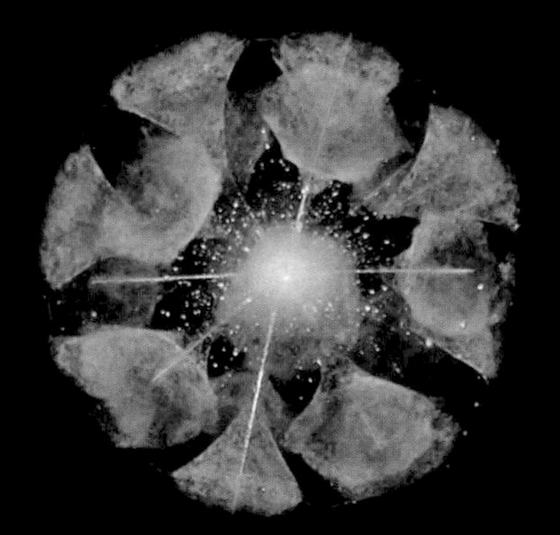

直徑3公釐，青海島，10月，7公尺

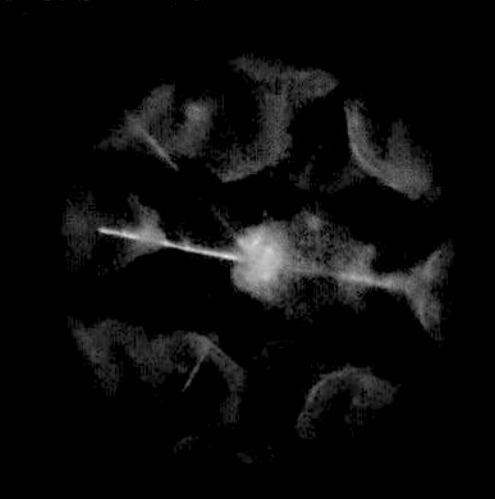

直徑3公釐，大瀨崎，9月，7公尺

直徑3公釐，柏島，11月，4公尺

放射蟲門未知種

Radiolaria

從細胞的構造可判斷牠屬於放射蟲類。其膠質包膜跟Collodaria目的物種很像，不過由於目前Collodaria目尚無出現帶有觸手的品種，因此這也有可能是新發現的放射蟲類物種。這類物種很難用浮游生物採集網撈捕，所以需要進行潛水調查。

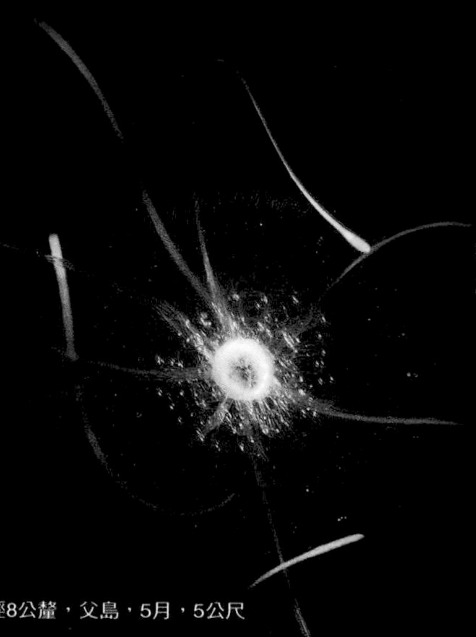

直徑8公釐，父島，5月，5公尺

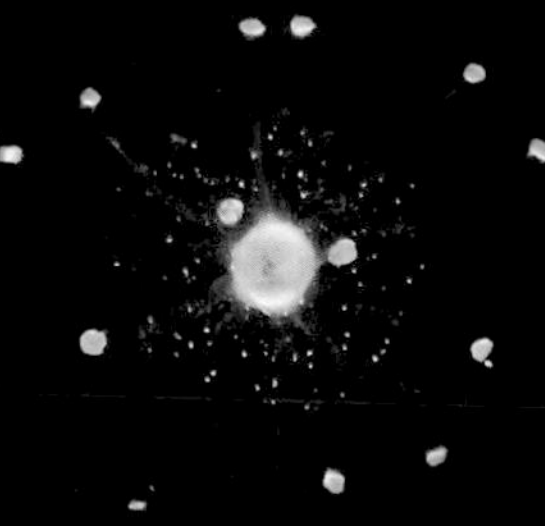

直徑6公釐，父島，6公尺

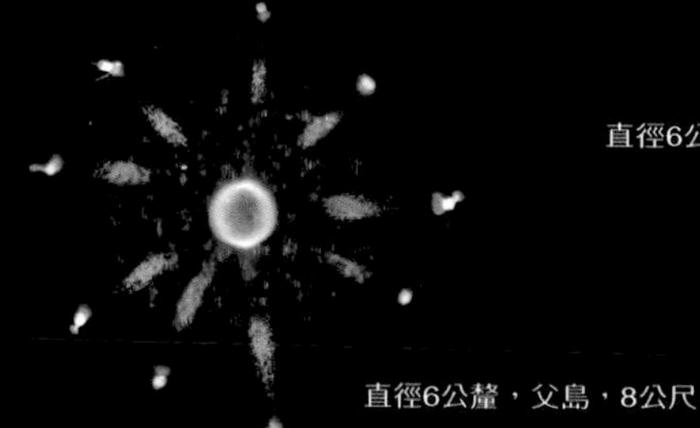

直徑6公釐，父島，8公尺

小小的藝術品

第一次拍到這些小小謎樣生物時的情景、興奮與驚訝，到現在我還無法忘懷。當時我是碰巧對焦到進入取景器的東西，原本還以為那是直徑1公釐左右的垃圾，可那種形態上的美麗顯然不是垃圾，而我就在不知道牠是什麼生物的情況下，於興奮之中耗盡了相機裡的36張底片。等待照片顯影的期間，我翻開一本關於海洋的書，試圖地毯式搜索牠的真實身分，結果最後仍然一無所獲。

之後我回想起來並經過一番調查，在幾年後得到結論：那很像是一種放射蟲。然而，學術論文中幾乎沒有與我在水下看到的姿態一模一樣的圖片或照片。因為一旦抓到並把放射蟲放在封閉空間的話，牠就會改變外貌融於水中。只有在大海浮游時才能看到的身姿既美麗又神祕，甚至讓人覺得是一種藝術品。（阿部秀樹）

lithophids類未知種

直徑2公釐，隱岐島都萬，7月，5公尺

有孔蟲

從屬於原藻界有孔蟲界有孔蟲門的單細胞生物。全球已知有約50種的浮游有孔蟲，牠們的鈣質外殼上面開了許多小孔，而牠們會從這些小孔中伸出線狀細長的偽足來獵捕食物或運動，或是讓不具伸縮性的棘刺以放射狀的方式從孔中穿出。

泡泡球蟲[抱球蟲科]

Globigerina bulloides

細胞本體被有著4顆交錯球體外形的殼所包覆。有時候，最大顆球的部分會是透明的。殼表面長出的棘刺是由鈣質組成，在水中會柔韌地彎曲。這些棘刺會反射太陽光或燈光，發出彩虹般的色澤。

殼徑0.5公釐，能登島，9月，2公尺

普通圓球蟲[抱球蟲科]

Orbulina universa

正中央有球形的殼，其內部還有一層殼，這層殼的形狀看起來像是好幾顆球交錯在一起。照到太陽光時，共生藻類會散發金色的光芒。以日本周遭來說，本種會出現在房總半島到沖繩這一帶的太平洋海域。

球形外殼直徑0.8公釐，青海島，4月，5公尺

Hastigerina pelagica[Hastigerinidae科]

外殼被一種稱為囊包的泡沫狀組織覆蓋，棘刺從其外緣呈放射狀延伸。偽足或棘刺會從殼壁的孔隙伸長，並支撐囊包。囊包在增加海水中的浮力上有很重要的作用。

囊包部位直徑3公釐，久米島，3月，8公尺

囊包部位直徑4公釐，父島，5月，2公尺

藍綠藻

屬於藍藻綱底下的浮游植物。藍藻類的細胞裡沒有高等植物上會看到的細胞核或葉綠體，而是由中間體和周質體組成。細胞將一條或數條連續細胞絲包在膠鞘中，成為藻絲。

鐵氏束毛藻[顫藻目席藻科]

Trichodesmium thiebautii

會攜帶氣泡在海面附近漂流。當它們密集聚成一團時，就可以看到藍絲相互交纏，最後形成像照片一樣的球形。日本附近的本種會在夏季增殖，從九州沿岸到相模灣為止，太平洋沿岸各地都有可能出現足以稱為赤潮的濃密增殖狀況。

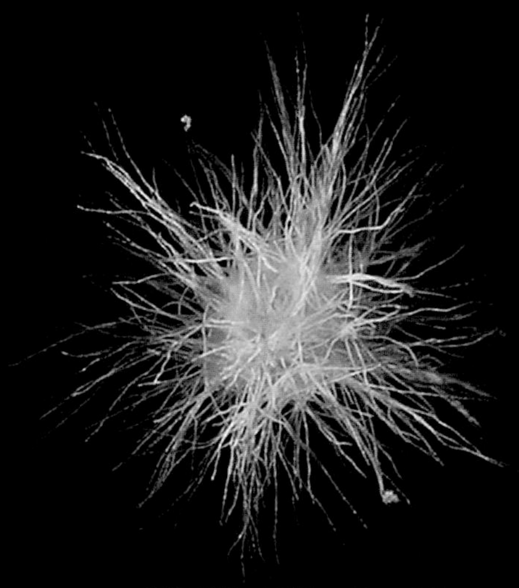

直徑3公釐，大瀨崎，9月，6公尺

直徑2.5公釐，青海島，10月，4公尺
（可看出它與潛水員的手指比起來十分嬌小）

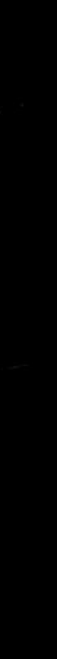

直徑3公釐，青海島，10月，4公尺

Trichodesmium contortum

[顫藻目席藻科]

藻絲聚集後有方向地束在一起，中間部位略微收緊。與前種一樣，其大量出現將成為引起赤潮的原因。

長度5公釐，柏島，11月，5公尺

【R-T】

【U-Z】

主要参考文獻

【書籍】

『Art Forms in Nature: The Prints of Ernst Haeckel 』（Prestel Pub, 1998）
『Atlas of Crustacean Larvae』（Johns Hopkins University Press, 2014）
『Atlas of Marine Invertebrate Larvae』（Academic Press, 2002）
『微化石ー顕微鏡で見るプランクトン化石の世界』（東海大学出版会, 2012）
『動物系統分類学 第2巻』（中山書店, 1961）
『動物系統分類学 第5巻下』（中山書店, 1999）
『動物系統分類学 第7巻中B』（中山書店, 1966）
『動物系統分類学 第8巻上』（中山書店, 1965）
『動物系統分類学 第8巻下』（中山書店, 1986）
『Identification Guide for Cephalopod Paralarvae from the Mediterranean Sea』（International Council for the Exploration of the Sea, 2015）
『イカ・タコガイドブック』（阪急コミュニケーションズ, 2002）
『Invertebrates 3rd edition』（Sinauer, 2016）
『海岸動物』（保育社, 1996）
『貝のミラクル』（東海大学出版会, 1997）
『貝類学』（東京大学出版会, 2010）
『クラゲガイドブック』（CCCメディアハウス, 2015）
『日本海洋プランクトン図鑑』（保育社, 1966）
『日本近海産貝類図鑑』（東海大学出版会, 2000）
『日本クラゲ大図鑑』（平凡社, 2015）
『日本の海産プランクトン図鑑 第2版』（共立出版, 2013）
『日本産稚魚図鑑』（東海大学出版会, 1988）
『日本産稚魚図鑑 第2版』（東海大学出版会, 2014）
『日本産エビ類の分類と生態I』（生物研究社, 2009）
『日本産魚類検索 全種の同定 第3版』（東海大学出版会, 2013）
『日本産海洋プランクトン検索図説』（東海大学出版会, 1997）
『Ocean Drifters: A Secret World Beneath the Waves』（Firefly Books, 2011）
『Pelagic Snails: The Biology of Holoplanktonic Gastropod Mollusks』（Stanford University Press, 1989）
『Reproduction and Larval Development of Danish Marine Bottom Invertebrates, with Special Reference to the Planktonic Larvae in the Sound (Øresund)』（C.A. Reitzels, 1946）
『最新クラゲ図鑑 110種のクラゲの不思議な生態』（誠文堂新光社, 2013）
『生物学辞典 第5版』（岩波書店, 2013）
『世界で一番美しいイカとタコの図鑑』（X-Knowledge, 2014）
『刺胞をもつ動物 サンゴやクラゲのふしぎ大発見』（和歌山県立自然博物館, 2007）
『深海生物大事典』（成美堂出版, 2015）
『新日本動物図鑑 上』（北隆館, 1965）
『新日本動物図鑑 中』（北隆館, 1965）
『新編 世界イカ類図鑑』（全国いか加工業協同組合, 2015）
『水産無脊椎動物学』（培風館, 1969）
『シャコの生物学と資源管理』（日本水産資源保護協会, 2005）
『美しいプランクトンの世界』（河出書房新社, 2014）
『We Love Fishes 魚好きやねん』（東海大学出版会, 2016）
『幼魚ガイドブック』（阪急コミュニケーションズ, 2000）
『Zooplankton of the Atlantic and Gulf Coasts』（Johns Hopkins University Press, 2012）

【論文等】

『A new classification of the Galatheoidea (Crustacea: Decapoda: Anomura)』（Zootaxa 2676: 57–68, 2010）

『A phylogeny-based revision of the family Luciferidae (Crustacea: Decapoda)』（Zoological Journal of the Linnean Society 178: 15–32, 2016）

『Associations between gelatinous zooplankton and hyperiid amphipods (Crustacea: Peracarida) in the Gulf of California』（Hydrobiologia 530/531: 529–535, 2004）

『Cephalopod paralarvae (excluding Ommastrephidae) collected from western Japan Sea and northern sector of the East China Sea during 1987-1988: preliminary classification and distribution』（Bulletin of Japan Sea Regional Fisheries Research Laboratory 41: 43–71, 1991）

『Complete larval development of the red frog crab *Ranina ranina* (Crustacea, Decapoda, Raninidae) reared in the laboratory』（Nippon Suisan Gakkaishi 56: 577–589, 1990）

『Description of zoeae and habitat of Elamenopsis ariakensis (Brachyura: Hymenosomatidae) living within the burrows of the sea cucumber Protankyra bidentata』（Journal of Crustacean Biology 28: 342–351, 2008）

『Distribution, relative abundance and developmental morphology of paralarval cephalopods in the western North Atlantic Ocean』（NOAA Technical Report NMFS 152: 1–54, 2001）

『Extreme morphologies of mantis shrimp larvae』（Nauplius 24: e2016020, 2016）

『Form, and feeding mechanism of a living *Planctosphaera pelagica* (phylium Hemichordata)』（Marine Biology 120: 521–533, 1994）

『Identification of late-stage phyllosoma larvae of the Scyllarid and Palinurid lobsters in the Japanese Waters』（Nippon Suisan Gakkaishi 52: 1289–1294, 1986）

『Later zoeal and early postlarval stages of three dorippid species from Japan』（Publications of the Seto Marine Biological Laboratory 32: 233–274, 1987）

『Morphological and molecular description of the late-stage larvae of Alima Leach, 1817 (Crustacea: Stomatopoda) from Lizard Island, Australia』（Zootaxa 3722: 22–32, 2013）

『Morphological changes with growth in the paralarvae of the diamondback squid *Thysanoteuthis rhombus* Troschel, 1857』（Phuket Marine Biological Center Research Bulletin 66: 167–174, 2005）

『日本海新潟沿岸域から採集された大型アミ類2種（甲殻綱・アミ目・ロフォガスター科）』（日本生物地理学会会報 57: 19–30, 2002）

『日本近海の浮遊性多毛類の分類』（海洋科学 7: 97–102, 1975）

『Phyllosoma and Nisto stage larvae of slipper lobster, Parribacus, from the Izu-Kazan Islands, southern Japan』（Bulletin of the National Science Museum, Series A, Zoology 24: 161–175, 1998）

『相模湾に見られる表層性ユメエビ類（サクラエビ科，ユメエビ属）及びそれら近縁種の西部北太平洋における分布』（横浜国立大学理科教育実習施設研究報告 6: 59–69, 1990）

『Some larval stages of three Australian crabs belonging to the families Homolidae and Raninidae, and observations of the affinities of these families (Crustacea: Decapoda)』（Australian Journal of Marine and Freshwater Research 16: 369–398, 1965）

『Swarming of thecosomatous pteropod Cavolinia uncinata in the coastal waters of the Tsushima Strait, the western Japan Sea』（Bulletin of Plankton Society of Japan 41: 21–29, 1994）

『The barrel of the pelagic amphipod *Phronima sedentaria* (Forsk.) (Crustacea: Hyperiidea)』（Journal of Experimental Marine Biology and Ecology 33: 187–211, 1978）

『The evolution of annelids reveals two adaptive routes to the interstitial realm』（Current Biology 25: 1993–1999, 2015）

『The marine fauna of New Zealand: larvae of the Brachyura (Crustacea, Decapoda)』（New Zealand Oceanographic Institute Memoir 92: 1–90.）

『The postlarvae of *Scyllarides astori* and *Evibacus princeps* of the eastern tropical Pacific (Decapoda, Scyllaridae)』（Crustaceana 28: 139–144, 1975）

『ウチワエビ幼生とオオバウチワエビ幼生の完全飼育について』（鹿児島大学水産学部紀要 27: 305–353, 1976）

『Unweaving hippolytoid systematics (Crustacea, Decapoda, Hippolytidae): resurrection of several families』 (Zoologica Scripta 43: 496–507, 2014)
『わが国近海に見られる浮遊性巻貝類ーI』（うみうし通信 88 2–3: , 2015）
『わが国近海に見られる浮遊性巻貝類ーII』（うみうし通信 89: 4–5, 2015）
『わが国近海に見られる浮遊性巻貝類ーIII』（うみうし通信 90: 6–7, 2016）
『わが国近海に見られる浮遊性巻貝類ーIV』（うみうし通信 91: 8–9, 2016）
『わが国近海に見られる浮遊性巻貝類ーV』（うみうし通信 92: 4–5, 2016）
『わが国近海に見られる浮遊性巻貝類ーVI』（うみうし通信 93: 4–5, 2016）
『わが国近海に見られる浮遊性巻貝類ーVII』（うみうし通信 94: 8–9, 2017）
『わが国近海に見られる浮遊性巻貝類ーVIII』（うみうし通信 95: 2–3, 2017）

【網站】

［英］生命之樹線上計畫（ToL）（http://tolweb.org/tree/phylogeny.html）
［日］ウッカリカサゴのブログ（https://ameblo.jp/husakasago）
［英］世界海洋物種目錄（WoRMS）（http://www.marinespecies.org/）

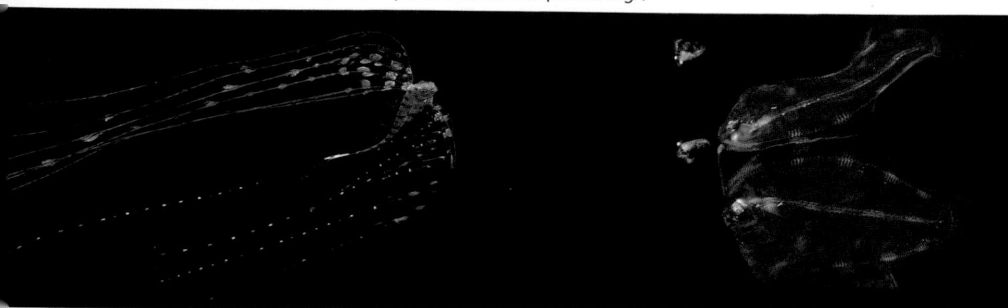

［合作執筆（敬稱省略）］角井敬知、河村真理子、木元克典、窪寺恒己、黒柳あずみ、幸塚久典、小嶋純一、齋藤暢宏、鈴木紀毅、田中正敦、田和篤史、土屋光太郎、苫野哲史、富川 光、冨山 毅、仲村康秀、西川 淳、長谷川和範、藤田喜久、星野浩一、南 卓志、柳 研介、ジュリアン・フィン

［照片提供（敬稱省略）］東 克敏、石野昇太、小川智之、小倉直子、小山麗子、齋藤勇一、田中百合、中島賢友、中村宏治、野中 聡、堀口和重、真木久美子、森下 修

［協助取材（敬稱省略）］櫻井季巳、瀬能 宏、長谷部陽一

［器材合作（法人）］株式会社フィッシュアイ、フィッシュアイ&Nauticam、ZERO（株式会社ゼロ）、有限会社イノン、株式会社タバタ、RGBlue

［攝影協助（當地潛水公司、團體）］大瀬海浜商業組合（静岡県沼津市）、大瀬潜水協会（静岡県沼津市）、大瀬館マリンサービス（静岡県沼津市）、シーキング（静岡県沼津市）、はまゆうマリンサービス（静岡県沼津市）、獅子浜マリンサービス（静岡県沼津市）、大島ダイビング連絡協議会 加盟店（東京都大島町）、レグルスダイビング（東京都八丈町）、コンカラー（東京都八丈町）、パッショーネ（東京都八丈町）、URASHIMAN（東京都小笠原村）、海遊（富山県富山市）、能登島ダイビングリゾート（石川県七尾市能登島）、T-Style（兵庫県豊岡市竹野）、隠岐の国ダイビング（島根県隠岐の島町）、隠岐の島町役場都万支所（島根県隠岐の島町都万）、フレンズしまね（島根県松江市）、Love&Blue（山口県柳井市）、シーアゲイン（山口県山口市）、青海島キャンプ村 船越（山口県長門市青海島）、山口県漁業協同組合長門統括支店（山口県長門市）、アクアス（高知県大月町柏島）、SeaZoo（高知県大月町柏島）、むがむがダイビング（鹿児島県知名町沖永良部島）、沖永良部島観光協会、ダイブ エスティバン（沖縄県久米島町）

［日文版工作人員］
●編輯協助：阿部浩志（ruderal inc.）
●書籍設計：ニシエ芸（西山克之）
●插畫設計（p.17-19、p.22-25）：富士鷹なすび

【作者】**若林香織**（Kaori Wakabayashi）

廣島大學綜合生命科學研究所副教授。1981年生於石川縣能登町。修畢富山大學研究所理工學教育部博士課程。理學博士。曾做過東京海洋大學博士後研究員、日本學術振興會特別研究員（PD）和西澳洲科廷大學的訪問學者，隨後就任現職。專攻科目是海洋無脊椎動物的生殖生態學與胚胎學，最近對幼生生物的分類學也頗感興趣。因受到海洋小型生物的曼妙形態與充滿力量的生存面貌吸引而成為一名研究人員。為了解其多樣化的外形和行為意義，她如今正持續與潛水員一同下水進行生物的觀察研究。

【作者】**田中祐志**（Yuji Tanaka）

東京海洋大學學術研究院海洋環境科學部門教授。1960年大阪府堺市出生。由於親近泉州與紀州海洋的經驗，他以研究海洋為志向，進入京都大學農學部水產學科就讀。其學士及碩士論文均投入在「舞鶴灣及若狹灣出沒魚類之浮性卵的散布與群聚」研究上。碩士課程結業後，進入北海道立稚內水產實驗場，在漁業資源部工作。後來先後在近畿大學農學部水產學科、加州大學斯克里普斯海洋研究所及東京水產大學就任過後轉任現職。專門研究浮游生物學，並且仍在不斷探究海洋漂流生物「如何活得如此精彩絕倫」之謎題。

【攝影師】**阿部秀樹**（Hideki Abe）

水中攝影師。1957年生於神奈川縣的藤澤市。立正大學文學院地理學系畢業。他注重日本海洋的多樣性，並圍繞著「從北海道至沖繩的大海、人以及水中環境」這一議題，透過「里海（人與自然共存的海岸生態）」的樣貌展示於人前。尤其在魷魚及章魚類生物的攝影上，他與日本國內外學者合作的珍貴影像和照片廣獲國際好評。水生生物的生態攝影是他擅長的領域；從業餘時期開始，他在這個領域中追尋參與的生態活動遍及百種，同時藉此在電視節目等處活躍，甚至執行協調整合的工作。浮游生物的拍攝耗費他25年的歲月，如今也將繼續在這方面努力不輟。

絕美海中浮游生物圖鑑
254種浮游生物的真實姿態全收錄

2021年1月 1 日初版第一刷發行
2023年8月15日初版第三刷發行

作　　者　若林香織、田中祐志
攝 影 師　阿部秀樹
譯　　者　劉宸瑀、高詹燦
主　　編　楊瑞琳
特約編輯　黃琮軒
發 行 人　若森稔雄
發 行 所　台灣東販股份有限公司
　　　　　<地址>台北市南京東路4段130號2F-1
　　　　　<電話>(02)2577-8878
　　　　　<傳真>(02)2577-8896
　　　　　<網址>http://www.tohan.com.tw
郵撥帳號　1405049-4
法律顧問　蕭雄淋律師
總 經 銷　聯合發行股份有限公司
　　　　　<電話>(02)2917-8022

TOHAN

UTSUKUSHII UMI NO FUYU SEIBUTSU ZUKAN
written by Kaori Wakabayashi and Yuji Tanaka,
photographed by Hideki Abe

Original Japanese edition published
by Bun-ichi Sogo Shuppan, Tokyo.

This Complex Chinese edition is published
by arrangement with Bun-ichi Sogo Shuppan, Tokyo
c/o Tuttle-Mori Agency, Inc., Tokyo.

國家圖書館出版品預行編目（CIP）資料

絕美海中浮游生物圖鑑：254種浮游生物的真實姿態全收錄／若林香織、田中祐志著，阿部秀樹攝影；劉宸瑀，高詹燦譯. -- 初版. -- 臺北市：臺灣東販, 2021.01
180面；14.8×21公分
ISBN 978-986-511-519-7（平裝）

1.浮游生物 2.動物圖鑑

366.9　　　109016294